Hygiene in Trinkwasser-Installationen – Betrieb und Instandhaltung

Jetzt diesen Titel zusätzlich als E-Book downloaden und 70 % sparen!

Als Käufer dieses Buchtitels haben Sie Anspruch auf ein besonderes Kombi-Angebot: Sie können den Titel zusätzlich zum Ihnen vorliegenden gedruckten Exemplar für nur 30 % des Normalpreises als E-Book beziehen.

Der BESONDERE VORTEIL: Im E-Book recherchieren Sie in Sekundenschnelle die gewünschten Themen und Textpassagen. Denn die E-Book-Variante ist mit einer komfortablen Volltextsuche ausgestattet!

Deshalb: Zögern Sie nicht. Laden Sie sich am besten gleich Ihre persönliche E-Book-Ausgabe dieses Titels herunter.

In 3 einfachen Schritten zum E-Book:

1. Rufen Sie die Website **www.beuth.de/e-book** auf.

2. Geben Sie hier Ihren persönlichen, nur einmal verwendbaren E-Book-Code ein:

   29824731C9F7AKK

3. Klicken Sie das „Download-Feld" an und gehen dann weiter zum Warenkorb. Führen Sie den normalen Bestellprozess aus.

Hinweis: Der E-Book-Code wurde individuell für Sie als Erwerber dieses Buches erzeugt und darf nicht an Dritte weitergegeben werden. Mit Zurückziehung dieses Buches wird auch der damit verbundene E-Book-Code für den Download ungültig.

Hygiene in Trinkwasser-Installationen – Betrieb und Instandhaltung

Arnd Bürschgens

Hygiene in Trinkwasser-Installationen – Betrieb und Instandhaltung

Kommentar zur VDI 3810 Blatt 2/
VDI 6023 Blatt 3 mit
VDI/DVQST-EE 3810 Blatt 2.1

1. Auflage 2021

Herausgeber:
Verein Deutscher Ingenieure e. V.

Beuth Verlag GmbH · Berlin · Wien · Zürich

Herausgeber: VDI Verein Deutscher Ingenieure e. V.

Berlin · Wien · Zürich
Burggrafenstraße 6
10787 Berlin

Telefon: +49 30 2601-0
Telefax: +49 30 2601-1260
Internet: www.beuth.de
E-Mail: kundenservice@beuth.de

Titelbild: Arnd Bürschgens
Satz: Beuth Verlag GmbH, Berlin
Druck: Plump Druck & Medien, Rheinbreitbach

Gedruckt auf säurefreiem, alterungsbeständigem Papier nach DIN EN ISO 9706

ISBN 978-3-410-29824-3
ISBN (E-Book) 978-3-410-29825-0

Autorenporträt

ö. b. u. v. S.
Arnd Bürschgens

Arnd Bürschgens ist seit 1997 Zentralheizungs- und Lüftungsbauermeister, Gas- und Wasserinstallateurmeister und Fachexperte für Gebäudeautomation (VDI).

Herr Bürschgens wurde 2017, gemeinsam mit seinem Kollegen Martin Pagel, durch die Handwerkskammer Mannheim zum ersten öffentlich bestellten und vereidigten Sachverständigen für Trinkwasserhygiene im Installateur- und Heizungsbauerhandwerk Deutschlands ernannt.

Im Rahmen der Gründungsversammlung wurde er 2019 zum ersten Vorsitzenden des Deutschen Vereins der qualifizierten Sachverständigen für Trinkwasserhygiene – DVQST e. V. – gewählt.

Bereits im Januar 2018 erhielt Herr Bürschgens durch die akkreditierte Zertifizierungsstelle der DIN CERTCO außerdem die Anerkennung als Prüfer von VDI-BTGA-ZVSHK-zertifizierten Sachverständigen für Trinkwasserhygiene (TWH).

Als persönliches Mitglied im DVGW, VDI und DIN gehört zu seinen Aktivitäten in diversen nationalen und europäischen Regelwerksgremien unter anderem die Mitarbeit an der Überarbeitung des DVGW-Arbeitsblatts W 551 „Legionellen in Trinkwasser-Installationen“, im DIN-Arbeitsausschuss „Trinkwasser-Installation in Gebäuden“ (Normenreihe EN 806/DIN 1988) sowie langjährig in der CEN „Ad-hoc“-Gruppe zur Überarbeitung der EN 1717 „Schutz des Trinkwassers“.

Im Rahmen der konstituierenden Sitzung des Richtlinien-Ausschusses VDI 6023 Blatt 1 „Hygiene in Trinkwasser-Installationen; Planung“ (bislang VDI/DVGW 6023) wurde Herr Bürschgens 2017 zum stellv. Vorsitzenden gewählt und war als Ausschussmitglied auch aktiv an der Erarbeitung der Richtlinie VDI/BTGA/ZVSHK 6023 Blatt 2 „Gefährdungsanalyse“ beteiligt.

2015 übernahm er den Vorsitz im Richtlinienausschuss der vorliegenden Doppel-Richtlinie VDI 3810 Blatt 2 „Betreiben und Instandhalten von Gebäuden und gebäudetechnischen Anlagen; Trinkwasser-Installationen“/VDI 6023 Blatt 3 „Hygiene in Trinkwasser-Installationen;

Betrieb und Instandhaltung“, die im Mai 2020 erstmalig unter der Doppelnummer VDI 3810-2/VDI 6023-3 erschienen ist.

Ein besonderer Bezug zum Betrieb und zur Instandhaltung von technischen Anlagen zeigt sich auch darin, dass Herr Bürschgens zum grundlegenden Blatt 1 der Richtlinienreihe VDI 3810 „Betreiben und Instandhalten von Gebäuden und gebäudetechnischen Anlagen; Grundlagen“ ebenfalls als stellvertretender Vorsitzender beitragen konnte.

Neben seiner Tätigkeit als vielfach gerichtlich bestellter Sachverständiger gehören Gutachten zur Gefährdungsanalyse in Trinkwasser-Installationen zu den Schwerpunkten seiner gutachterlichen Tätigkeit, insbesondere in komplexen Anlagen wie Krankenhäusern und medizinischen Einrichtungen, in industriellen Liegenschaften und Produktionsstätten sowie in Hotels und großen öffentlichen Gebäuden.

Herr Bürschgens ist Mitglied im Fachausschuss Sanitär des VDI und als eine von lediglich neun Personen in Deutschland zugelassener Referent des VDI für gleichermaßen beide Bereiche „Technik“ und „Hygiene“ im Rahmen von Trinkwasserhygiene-Schulungen nach VDI/DVGW 6023 Anh. D.

Vorwort

„Trinkwasserhygiene" ist per Definition „die Gesamtheit aller Bestrebungen und Maßnahmen zur Verhütung von mittelbaren oder unmittelbaren gesundheitlichen Beeinträchtigungen und Störungen des Wohlbefindens (Unbehagen) beim einzelnen Nutzer. Ziel ist es, die einwandfreie Trinkwasserbeschaffenheit in der Trinkwasser-Installation zu bewahren" (vgl. VDI/DVGW 6023, Einleitung).

Die Qualitätsanforderungen an Trinkwasser werden über die jeweilige Anwendung definiert. Wasser, das getrunken oder beispielsweise zur Körperpflege und -reinigung verwendet wird (hierzu zählt auch ein Handwaschbecken), zur Zubereitung von Nahrungsmitteln oder Getränken, zum Wäschewaschen oder Geschirrspülen, muss zweifelsfreie Trinkwasserqualität aufweisen.

Gefährdungen für Menschen können immer dann entstehen, wenn Wasser, das für den menschlichen Gebrauch genutzt wird (z.B. nach § 3 Nr. 1 TrinkwV zur Körperpflege und Körperreinigung, zur Zubereitung von Getränken, Nahrungsmitteln und Speisen, zum Geschirrspülen oder zum Wäschewaschen), entweder durch technische oder auch durch betriebstechnische Mängel an Trinkwasser-Installationen nachteilig verändert ist, sodass es die Qualitätsanforderungen an „Trinkwasser" eben nicht mehr erfüllt.

Um die vorgenannten nachteiligen Veränderungen zu vermeiden, sind Trinkwasser-Installationen nach § 17 Abs. 1 TrinkwV mindestens nach den allgemein anerkannten Regeln der Technik zu planen, zu errichten und vor allem auch zu betreiben. Der Betreiber der Trinkwasser-Installation hat beispielsweise bei einer Überschreitung des technischen Maßnahmenwerts für Legionellen unverzüglich tätig zu werden, um das erkannte Gesundheitsrisiko für die Nutzer zu beseitigen, womit schon seit dem Jahr 2011 gemäß § 16 Abs. 7 TrinkwV die Erstellung einer Gefährdungsanalyse obligatorisch ist. Vielfältige Praxiserfahrungen haben seither gezeigt, dass ein nicht bestimmungsgemäßer Betrieb einer Trinkwasser-Installation eine häufige und oft ganz wesentliche Ursache für eine exponentielle Vermehrung und Kontamination mit Legionellen ist.

Die Anforderungen zur hygienisch einwandfreien Planung und Installation von Trinkwasser-Installationen werden – in Ergänzung zu den technischen Grundlagen der Normenreihen DIN EN 806 mit DIN EN 1717 und DIN 1988 – im DVGW Arbeitsblatt W 551 mit Fokus auf die Vermeidung von Legionellen-Kontaminationen und insbesondere bereits seit dem Jahr 1999 im **Blatt 1 der Richtlinienreihe VDI 6023** definiert.

Das Umweltbundesamt beschreibt in seiner verbindlichen „Empfehlung für die Durchführung einer Gefährdungsanalyse gemäß Trinkwasserverordnung“ vom 14. Dezember 2012 das grundlegende Vorgehen bei der Umsetzung der Vorgaben der Trinkwasserverordnung zu Legionellen sowie generelle Mindestanforderungen an Personen, von denen man vermutet, dass sie in der Lage sein könnten, Gefährdungsanalysen durchzuführen. Dennoch wurden in den letzten Jahren vielfach Gefährdungsanalysen vorgelegt, die tatsächlich ein grundlegendes Wissen der einschlägigen technischen Regelwerke vermissen lassen oder die mitunter Maßnahmen empfehlen, die aufgrund lückenhaften Wissens zu Totalschäden an Trinkwasser-Installationen führen bzw. keinerlei Sanierungserfolg versprechen. Die „Verbände-Richtlinie“ zur Gefährdungsanalyse **VDI/BTGA/ZVSHK 6023 Blatt 2** definiert in Konkretisierung der UBA-Empfehlung und der Anforderungen der TrinkwV praxisnahe Anforderungen zur Erstellung von vereinheitlichten und zielführenden Gefährdungsanalysen, auf deren Grundlage technisch und wirtschaftlich sinnvolle Sanierungspläne erarbeitet werden können und definiert erstmals Vorgaben zu Grundlagen, Struktur, Ablauf und Inhalten eines Gutachtens zur Gefährdungsanalyse.

Die Anforderungen an den bestimmungsgemäßen Betrieb von Gebäuden und gebäudetechnischen Anlagen waren traditionell seit vielen Jahren in der Richtlinienreihe VDI 3810 beschrieben. Durch den fortschreitenden Wissensstand der Branche und nachdem der bestimmungsgemäße Betrieb von Trinkwasser-Installationen im Laufe der Jahre als wesentliche Grundlage für eine hygienisch einwandfreie Trinkwasserqualität immer mehr in den Fokus geraten war, war es notwendig, auch die Anforderungen an den Betrieb klar und detailliert zu beschreiben. In der bisherigen VDI/DVGW 6023 war der Betrieb bereits in Teilen beinhaltet, ebenso wie die Instandhaltung der Installation, jedoch noch nicht in der notwendigen Detailtiefe. Auch die frühere VDI 3810 beschrieb im Blatt 2 einige Aspekte der Trinkwasser-Installation, jedoch ebenfalls nicht fokussiert, und lieferte unter dem damaligen Titel „Sanitär“ auch Informationen zu Abwassersystemen und zum Betrieb weiterer Anlagenteile, die gemeinhin unter dem Oberbegriff „Sanitär“ zusammengefasst werden.

Mit der Überarbeitung der früheren Richtlinie VDI 3810 Blatt 2 „Sanitär“ wurde nun ein Regelwerk vorgelegt, das sich explizit auf den Betrieb und die Instandhaltung von Trinkwasser-Installationen aufgrundstücken und Gebäuden konzentriert. Entsprechend wurde das Blatt 2 bereits im Entwurf umbenannt in „Trinkwasser-Installationen“. Wesentliche Inhalte der Bereiche Abwasser-, Grauwasser- und Niederschlagswassernutzungsanlagen werden in ein neues Blatt der Richtlinienreihe überführt werden.

Um nun Dopplungen oder sogar widersprüchliche Anforderungen in den Regelwerken zu vermeiden, mussten die Inhalte zu Betrieb und Instandhaltung aus der bisherigen VDI/DVGW 6023 ebenfalls in das neue Regelwerk VDI 3810 Blatt 2 überführt werden, was dazu geführt hätte, dass diese wichtigen Anforderungen in der Richtlinienreihe VDI 6023 verloren gegangen wären. Seitens des VDI wurde daher beschlossen, dieses wichtige Blatt als Doppelrichtlinie zu publizieren, d.h. sowohl als Blatt 2 der Richtlinienreihe VDI 3810 und parallel als neues Blatt 3 der Richtlinienreihe VDI 6023 (**VDI 3810 Blatt 2/VDI 6023 Blatt 3**).

Nicht zuletzt aufgrund der anhaltenden Corona-Pandemie seit dem Jahr 2020 mit den vielfältigen nachteiligen Folgen auch für den Betrieb von gebäudetechnischen Anlagen wurde in Ergänzung zur VDI 3810-2/VDI 6023-3 im Jahr 2020 die gemeinsame Expertenempfehlung des VDI und des DVQST zur fachgerechten Außer- und Wiederinbetriebnahme von Trinkwasser-Installationen **VDI/DVQST EE 3810 Blatt 2.1** publiziert. Die Expertenempfehlung beschreibt die notwendigen Maßnahmen zur planmäßigen Außer- und Wiederinbetriebnahme von Trinkwasser-Installationen, zum Erhalt der Betriebssicherheit sowie zur Erhaltung der Rechtssicherheit von Eigentümern und Betreibern.

Zum Betreiben muss das Personal jedoch über entsprechende technische Kenntnisse und Wissen zu hygienischen Zusammenhängen verfügen. Es empfiehlt sich, die Qualifikation des beauftragten Personals durch geeignete Schulungen herzustellen und durch Prüfungen nachweisen zu lassen. Diesem Grundgedanken folgend wurde das jüngste Blatt der VDI Richtlinienreihe 6023 erarbeitet, die **VDI-MT 6023 Blatt 4** „Hygiene in Trinkwasser-Installationen – Qualifizierung". In dieser Richtlinie wird die ergänzende hygienische Qualifikation der Personen beschrieben, die Trinkwasser-Installationen planen, erstellen, betreiben und instandhalten oder überwachen.

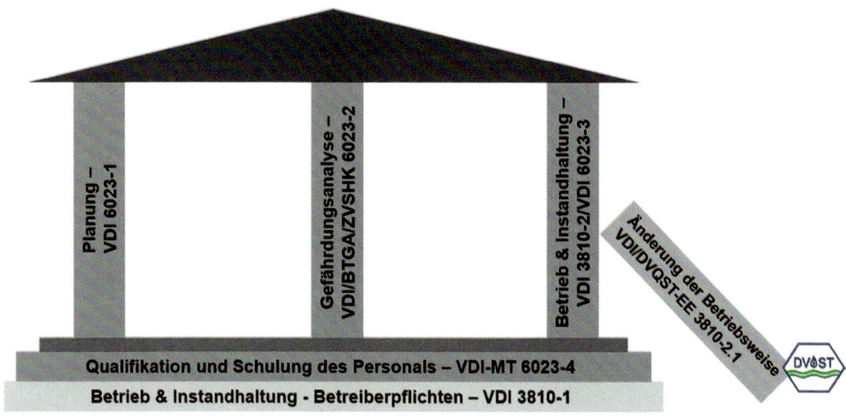

Ein in sich geschlossenes Regelwerk sichert den Erhalt der Trinkwasserqualität über den gesamten Gebäudelebenszyklus.

Diese Richtlinie VDI 3810 Blatt 2/VDI 6023 Blatt 3 wurde von allen beteiligten Fachkreisen gemeinsam erarbeitet und mitgetragen, um die erarbeiteten Festlegungen im Markt etablieren und verankern zu können. Dieser Kommentar richtet sich entsprechend an alle Fachleute aus Gesundheitsbehörden, Bildungseinrichtungen, Installationsunternehmen, Ingenieurbüros und insbesondere aus dem Kreis der Betreiber, die mit dem Thema „Betrieb und Instandhaltung von Trinkwasser-Installationen“ befasst sind.

Oberste gesetzliche Anforderung ist der Schutz von Leben und Gesundheit. Der verantwortliche Betreiber ist verpflichtet, den bestimmungsgemäßen Betrieb der Trinkwasser-Installation inkl. der erforderlichen Instandhaltung der Trinkwasser-Installation zu gewährleisten. Der vorliegende Kommentar erläutert vertiefend und anhand von praktischen Beispielen die Anwendung der Richtlinie bei Betrieb und Instandhaltung von Trinkwasser-Installationen sowie die Ableitung sinnvoller Instandhaltungs- und Hygienepläne, um durch die Gewährleistung seiner Genusstauglichkeit und Reinheit letztlich die Gesundheit der Nutzer zu schützen vor nachteiligen Einflüssen, die sich aus Verunreinigungen von „Wasser für den menschlichen Gebrauch“ ergeben können.

Höpfingen, im Mai 2021

ö.b.u.v.S. Arnd Bürschgens

Inhaltsverzeichnis

Hinweise zum Lesen der Kommentierungen

Die Originaltexte der Doppelrichtlinie VDI 3810 Blatt 2 „Betreiben und Instandhalten von Gebäuden und gebäudetechnischen Anlagen – Trinkwasser-Installationen"/VDI 6023 Blatt 3 „Hygiene in Trinkwasser-Installationen – Betrieb & Instandhaltung" sowie der ergänzenden VDI/DVQST-Expertenempfehlung 3810 Blatt 2.1 „Betreiben und Instandhalten von Gebäuden und gebäudetechnischen Anlagen – Trinkwasser-Installationen: Außerbetriebnahme und Wiederinbetriebnahme" sind in Grau den jeweiligen Kommentierungen vorangestellt. Hinweise des Autors sind in normaler Schrift des Buches dargestellt und stehen jeweils nach den grauen Originaltexten. Je nach Länge des Kapitels werden die Originaltexte in sinnvolle Abschnitte unterteilt und mit Kommentierungen versehen. Im Anschluss folgt der nächste Abschnitt des Kapitels inklusive Kommentierung.

Die Reihenfolge der Absätze der Kapitel dieses Kommentars stimmt mit der Reihenfolge der Kapitel der Richtlinie VDI 3810 Blatt 2/VDI 6023 Blatt 3 überein, die Ergänzungen der VDI/DVQST-EE 3810 Blatt 2.1 werden nachfolgend kommentiert.

Beispiel eines grau hinterlegten Originaltextes aus der Richtlinie:

1 Anwendungsbereich

Diese Richtlinie gilt für alle Trinkwasser-Installationen und richtet sich, in Ergänzung zu DIN EN 806-5, an Betreiber und deren Erfüllungsgehilfen (z. B. Vertragsinstallationsunternehmen, FM-Dienstleister), insbesondere Unternehmer und sonstige Inhaber von Trinkwasser-Installationen nach Trinkwasserverordnung (TrinkwV), § 3 Nr. 2, Buchstaben c), d), e) und f).

Soweit im nachfolgenden Kommentartext Gesetze, Verordnungen und Empfehlungen des Umweltbundesamts oder des Robert Koch-Instituts zitiert werden, sind diese als rechtliche Anforderungen rot hinterlegt.

Beispiel eines Zitats aus einem Gesetz oder einer Verordnung:

Verordnung über die Qualität von Wasser für den menschlichen Gebrauch (TrinkwV)

§ 7 Indikatorparameter

(1) Im Trinkwasser müssen die in Anlage 3 festgelegten Grenzwerte und Anforderungen für Indikatorparameter eingehalten sein. Dies gilt nicht für den technischen Maßnahmenwert in Anlage 3 Teil II.

Werden im Kommentartext Anforderungen anderer technischer Regelwerke zitiert, sind diese als normative Anforderungen blau hinterlegt.

Beispiel für ein Regelwerks-Zitat:

DVGW W 557 (A) Reinigung und Desinfektion von Trinkwasser-Installationen

Pkt. 5.5 Bestimmungsgemäßer Betrieb der Trinkwasser-Installation

Eine regelmäßige, fachgerechte Instandhaltung ist die Voraussetzung für einen hygienisch unbedenklichen bestimmungsgemäßen Betrieb einer Trinkwasser-Installation. Ein bestimmungsgemäßer Betrieb liegt dann vor, wenn (...) die Instandhaltungsintervalle, insbesondere die Wartungsintervalle, eingehalten werden.

Grundlagen zu Betrieb und Instandhaltung von Trinkwasser-Installationen

Schon das Alltagswissen kennt den Zusammenhang zwischen dem pfleglichen und bestimmungsgemäßen Umgang mit einem Gegenstand oder einer Anlage und dem damit verbundenen Nutzen hinsichtlich der Lebensdauer und der Einsatzfähigkeit von Anlagen und Systemen. Daneben gibt es auch ein entsprechendes (hygienisch/technisches) Fachwissen, das sich aus dem Gedanken des Facility-Managements versteht, also der ganzheitlichen und auf den aktuellen Wissensstand ausgerichteten Transparenz im Zusammenhang mit dem Lebenszyklus einer Anlage.

Der Zweck der Trinkwasserverordnung (TrinkwV), basierend auf § 38 Infektionsschutzgesetz (IfSG), ist es, die menschliche Gesundheit vor nachteiligen Einflüssen, die sich aus der Verunreinigung von Trinkwasser ergeben, zu schützen. Im Sinne der Gesetzgebung trifft hier eine entsprechende Verkehrssicherungspflicht grundsätzlich jeden, der an der Planung, dem Bau oder dem Betrieb von Trinkwasser-Installationen beteiligt ist. Gem. § 17 TrinkwV sind Trinkwasser-Installationen hierzu mindestens nach den allgemein anerkannten Regeln der Technik zu planen, zu errichten und selbstverständlich auch zu betreiben:

Verordnung über die Qualität von Wasser für den menschlichen Gebrauch (TrinkwV)

§ 17 Anforderungen an Anlagen für die Gewinnung, Aufbereitung oder Verteilung von Trinkwasser

(1) Anlagen für die Gewinnung, Aufbereitung oder Verteilung von Trinkwasser sind mindestens nach den allgemein anerkannten Regeln der Technik zu planen, zu bauen und zu betreiben.

Jeder Betreiber (Unternehmer oder sonstiger Inhaber) ist grundsätzlich verpflichtet, die sich aus dem Betrieb der Trinkwasser-Installation ergebenden, denkbaren Gefährdungen zu analysieren (Instandhaltung, Gefährdungsanalyse) und geeignete Vorkehrungen zu deren Vermeidung zu treffen (bestimmungsgemäßer Betrieb einschließlich Instandhaltung).

Neben den bereits benannten Verpflichtungen aus der Trinkwasserverordnung bzw. auch aus der Verordnung über Allgemeine Bedingungen für die Versorgung mit Wasser (AVBWasserV) haben Betreiber auch noch weitere Verpflichtungen. Hierzu zählt vor allem die vorgenannte „Verkehrssicherungspflicht" im Sinne des § 823 BGB.

Verkehrssicherungspflicht

Bereits in der Bibel steht zu lesen: „*Wenn Du ein Haus baust, so mache ein Geländer ringsum auf Deinem Dache, damit Du nicht Blutschuld auf Dein Haus lädst, wenn jemand herabfällt*“ (5. Buch Mose, Kap. 22 Vers 8). Dieser Vers aus dem Alten Testament beinhaltet bereits die wesentlichen Vorgaben an den Betrieb und die Instandhaltung von Gebäuden und gebäudetechnischen Anlagen, die auch in die heutige Zeit übertragbar sind: Wer eine Gefahrenquelle schafft oder eine solche hätte erkennen können, hat zum Schutz der Nutzer oder Dritter vorbeugend Maßnahmen zu treffen. Diese allgemeinen Anforderungen finden sich heute im BGB:

Bürgerliches Gesetzbuch (BGB)

§ 823 Schadensersatzpflicht

(1) Wer vorsätzlich oder fahrlässig das Leben, den Körper, die Gesundheit, die Freiheit, das Eigentum oder ein sonstiges Recht eines anderen widerrechtlich verletzt, ist dem anderen zum Ersatz des daraus entstehenden Schadens verpflichtet.

Die Grundsätze der Verkehrssicherungspflichten verlangen, dass derjenige, der eine Gefahrenquelle schafft, fachkundig und zuverlässig die erforderlichen Schutzmaßnahmen zu erfüllen hat, die den sicheren Betrieb garantieren und Schäden an Leben oder Gesundheit der Nutzer ausschließen. Zur Beurteilung der notwendigen Schutzvorkehrungen stellt die Rechtsprechung auf das „verkehrsübliche Maß an Sorgfalt“ ab. Bei der Bewertung dieser rechtlichen Mindestanforderung, wie sie im normalen Verkehr zwischen Menschen üblich ist, sind die verschiedenen anerkannten Regeln der Technik der relevante Sorgfaltsmaßstab. Der Bundesgerichtshof (BGH) hat das bereits 2004 in seinen Aussagen zu Az. VIII ZR 344/03 entsprechend bestätigt: „*Die allgemein anerkannten Regeln der Technik sind Mindestmaßstab für die Einhaltung der Sorgfaltspflicht. Verletzungen dieser Regeln, zu denen u. a. auch DIN gehören, führen in der Regel zu mangelhaften Werkleistungen.*“

Die Pflicht zur Einhaltung der bauseitigen Anforderungen bzw. der Parameter für den bestimmungsgemäßen Betrieb einer Anlage wird Verkehrssicherungspflicht genannt. Für Gefahren, die bei sachkundiger Betrachtung einen möglichen Schaden erkennen lassen, haftet der Unternehmer oder sonstige Inhaber der Anlage, weil man die Gefahrenquelle hätte erkennen können. Das Wissen um eine mögliche Gefährdung existierte bereits in Form der technischen Regelwerke und ist für jeden verfügbar.

Unkenntnis über die technischen Anforderungen oder über die möglichen (Folge-)Schäden sind dabei unerheblich, da Inhaber von Trinkwasser-Installationen alle Sicherungsvorkehrungen zu treffen haben, die nach gewissenhafter Beurteilung für ausreichend angesehen werden, um die Nutzer der Anlage vor Schäden zu bewahren. Diese Anforderungen werden mit der Erfüllung der rechtlichen Überwachungspflichten (Probenahme und Analytik) und der Umsetzung mindestens der Anforderungen der technischen Regelwerke erfüllt. Das bedeutet, dass der, der die technischen Regelwerke im bestimmungsgemäßen Betrieb anwendet und umsetzt (Nutzung wie ursprünglich geplant, Vermeidung von Stagnation, Einhaltung korrekter Temperaturen, Maßnahmen zum Schutz des Trinkwassers, vollständige Instandhaltung durch fachkundigen Installateur), für sich in Anspruch nehmen darf, alles Nötige und Zumutbare getan zu haben. Umgekehrt wird die Nichteinhaltung der allgemein anerkannten Regeln der Technik in der Rechtsprechung als grob fahrlässig angesehen und führt zu haftungsrechtlichen Konsequenzen.

Bild 1: „Vertrauen ist gut, Kontrolle ist besser" – Verkehrssicherungspflicht in Trinkwasser-Installationen bedeutet u. a., seine Installation regelmäßig überprüfen zu lassen und Betriebsparameter kontinuierlich zu überwachen, damit ein Mangel frühzeitig erkannt werden kann

Im Art. 14 Grundgesetz (GG) heißt es *„Eigentum verpflichtet“* und das Wissen um diese hygienischen, technischen und betriebstechnischen Anforderungen ist eine Holpflicht der verantwortlichen Betreiber. Wenn jemand Trinkwasser an Dritte abgibt, übernimmt er eine Verantwortung und damit obliegt es dem Betreiber, sich dieses Wissen aktiv selbst zu beschaffen und anzueignen. Unwissenheit schützt nicht vor Strafe.

Die Beprobungspflicht von Anlagen ist beispielsweise eine ordnungsrechtliche Vorgabe. Eine regelmäßige Beprobung über den Lauf mehrerer Jahre, eine Dokumentation zu den Betriebsparametern (Temperaturverhältnisse, tatsächliche Wasserverbräuche) und die genauen Kenntnisse der bauseitigen Situation der Anlage (Speichervolumen, keine Totstränge) sind das Maß an Sorgfalt, das tatsächlich erwartet wird, um ein haftungsbegründendes Fehlverhalten zu vermeiden.

Jeder Unternehmer und sonstige Inhaber ist demnach verpflichtet, die Benutzer von Anlagen vor Gefahren zu schützen, die über das übliche Risiko bei der Anlagenbenutzung hinausgehen, die nicht ohne weiteres erkennbar und vom Benutzer nicht vorhersehbar sind. Die seit langem bestehenden Grundsätze zu den Verkehrssicherungspflichten werden von den gerichtlichen Instanzen immer wieder bestätigt.

Unter dem technischen Funktionserhalt wird die Gebrauchstauglichkeit der Trinkwasser-Installation verstanden, d.h. dass durch eine prozessorientierte Instandhaltung beispielsweise die Transportfunktion der Leitungen gewährleistet ist, übermäßige Fließgeschwindigkeiten oder geringe Entnahmearmaturendurchflüsse vermieden werden und dass an allen Entnahmestellen die Versorgung mit Trinkwasser unter Berücksichtigung des Druckes, der Entnahmearmaturendurchflüsse, der Wassertemperatur und der Nutzung des Gebäudes ermöglicht wird.

Der hygienegerechte Funktionserhalt zielt dagegen darauf ab, dass Trinkwasserverunreinigungen vermieden werden und dass keine Gefährdungen oder Unannehmlichkeiten für Personen und Haustiere entstehen. Die Installation selbst und die Betriebsweise der Installation dürfen keine nachteiligen Veränderungen der Trinkwasserqualität verursachen oder begünstigen.

Eine große Zahl von Wasserentnahmestellen, ausgedehnte Leitungssysteme und oftmals zusätzliche Installationen, z.B. Ionenaustauscher, Dosieranlagen, Trinkwassererwärmungsanlagen usw. machen die Vielfältigkeit hygienischer Probleme im Zusammenhang mit Trinkwasser-Installationen verständlich. Anlagen und Geräte, von denen ein infektionshygienisches Risiko ausgehen kann, insbesondere Trinkwasser-Installationen, sind gemäß den allgemein anerkannten Regeln der Technik zu betreiben, instand zu halten und regelmäßig hygienisch/technischen Überprüfungen durch den Betreiber zu unterziehen.

Das eigentliche Infektionsreservoir für Mikroorganismen befindet sich i.d.R nicht im öffentlichen Wasserversorgungsnetz, sondern in der komplexen Trinkwasser-Installation von Gebäuden. Eine starke Vermehrung von fakultativpathogenen Erregern (z.B. Legionellen oder *Pseudomonas aeruginosa*) findet z.B. statt bei Stagnation in der Trinkwasser-Installation, in Zuleitungen zu Entnahmestellen bei längerer Nichtbenutzung oder im Rahmen von Umbau- und Renovierungsmaßnahmen, bei zu niedriger Temperatur des Trinkwassererwärmers, bei einer unzulässigen Erwärmung des Kaltwassers oder bei Biofilmbildung und Nährstoffverfügbarkeit in Leitungen, Verbindungsstücken oder Bauteilen und Armaturen.

Gefährdungen für die menschliche Gesundheit können an unterschiedlichen Stellen des Versorgungssystems auftreten und durch unterschiedliche Ereignisse ausgelöst werden. Wenn sich zum Beispiel die Temperaturen in einigen Teilen der Kaltwasserleitungen durch Stagnationsbedingungen oder mangelhafte Durchströmung und unsachgemäße Verlegung der Leitungen erhöhen, kann das zu wachstumsfördernden Bedingungen für pathogene Mikroorganismen führen, die dann an der Entnahmestelle auf den Menschen übertragen werden. Auch wenn Anlagen oder Apparate unmittelbar mit dem Trinkwasser verbunden werden, in denen sich Nicht-Trinkwasser befindet (Heizungs- oder Klimaanlagen, Kaffee- und Getränkeautomaten, Feuerlöschleitungen usw.), kann es durch Vermischung zu nachteiligen Veränderungen im Trinkwasser kommen. Bei einer Gefährdungsanalyse aufgrund einer Überschreitung des technischen Maßnahmenwerts für Legionellen geht es beispielsweise auch immer darum, systematisch alle Gefährdungen und möglichen Ereignisse zu ermitteln, die zu einer Schädigung der menschlichen Gesundheit führen können, nicht nur solche, die unmittelbar mit Legionellen zu tun haben.

Schließlich reicht es heute nicht mehr aus, die Anforderungen der §§ 5 bis 7a der TrinkwV einzuhalten; die Anlage muss trotzdem einen technischen Mindeststandard einhalten, der in den allgemein anerkannten Regeln der Technik festgelegt ist (siehe § 4 Abs. 1 bis 3 TrinkwV).

Verordnung über die Qualität von Wasser für den menschlichen Gebrauch (TrinkwV)

§ 4 Allgemeine Anforderungen

(1) Trinkwasser muss so beschaffen sein, dass durch seinen Genuss oder Gebrauch eine Schädigung der menschlichen Gesundheit insbesondere durch Krankheitserreger nicht zu besorgen ist. Es muss rein und genusstauglich sein. Diese Anforderung gilt als erfüllt, wenn

1. bei der Wassergewinnung, der Wasseraufbereitung und der Wasserverteilung mindestens die allgemein anerkannten Regeln der Technik eingehalten werden und
2. das Trinkwasser den Anforderungen der §§ 5 bis 7a entspricht.

Der BGH urteilte im Jahr 2015, dass ein Betreiber die Verkehrssicherungspflicht verletzt, wenn er die Trinkwasser-Installation nicht regelmäßig instand halten lässt und die Temperaturhaltung nicht den a.a.R.d.T. entspricht: „*Wer die Pflicht zur regelmäßigen Kontrolle des Trinkwassers unterlässt, haftet auf Schadenersatz und Schmerzensgeld, wenn ein Personenschaden eintritt*" (BGH Urteil vom 06.05.2015, VIII ZR 161/14).

Es bedarf gewöhnlich keiner zusätzlichen Erläuterung, dass mit diesen Vorgaben der TrinkwV und auch der AVBWasserV jeweils die heute aktuell geltenden a.a.R.d.T. gemeint sind. Ein überaltertes und mehrfach überarbeitetes Regelwerk aus dem Jahr 1988 kann heute selbstverständlich nicht mehr den Konsens der Fachwelt zur richtigen Ausführung einer Installation darstellen. Eine Trinkwasser-Installation muss jederzeit den heute geltenden, modernen Regeln der Technik entsprechen, da sich auch der Wissensstand um mögliche Gefährdungen weiterentwickelt. Wenn eine Ausführung, die vielleicht im Jahr 1988 noch als Regel der Technik angesehen wurde (z. B. die unmittelbare Versorgung der Feuerlöschanlage aus der Trinkwasser-Installation), heute rückblickend als eine Gefährdung erkannt wurde, kann der Betreiber der Installation diese Gefährdung nicht mit aktuellem Wissen weiterbestehen lassen, da das seinen Verkehrssicherungspflichten widersprechen würde. Das Wissen ist vorhanden, wodurch die mögliche Gefährdung hätte erkannt werden können. Von einer Trinkwasser-Installation darf keine Gesundheitsgefährdung ausgehen. Es besteht im Rahmen des bestimmungsgemäßen Betriebs grundsätzlich die Verpflichtung, die Installation an den jeweiligen Wissensstand anzupassen, der in den a.a.R.d.T. niedergelegt ist, und damit jede Gefährdung für die Nutzer unverzüglich zu beseitigen, sobald sie bekannt wurde. Es besteht demnach die Pflicht zur technischen Verbesserung der Installation und ein baulicher Bestandsschutz kann auf Trinkwasser-Installationen grundsätzlich nicht angewandt werden, wenn die Besorgnis einer Gesundheitsgefährdung aufgrund der alten, existierenden Ausführung besteht.

Hierzu gehört jedoch auch, dass Trinkwasser-Installationen regelmäßig inspiziert werden müssen, um Verschleiß oder etwaige Schäden, die im Lebenszyklus der Installation auftreten können, frühzeitig erkennen und beheben zu können.

Trinkwasser-Installationen tragen zur Funktion und Sicherheit von Gebäuden sowie zur Gesundheit, zum Komfort und zur Sicherheit der Menschen wesentlich bei. Von ihnen können auch Gefährdungen ausgehen und sie sind ein erheblicher Kostenfaktor bei der Errichtung und beim Betreiben. Deshalb ist ein verantwortungsvoller, nachhaltiger Umgang mit Trinkwasser-Installationen erforderlich.

Kommentar zur Richtlinie VDI 3810 Blatt 2/ VDI 6023 Blatt 3

Einleitung

Einleitung

Die Richtlinienreihe VDI 3810 ist eine Reihe von technischen Regelwerken zum Betreiben und Instandhalten von Gebäuden und gebäudetechnischen Anlagen.

Zum Betreiben muss das Personal über entsprechende technische Kenntnisse verfügen. Es empfiehlt sich, die Qualifikation des beauftragten Personals durch geeignete Schulungen herzustellen und durch Prüfungen nachweisen zu lassen. Von der nötigen Qualifikation kann beispielsweise ausgegangen werden bei Trägern der VDI-Urkunde einer Schulung nach VDI/DVGW 6023 oder ZVSHK-Fachkraft „Hygiene und Schutz des Trinkwassers“.

Es ist unabdingbar, dass Trinkwasser-Installationen von den hierfür Verantwortlichen in technisch und hygienisch einwandfreiem Zustand gehalten werden.

Die Unternehmer oder sonstigen Inhaber sind verpflichtet, Trinkwasser-Installationen

- mindestens nach den **allgemein anerkannten Regeln der Technik** bestimmungsgemäß zu betreiben (TrinkwV),
- als Arbeitgeber nach dem **Stand der Technik** (ArbSchG, siehe auch Abschnitt 4.3) zu betreiben,
- in ordnungsgemäßem, sicherem Zustand zu erhalten durch
  - regelmäßige Inspektion,
  - vorausschauende Wartung,
  - fachkundige Instandsetzung und
  - technische Verbesserung nach den allgemein anerkannten Regeln der Technik.

Unternehmer und sonstiger Inhaber können z.B. sein (siehe VDI 3810 Blatt 1):

- Eigentümer
- Immobilienverwaltungen
- Arbeitgeber
- Besitzer
- Nutzer (Mieter, Pächter, Bewohner)
- Unternehmen des Property- und Facility-Managements (FM) und Gebäude-Managements (GM)

Der VDI e.V. unterstützt mit seinem Richtlinienwerk alle, die in ihrer täglichen Arbeit vor technische Herausforderungen gestellt werden. Dafür gibt er als einer der wichtigsten Regelsetzer pro Jahr bis zu 250 VDI-Richtlinien heraus. Das sind richtungsweisende und praxisorientierte technische Regelwerke, die Qualitätsstandards in vielen ausführenden Gewerken und allen möglichen Industriebereichen setzen – kompetent aufbereitet von Fachleuten für Fachleute.

Die Richtlinienreihe VDI 3810 gibt für die unterschiedlichen gebäudetechnischen Anlagen Empfehlungen für den sicheren, bestimmungsgemäßen, bedarfsgerechten, nachhaltigen Betrieb von Anlagen der technischen Gebäudeausrüstung (TGA). Die Richtlinien beschreiben die notwendigen Voraussetzungen zur Wahrnehmung der Betreiberpflichten, zur Betriebssicherheit von TGA-Anlagen, zur Wirtschaftlichkeit und zur Umweltverträglichkeit.

Derzeit sind in der Reihe VDI 3810 separate Blätter erschienen zu

- Grundlagen und Betreiberverantwortung,
- Trinkwasser-Installationen,
- heiztechnischen Anlagen,
- raumlufttechnischen Anlagen,
- Gebäudeautomation und
- Aufzügen.

Der Begriff des **Betreibers** im Sinne dieser Richtlinie wird unter Pkt. 3 konkret erläutert.

Betreiber von Trinkwasser-Installationen, insbesondere Betreiber großer Anlagen, von Arbeitsstätten oder medizinischer Einrichtungen nach § 23 IfSG, haben jeweils zu gewährleisten, dass die personell-fachlichen, die betrieblich-organisatorischen sowie die baulich-funktionellen Voraussetzungen für die Einhaltung der allgemein anerkannten Regeln der Technik geschaffen werden. Es müssen durch die verantwortlichen Betreiber zudem die erforderlichen Maßnahmen getroffen werden, um nachteilige Veränderungen der Trinkwasserqualität zu verhindern. Der Betrieb komplexer hydraulischer Systeme erlaubt in der Regel keine Fehlertoleranz.

Die Anlagen dürfen daher nur von entsprechend geschultem Personal betrieben und instandgehalten werden:

Verordnung über Allgemeine Bedingungen für die Versorgung mit Wasser (AVBWasserV)

§ 12 Kundenanlage

(2) Die Anlage darf nur unter Beachtung der Vorschriften dieser Verordnung und anderer gesetzlicher oder behördlicher Bestimmungen sowie nach den allgemein anerkannten Regeln der Technik errichtet, erweitert, geändert und unterhalten werden.

Die Errichtung der Anlage und wesentliche Veränderungen dürfen nur durch das Wasserversorgungsunternehmen oder ein in ein Installateurverzeichnis eines Wasserversorgungsunternehmens eingetragenes Installationsunternehmen erfolgen.

Fachpersonal muss in der Lage sein, die notwendigen Instandhaltungsmaßnahmen sachgerecht durchzuführen und gegebenenfalls Änderungen im Betrieb oder andere Mängel zu erkennen und deren Auswirkungen abzuschätzen. Die nötige Fachkunde wird erworben durch einschlägige Berufsausbildung und zeitnahe berufliche Erfahrung sowie fortlaufende Weiterbildungen, z.B. Schulungen nach der Richtlinienreihe VDI 6023.

Bei Ein- und Zweifamilienhäusern (nur Wohnhäuser) können nach dem Grundsatz der Verhältnismäßigkeit ggf. Erleichterungen möglich sein (insbesondere z.B. vereinfachtes Anlagen-, Raum- und Betriebsbuch, vereinfachter Instandhaltungsplan), wenn sie keinen besonderen Anforderungen unterliegen. Sind in Ein- und Zweifamilienhäusern jedoch Einrichtungen untergebracht, die besonderen hygienischen Anforderungen unterliegen (z.B. Lebensmittelbetriebe, Kindertagesstätten, Seniorenpflege), sind selbstverständlich keine Erleichterungen gegenüber den Regelwerksanforderungen möglich.

Betreiber oder Nutzer einer Trinkwasser-Installation müssen mit der Übergabe zumindest in den bestimmungsgemäßen Betrieb der Installation eingewiesen werden. Diese Einweisung des Betreibers oder Nutzers sollte nach Kategorie C der VDI-Richtlinienreihe 6023 erfolgen und beinhaltet damit das notwendige Wissen zum hygienisch sicheren Betrieb einer Trinkwasser-Installation. Bei dieser Einweisung in den bestimmungsgemäßen Betrieb sollen potenzielle Gefahren im Hinblick auf die Hygiene beim Betrieb und der Nutzung von Trinkwasser-Installationen aufgezeigt und der korrekte Umgang mit Bauteilen und Armaturen vermittelt werden. Das mögliche Auftreten von Problemen im Hinblick auf die Hygiene bei nicht bestimmungsgemäßem Betrieb der Anlage ist darzustellen und die Bestimmungen der TrinkwV und der AVBWasserV sind zu erklären. Bei der Unterweisung sind auch Funktionen, Bedeutungen und hygienisch erforderliche Instandhaltungsmaßnahmen aller Komponenten der jeweiligen Trinkwasser-Installation auf Grundlage des individuell erstellten Instandhaltungsplans zu erläutern.

Eine Voraussetzung zum bestimmungsgemäßen Betrieb ist demnach auch die Übergabe einer vollständigen Dokumentation der zu betreibenden Trinkwasser-Installation im Rahmen der Einweisung, z. B. die Betriebsanleitung der Installation einschließlich dem Instandhaltungsplan und den relevanten Bedienungsanleitungen von Bauteilen und Geräten sowie die Probenahmeplanung.

Betreiberverantwortung

Bekanntlich obliegen den Unternehmern und sonstigen Inhabern von Trinkwasser-Installationen verschiedene Verpflichtungen. So tragen die verantwortlichen Betreiber als Folgen aus der Trinkwasserverordnung ganz allgemein z. B. die

- Pflicht zum bestimmungsgemäßen Betrieb der Anlage einschließlich
- Pflicht zur Instandhaltung einschließlich regelmäßiger Inspektion und Überwachung
- „Zapfstellenverantwortung“ (Verwendung geeigneter Sicherungseinrichtungen bei Geräteanschluss)
- Pflicht zur regelmäßigen Beprobung und ggf. Meldung an Gesundheitsamt als Überwachungsbehörde
- Pflicht zur Umrüstung nicht ordnungsgemäßer Anlagen als techn. Verbesserung
- Pflicht zur Information der Nutzer über die Qualität des bereitgestellten Trinkwassers

Inhaber von Trinkwasser-Installationen sind dazu verpflichtet, die Genusstauglichkeit und Reinheit ihres abgegebenen Wassers zu gewährleisten. Diese Anforderung dient der Verkehrssicherungspflicht, die auf den allgemein anerkannten Regeln der Technik aufbaut und deren Nichteinhaltung haftungsrechtliche Folgen nach sich ziehen kann.

Der Unternehmer oder der sonstige Inhaber hat die jeweils ihn betreffenden Aufgaben eigenverantwortlich zu erfüllen. Hat der Inhaber der Installation nicht selbst die nötige Fachkenntnis, insbesondere zur fachgerechten Instandhaltung, muss er sich dieses Fachwissen durch die Beauftragung fachkundiger Planer und Installateure hinzuziehen.

Die Trinkwasserverordnung verpflichtet Unternehmer oder sonstige Inhaber, abgegebenes Wasser kontinuierlich genusstauglich und rein sowie frei von krankheitserregenden Keimen zu halten. Bei schuldhaften Verstößen gegen die in der Trinkwasserverordnung festgelegten Pflichten drohen z.B. Vermietern ordnungsrechtliche Bußgelder bzw. Strafverfahren. Zudem haben Vermieter in einem Schadensfall möglicherweise Schadenersatz und unter Umständen Schmerzensgeld zu zahlen, wenn sie ihre Verkehrssicherungspflichten nicht beachten und sich daraus folgend Schadensfälle entwickeln.

Die Grundlage jedes Mietvertrags ist beispielsweise § 535 BGB, in dem u.a. klargestellt wird, dass der Vermieter die Mietsache dem Mieter in einem zum vertragsgemäßen Gebrauch geeigneten Zustand zu überlassen und sie während der Mietzeit in diesem Zustand zu erhalten hat. Auch hier ist die Pflicht zur Instandhaltung fest verankert.

Die Pflicht zur Instandhaltung von Trinkwasser-Installationen setzt nicht erst dann ein, wenn aufgrund des Baualters mit Verschleißerscheinungen zu rechnen ist, sondern sie besteht grundsätzlich ab dem Tag der Inbetriebnahme. Verunreinigte oder defekte Manometer an Druckminderern, Filter mit Algenbewuchs, ungenutzte Enthärter und Dosieranlagen oder auch Umgehungs- und Totleitungen gehören zwar per Definition zur „Trinkwasser-Installation", bergen aber hygienische Risiken. All diese Anlagenbauteile und noch vieles mehr, wie beispielsweise unmittelbar angeschlossene Feuerlöschanlagen, müssen zwingend instandgesetzt werden, sodass die Anlage wieder den aktuellen a.a.R.d.T. entspricht und bestimmungsgemäß zur Entnahme von einwandfreier Trinkwasserqualität genutzt werden kann.

Bild 2: überalterte Bauteile; Überalterte Anlagenbauteile, die ein Versagen oder nachteilige Auswirkungen auf das Trinkwasser erwarten lassen, müssen zwingend instandgesetzt werden

1 Anwendungsbereich

Bereits im Anwendungsbereich wird klargestellt, dass sich die Richtlinie VDI 3810 Blatt 2/VDI 6023 Blatt 3 nicht als Ersatz oder Konkurrenz zur bestehenden DIN EN 806 Teil 5 versteht, sondern als deren nationale Ergänzung, Konkretisierung und Aktualisierung.

Nachdem die europäischen Arbeitsergebnisse der Normenreihe DIN EN 806 jedoch bekanntlich nicht die für die deutschen Anwenderkreise erforderliche Normungstiefe erreichen, ergab sich die Notwendigkeit, deutsche Ergänzungsfestlegungen zu erarbeiten, die beim DIN e. V. aus Gründen der Kontinuität wieder unter der Nummer DIN 1988 laufen. Zum Teil 5 der DIN EN 806 wurde seitens des DIN keine nationale Ergänzung vorgesehen, sodass der VDI hier eine wichtige Lücke geschlossen hat.

Die Anforderungen des Regelwerks zu Betrieb und Instandhaltung gelten für sämtliche Wasserversorgungsanlagen mit Ausnahme von zentralen und dezentralen Wasserwerken.

1 Anwendungsbereich

Diese Richtlinie gilt für alle Trinkwasser-Installationen und richtet sich, in Ergänzung zu DIN EN 806-5, an Betreiber und deren Erfüllungsgehilfen (z. B. Vertragsinstallationsunternehmen, FM-Dienstleister), insbesondere Unternehmer und sonstige Inhaber von Trinkwasser-Installationen nach Trinkwasserverordnung (TrinkwV), § 3 Nr. 2, Buchstaben c), d), e) und f). Sie beschreibt die notwendigen Voraussetzungen zur Wahrnehmung der Betreiberpflichten, zum Erhalt der Betriebssicherheit der Trinkwasser-Installation, zur Rechtssicherheit der Eigentümer und Betreiber.

Diese Richtlinie beschreibt den bestimmungsgemäßen Betrieb von Trinkwasser-Installationen. Dies gewährleistet die Genusstauglichkeit und Reinheit des Trinkwassers. Dies dient sowohl dem Schutz der Gesundheit der Nutzer als auch dem Schutz der Umwelt. Sie beschreibt die Instandhaltung und definiert Begriffe, die zum Verständnis der Zusammenhänge notwendig sind.

Diese Richtlinie legt die Umsetzung des festgelegten bestimmungsgemäßen Betriebs einschließlich der Instandhaltungs- und/oder Hygieneplanung (siehe VDI/DVGW 6023) fest. Sie gibt Anlagenbesitzern und Anlagenbetreibern Empfehlungen für den

- sicheren,
- bestimmungsgemäßen,
- bedarfsgerechten und
- wirtschaftlichen Betrieb von Trinkwasser-Installationen.

Es werden berücksichtigt:

- gesetzliche und normative Forderungen
- Hygiene
- Arbeitsschutz
- Sicherheit
- Umweltschutz
- Verkehrssicherungspflicht

Die Trinkwasserverordnung definiert Wasserversorgungsanlagen unter § 3 Nr 2. Demnach sind „Wasserversorgungsanlagen“

a) zentrale Wasserwerke: Anlagen einschließlich dazugehörender Wassergewinnungsanlagen und eines dazugehörenden Leitungsnetzes, aus denen pro Tag mindestens 10 Kubikmeter Trinkwasser entnommen oder auf festen Leitungswegen an Zwischenabnehmer geliefert werden oder aus denen auf festen Leitungswegen Trinkwasser an mindestens 50 Personen abgegeben wird;

b) dezentrale kleine Wasserwerke: Anlagen einschließlich dazugehörender Wassergewinnungsanlagen und eines dazugehörenden Leitungsnetzes, aus denen pro Tag weniger als 10 Kubikmeter Trinkwasser entnommen oder im Rahmen einer gewerblichen oder öffentlichen Tätigkeit genutzt werden, ohne dass eine Anlage nach Buchstabe a oder Buchstabe c vorliegt;

c) Kleinanlagen zur Eigenversorgung: Anlagen einschließlich dazugehörender Wassergewinnungsanlagen und einer dazugehörenden Trinkwasser-Installation, aus denen pro Tag weniger als 10 Kubikmeter Trinkwasser zur eigenen Nutzung entnommen werden;

d) mobile Versorgungsanlagen: Anlagen an Bord von Land-, Wasser- und Luftfahrzeugen und andere bewegliche Versorgungsanlagen einschließlich aller Rohrleitungen, Armaturen, Apparate und Trinkwasserspeicher, die sich zwischen dem Punkt der Übernahme von Trinkwasser aus einer Anlage nach Buchstabe a, b oder Buchstabe f und dem Punkt der Entnahme des

Trinkwassers befinden; bei einer an Bord betriebenen Wassergewinnungsanlage ist diese ebenfalls mit eingeschlossen;

e) Anlagen zur ständigen Wasserverteilung: Anlagen der Trinkwasser-Installation, aus denen Trinkwasser aus einer Anlage nach Buchstabe a oder Buchstabe b an Verbraucher abgegeben wird;

f) Anlagen zur zeitweiligen Wasserverteilung: Anlagen, aus denen Trinkwasser entnommen oder an Verbraucher abgegeben wird, und die

  aa) zeitweise betrieben werden einschließlich einer dazugehörenden Wassergewinnungsanlage und einer dazugehörenden Trinkwasser-Installation oder

  bb) zeitweise an eine Anlage nach Buchstabe a, b oder Buchstabe e angeschlossen sind.

Die zahlreichen technischen oder betriebstechnischen Aspekte, die zu einer nachteiligen Veränderung der Trinkwasserqualität führen können, unterscheiden sich in den verschiedenen Anlagen in der Regel nicht von denen einer Hausinstallation. Auch die formalen Anforderungen an einen Instandhaltungs- oder Hygieneplan sind in einer nur zeitweilig betriebenen Trinkwasser-Installation kaum andere als in einer Betriebsstätte, einem Krankenhaus oder in einem Mehrfamilienhaus.

Auch die Nutzer von Eigenwasserversorgungsanlagen oder zeitweiligen Wasserverteilungen müssen beispielsweise vor den Gefährdungen, die sich aus nachteiligen Veränderungen der Wasserqualität ergeben können, in der gleichen Art und Weise geschützt werden wie Arbeitnehmer im Umfeld ihrer Arbeitsstelle. Folglich sind bei allen

Bild 3: Auch zeitweilige Wasserverteilungen, z. B. auf Veranstaltungsgeländen, unterliegen den Anforderungen der Trinkwasserverordnung (Foto: Robert Kutzleb)

vorgenannten Wasserversorgungsanlagen die gleichen Grundsätze und Prinzipien hinsichtlich des Betriebs und der Instandhaltung anzuwenden.

Die in der Richtlinie zusammengefassten Erkenntnisse und das in ihr enthaltene Wissen entsprechen dem derzeitigen Wissenstand der beteiligten Fachkreise auf dem Gebiet der Trinkwasser-Installation. Die Richtlinie dient damit dem Schutz der Nutzer im Sinne § 1 TrinkwV:

Verordnung über die Qualität von Wasser für den menschlichen Gebrauch (TrinkwV)

§ 1 Zweck der Verordnung

Zweck der Verordnung ist es, die menschliche Gesundheit vor den nachteiligen Einflüssen, die sich aus der Verunreinigung von Wasser ergeben, das für den menschlichen Gebrauch bestimmt ist, durch Gewährleistung seiner Genusstauglichkeit und Reinheit nach Maßgabe der folgenden Vorschriften zu schützen.

Zusätzlich zu den Unternehmern und sonstigen Inhabern von öffentlich und gewerblich betriebenen Trinkwasser-Installationen nach TrinkwV werden in der Richtlinie VDI 3810 Blatt 2/VDI 6023 Blatt 3 erstmals auch die Betreiber von Arbeits- und Betriebsstätten adressiert und konkrete Vorgaben z. B. zu Parametern gemacht, die in Arbeitsstätten überwacht werden sollten, um die Erfüllung von Rechtspflichten nach Arbeitsschutzgesetz, Arbeitsstättenverordnung oder der Arbeitsstättenrichtlinie nachweisen zu können.

Der bestimmungsgemäße Betrieb einer Trinkwasser-Installation – egal in welcher Art von Liegenschaft – dient zur Wahrnehmung der Betreiberpflichten (Schutz gegen Gesundheitsgefährdungen), zum Erhalt der Betriebssicherheit (Schutz gegen Funktionsausfall der Trinkwasser-Installation) und zur Rechtssicherheit der Eigentümer und Betreiber (Schutz gegen Organisationsverschulden). Die Aufgaben im Rahmen des bestimmungsgemäßen Betriebs sind vielfältig und umfassen z. B.

- Verantwortlichkeiten benennen, geeignetes Personal auswählen, einweisen, regelmäßig schulen und Aufgabenerfüllung kontrollieren
- Anlagen prozessorientiert inspizieren, instandsetzen, warten oder technisch verbessern und Parameter im Betrieb überwachen
- vollständige Nutzung der Anlage wie bei der Planung zu Grunde gelegt unter Einhaltung der normativ geforderten Temperaturen im Trinkwasser (warm) und (kalt) und Vermeidung von Stagnation

- Beprobungs- und Meldepflichten sowie Informationspflichten gegenüber den Nutzern
- Bei Grenz- oder Maßnahmenwertüberschreitungen Durchführung von Gefährdungsanalysen beauftragen, Problemzonen identifizieren und Mängel beseitigen lassen
- Kontrolle externer Dienstleister
- Rechtslage kontinuierlich verfolgen
- Dokumentation der Maßnahmen

Eine ordnungsgemäße Planung sowie eine fachgerechte Errichtung der Trinkwasser-Installation nach den hygienischen Vorgaben der VDI 6023 Blatt 1 und unter Einhaltung der weiteren aktuellen allgemein anerkannten Regeln der Technik schaffen hierbei die Voraussetzungen für den bestimmungsgemäßen Betrieb.

2 Normative Verweise

2 Normative Verweise

Die folgenden zitierten Dokumente sind für die Anwendung dieser Richtlinie erforderlich:

DIN 31051:2019-06 Grundlagen der Instandhaltung

DIN EN 806-5:2012-04 Technische Regeln für Trinkwasser-Installationen – Teil 5: Betrieb und Wartung; Deutsche Fassung EN 806-5:2012

DIN EN 13306:2018-02 Instandhaltung – Begriffe der Instandhaltung; Dreisprachige Fassung EN 13306:2017

VDI 3810 Blatt 1:2012-05 Betreiben und Instandhalten von gebäudetechnischen Anlagen – Grundlagen (neu 2021)

VDI/DVGW 6023:2013-04 Hygiene in Trinkwasser-Installationen – Anforderungen an Planung, Ausführung, Betrieb und Instandhaltung

Grundlegende Betreiberpflichten wurden bislang in der Richtlinie VDI 3810 Blatt 1:2012 „Grundlagen“ mit dem ergänzenden Beiblatt VDI 3810 Blatt 1.1:2014 „Betreiberverantwortung“ behandelt. Im Rahmen der Überarbeitung wurden diese beiden Blätter inhaltlich vollständig überarbeitet und zusammengeführt in der voraussichtlich im November 2021 erscheinenden, neuen Richtlinie VDI 3810 Blatt 1.

Die vorliegende Richtlinie VDI 3810 Blatt 2/VDI 6023 Blatt 3 versteht sich als Ergänzung und Konkretisierung der europäisch einheitlichen DIN EN 806 Teil 5, wodurch es wichtig sein kann, beide Regelwerke parallel zu betrachten.

Die bisherige VDI/DVGW 6023 aus dem Jahr 2013 wurde zwischenzeitlich vollständig überarbeitet, wobei die wesentlichen Anforderungen an den Betrieb und die Instandhaltung in die Richtlinie VDI 3810 Blatt 2/VDI 6023 Blatt 3 überführt wurden. Wichtige Hinweise zu den planerischen Voraussetzungen an einen hygienisch einwandfreien Betrieb sind auch weiterhin der im Jahr 2021 erscheinenden VDI 6023 Blatt 1 zu entnehmen.

Grundsätzlich regeln sich die Anforderungen an eine Instandhaltung, als Grundvoraussetzung für einen bestimmungsgemäßen Betrieb nach § 17 TrinkwV, nach der DIN 31051 auf Grundlage der DIN EN 13306.

3 Begriffe

3 Begriffe

Für die Anwendung dieser Richtlinie gelten die Begriffe nach DIN 31051, DIN EN 13306, VDI 3810 Blatt 1 und die folgenden Begriffe:

Anlagenbuch

Dokumentation aller relevanten Planungsdaten, Betriebsparameter und Prüfungen im Lebenszyklus einer Trinkwasser-Installation

Anmerkung 1: siehe Bild 1 in Abschnitt 5.1.3

Anmerkung 2: Teil des Anlagenbuchs ist das → Betriebsbuch.

Betreiber (Verwender)

für die Sicherstellung eines bestimmungsgemäßen Betriebs inklusive Nutzung und Instandhaltung der Trinkwasser-Installation verantwortlicher Eigentümer, Besitzer oder Nutzer [in Anlehnung an DIN EN 806-1 und AVBWasserV]

Anmerkung 1: Gemäß Trinkwasserverordnung wird der Betreiber als Unternehmer oder sonstiger Inhaber (UsI) bezeichnet

Anmerkung 2: Der Betreiber soll über die hierfür notwendigen Informationen verfügen, z. B. durch eine Einweisung nach VDI/DVGW 6023, Kategorie C.

Betriebsanleitung

vom Vertragsinstallationsunternehmen dem Unternehmer oder sonstigen Inhaber übergebenes Dokument, das die Auflistung der Anlagenbauteile sowie deren Wartungsanleitungen enthält

Anmerkung: Hinweise zur Erstellung der Betriebsanleitung können der Betriebsanleitung „Trinkwasser-Installation" des ZVSHK entnommen werden.

Betriebsbuch

Teil des →Anlagenbuchs und Ablagestelle für alle relevanten Dokumente über Arbeiten an der Trinkwasser-Installation inklusive Analyseergebnissen von Trinkwasseruntersuchungen, Betriebs- und Instandhaltungsmaßnahmen sowie deren Inspektionsergebnissen (z. B. Dokumentation von Temperaturkontrollen oder Spülprotokolle)

Anmerkung: Wesentlicher Bestandteil des Betriebsbuchs ist der Instandhaltungs- und/oder Hygieneplan.

Raumbuch

ein mit allen Beteiligten (Bauherr, Architekt, Planer der Trinkwasser-Installation usw.) abgestimmtes Dokument für ein Gebäude mit schriftlich festgehaltenen Nutzungsbeschreibungen der einzelnen Räume sowie erforderlichem Umfang der Trinkwasser-Installation unter besonderer Berücksichtigung der Bedarfsermittlung

Anmerkung 1: Das Raumbuch muss bei Änderungen fortgeschrieben werden.

Anmerkung 2: Die Erstellung des Raumbuchs ist Aufgabe des Auftraggebers. Technische Angaben sind vom Planer in Abstimmung mit dem Auftraggeber zu erarbeiten. Ein Muster für den trinkwasserspezifischen Teil des Raumbuchs ist in Anhang A zu finden. Weitere Hinweise für die Erstellung finden sich in VDI 6023 Blatt 1.

Aufgrund der Komplexität der einschlägigen rechtlichen und normativen Regelwerke ist es erforderlich, die Anwendung von bestehenden Begriffen zu ordnen. In vielen Projekten und Regelwerken werden unterschiedliche Begriffe für gleiche Sachverhalte verwendet. Gleichzeitig werden von verschiedenen Beteiligten Begriffe anders interpretiert, als der Verwendende dies vorausgesetzt hat.

Da alle notwendigen und üblichen Fachbegriffe bereits in den einschlägigen allgemein anerkannten Regeln der Technik definiert sind, benötigt man für die spezifische Aufgabenstellung der Richtlinie VDI 3810 Blatt 2/VDI 6023 Blatt 3 nur wenige zusätzliche Begriffsdefinitionen, um dem Anwender der Richtlinie zu verdeutlichen, was im Kontext der weiteren Festlegungen unter diesen Begriffen konkret zu verstehen ist.

Daher wurde im Zuge der Erarbeitung der Richtlinie im Rahmen der Begriffsdefinition eine Vereinheitlichung angestrebt. Konkrete und ausführliche Erläuterungen zum Raumbuch, zum Anlagenbuch und zum Betriebsbuch finden sich in der Richtlinie unter Pkt. 5.1, eine weitere Begriffsdefinition wäre damit eigentlich verzichtbar gewesen. Da jedoch auch andere Regelwerke diese Begriffe im Rahmen der technischen Gebäudeausrüstung verwenden, war eine kurz gefasste Begriffsdefinition, was konkret im Rahmen dieser Richtlinie verstanden wird, trotzdem notwendig.

Im Jahr 2020 startete bereits das Richtlinienprojekt zur VDI 6070 „Gebäudebuch“, die zukünftig Grundlagen und allgemeine Anforderungen u. a. an das Instrument Raumbuch beschreibt und ein Datenmodell zur maschinenlesbaren

Strukturierung von Informationen definiert. Zudem sollen grundlegende Inhalte der Anlagenbücher, Raumbücher und Betriebsbücher für die Lebenszyklusphasen Konzeption, Planung, Errichtung sowie Betrieb und Nutzung definiert und konventionelle Vorlagen für gedruckte Raumbuchblätter erarbeitet werden.

Im Rahmen der vorliegenden Richtlinie VDI 3810 Blatt 2/VDI 6023 Blatt 3 wurde bereits ein Formblatt zur Erstellung eines Raumbuchs erarbeitet, das sowohl für die Bedarfsermittlung im Rahmen der Vorplanung dienen kann als auch zur nachträglichen Bestandsaufnahme. Dieses Formblatt für ein mögliches Raumbuch findet sich als Kopiervorlage in der Anlage A.

Betreiber

Insbesondere der Begriff des **Betreibers** führt oftmals zu Missverständnissen. Um deutlich zu machen, wer für die Einhaltung der Anforderungen und Pflichten nach TrinkwV tatsächlich verantwortlich ist, bezieht sich die Trinkwasserverordnung auf den Begriff des „Unternehmers oder sonstigen Inhabers" (UsI). Dieser Begriff wird umgangssprachlich gleichgesetzt mit dem (jeweils verantwortlichen) Betreiber der Trinkwasser-Installation.

Konkrete Anforderungen an den Betreiber einer technischen Anlage, zu den Zuordnungen der Verantwortlichkeiten und die jeweilige Qualifikation finden sich insbesondere in der VDI 3810 Blatt 1.

Betreiber bzw. UsI einer Trinkwasser-Installation ist demnach regelmäßig derjenige, der die tatsächliche Sachherrschaft über den Betrieb der Anlage ausübt und die hierfür erforderlichen Anweisungen und Aufträge rechtswirksam erteilen kann. Für die maßgebliche, tatsächliche Verfügungsgewalt über deren Betrieb ist die Eigentümerstellung nicht entscheidend.

§ 12 Abs. 1 der AVBWasserV legt ergänzend fest, dass für die ordnungsgemäße Unterhaltung der Anlage hinter dem Hausanschluss, der jeweilige Anschlussnehmer verantwortlich ist. Hat er (Unternehmer ...) die Anlage oder Anlagenteile einem Dritten vermietet oder sonst zur Benutzung überlassen (...sonstiger Inhaber ...), so ist er neben diesem verantwortlich. Die Betreiberverantwortung kann somit auf Dritte delegiert werden, es muss jedoch im konkreten Einzelfall der Nachweis erfolgen können, dass die im Verkehr erforderliche Sorgfalt (geeignete Auswahl, geeignete Anweisung, geeignete Kontrolle) beachtet wurde.

Ein Mieter oder Nutzer ist in der Regel technischer Laie auf dem Gebiet der Trinkwasser-Installation und kann dementsprechend nur dann mit in die Verantwortung genommen werden, wenn er nachweislich in die bestimmungsgemäße Nutzung der Trinkwasser-Installation eingewiesen wurde. Die Richtlinie VDI 3810 Blatt 2/VDI 6023 Blatt 3 bietet heute hierzu ein vorformuliertes

Merkblatt für die Einweisung von Nutzern und Mietern in die Handhabung der Trinkwasser-Installation.

Doch auch Mitarbeiter, die in Betriebs- oder Arbeitsstätten beschäftigt sind, sind nach ArbSchG entsprechend zu unterweisen:

Gesetz über die Durchführung von Maßnahmen des Arbeitsschutzes zur Verbesserung der Sicherheit und des Gesundheitsschutzes der Beschäftigten bei der Arbeit (Arbeitsschutzgesetz – ArbSchG)

§ 12 Unterweisung

(1) Der Arbeitgeber hat die Beschäftigten über Sicherheit und Gesundheitsschutz bei der Arbeit während ihrer Arbeitszeit ausreichend und angemessen zu unterweisen. Die Unterweisung umfasst Anweisungen und Erläuterungen, die eigens auf den Arbeitsplatz oder den Aufgabenbereich der Beschäftigten ausgerichtet sind.

Die Unterweisung muß bei der Einstellung, bei Veränderungen im Aufgabenbereich, der Einführung neuer Arbeitsmittel oder einer neuen Technologie vor Aufnahme der Tätigkeit der Beschäftigten erfolgen.

Die Unterweisung muß an die Gefährdungsentwicklung angepaßt sein und erforderlichenfalls regelmäßig wiederholt werden.

Auch Mitarbeiter*innen einer Cafeteria, Produktionsmitarbeiter*innen oder Hausmeister benötigen Erläuterungen zur regelmäßigen Nutzung jeder Entnahmestelle oder zum korrekten Betrieb von Durchlauferhitzern in ihrem jeweiligen Verantwortungsbereich. Entnahmestellen in Büros sind regelmäßig bestimmungsgemäß zu nutzen und auch Lehrkräfte in Schulen sind als Mitarbeiter ebenso verpflichtet, die in ihrem jeweiligen Verantwortungsbereich liegenden und vorhandenen Entnahmestellen (z. B. in Klassenräumen oder in naturwissenschaftlichen Räumen) regelmäßig zu nutzen oder durch die Schüler nutzen zu lassen.

Gleichzeitig sind die Beschäftigten nach § 15 ArbSchG verpflichtet, nach ihren Möglichkeiten sowie gemäß der Unterweisung und Weisung des Arbeitgebers für ihre Sicherheit und Gesundheit bei der Arbeit Sorge zu tragen. Die Beschäftigten haben auch für die Sicherheit und Gesundheit der Personen zu sorgen, die von ihren Handlungen oder Unterlassungen bei der Arbeit betroffen sind.

Wer als Mitarbeiter in einem Unternehmen oder als Dienstleister bestimmte Verantwortungen des Betreibers übernimmt oder übertragen bekommt, haftet ebenso für die Erfüllung seiner Verpflichtungen im Rahmen der Delegation durch Beauftragung. Generell gilt zudem § 838 BGB, d. h., wer die Unterhaltung eines Gebäudes oder eines mit einem Grundstück verbundenen Werkes für den Besitzer übernimmt oder das Gebäude oder das Werk durch ein ihm zustehendes Nutzungsrecht zu unterhalten hat (... sonstiger Inhaber), ist für einen vom Gebäude ausgehenden verursachten Schaden in gleicher Weise verantwortlich wie der Besitzer selbst.

Bild 4: Verdeckter Waschtisch – Beispiel einer typischen Entnahmestelle in einem Büro, verdeckt im Wandschrank installiert

Es kommt immer individuell darauf an, wer die mit der Unterhaltung (Nutzung, Instandhaltung) verbundenen rechtlichen und tatsächlichen Einwirkungsmöglichkeiten hat (z. B. wer hat den tatsächlichen Zugriff auf die Anlage oder wer kann Aufträge rechtswirksam erteilen?).

Je nach Verteilung der Verantwortlichkeiten können Unternehmer und sonstiger Inhaber z. B. sein:

- Eigentümer/Eigentümergemeinschaft
- Haus-, Grund- und Immobilienverwaltungen
- Arbeitgeber als Betreiber einer Arbeits- oder Betriebsstätte
- Besitzer/Nutzer (Mieter, Pächter, Arbeitnehmer)
- Unternehmen des Property- und Facility-Managements (FM) und Gebäudemanagements (GM)

Wenn eine Hausverwaltung beispielsweise nur bis zu einem Betrag von 2.000,– € Aufträge an Dienstleister oder Handwerker frei vergeben darf, bei Beträgen > 2.000,– € jedoch die Einwilligung der Wohnungseigentümer braucht, kann die Hausverwaltung nicht der „Unternehmer oder sonstige Inhaber“ nach TrinkwV sein, da sie nicht die tatsächlichen Entscheidungen über wesentliche Änderungen an der Trinkwasser-Installation eigenverantwortlich treffen darf. In diesem Fall wäre die Wohnungseigentümergemeinschaft als juristische Person der „UsI" und damit gemeinschaftlich für die Einhaltung der Betreiberpflichten verantwortlich im Sinne des § 10 Wohneigentumsgesetz.

Der Verwaltungsgerichtshof Bayern hat in seinem Beschluss vom 29.09.2014 (Az. 20 CS 14.1663) definiert, dass *„die WEG (Wohnungseigentümergemeinschaft) gemäß § 3 Nr. 2e, 3 TrinkwV als Inhaberin einer Wasserversorgungsanlage im Sinne der Trinkwasserversorgung anzusehen ist. Öffentlich-rechtlich gehören zur Wasserversorgungsanlage die Gesamtheit der Rohrleitungen, Armaturen und Apparate von der Übernahme aus der öffentlichen Wasserversorgung angefangen bis zu den Entnahmestellen in den Wohneinheiten, wobei nicht zwischen Gemeinschafts- und Sondereigentum unterschieden wird. Die Rechtmäßigkeit scheitert auch nicht an der Beschlusskompetenz der WEG, da diese gemäß § 15 Abs. 2 WEG eine den Anforderungen des öffentlich-rechtlichen Trinkwasserschutzes entsprechenden ordnungsgemäßen Gebrauch des Sondereigentums beschließen kann. Zuwiderhandelnde Eigentümer könnten zur Gefahrenabwehr von der Trinkwasserversorgung getrennt werden."*

Insbesondere wenn es um Wohneigentum geht ist zu beachten, wer für die Erfüllung der unterschiedlichen Pflichten verantwortlich ist. Auch das Oberverwaltungsgericht Nordrhein-Westfalen entschied in seinem Urteil zu Az. 13 B 452/15, dass es zulässig und ermessensfehlerfrei ist, dass das Gesundheitsamt eine Ordnungsverfügung nach Infektionsschutzgesetz, mit der die Vorschriften der Trinkwasserverordnung in Bezug auf Legionellen in einer Wohnungseigentumsanlage durchgesetzt werden sollen, an die Wohnungseigentümergemeinschaft (im Sinne von § 10 Abs. 6 WEG) richtet. Konkret hieß es hier: *„Die anderen Wohnungseigentümer sind ebenfalls dazu verpflichtet, das Betreten ihrer Wohnungen zu gestatten, soweit dies zur Instandhaltung und Instandsetzung des gemeinschaftlichen Eigentums erforderlich ist, was auch eine Probenahme zur Untersuchung des Trinkwasser-Installation auf Legionellen einschließt."* Die Wohnungseigentümergemeinschaft ist als rechtsfähiger Verband Inhaberin der Trinkwasser-Installation und die Verkehrssicherungspflicht gehört zu den gemeinschaftsbezogenen Wahrnehmungspflichten der Wohnungseigentümergemeinschaft gemäß § 10 Abs. 6 Satz 3 WEG (BGH, V ZR 238/11 und V ZR 161/11).

Gleiches gilt für Mitarbeiter innerhalb eines Unternehmens. Um eine gestellte Aufgabe eigenverantwortlich erfüllen zu können (hier Betrieb und Instandhaltung einer Trinkwasser-Installation), muss der jeweilige Mitarbeiter dazu im Rahmen der Aufgaben- und Verantwortungsübertragung (Delegation) in die Lage versetzt werden, d. h., im konkreten Fall benötigt er die Entscheidungsbefugnis und das entsprechende Budget, um die gestellte Aufgabe erledigen zu können. Sind diese Voraussetzungen nicht erfüllt, ist die Delegation der Verantwortung für eine bestimmte Aufgabe auf den Mitarbeiter nicht möglich.

Eine vollständige Delegation der Verantwortung für den Betrieb einer Trinkwasser-Installation von einem Vorgesetzten oder Auftraggeber auf einen Mitarbeiter oder Dienstleister ist nicht möglich, da der Auftraggeber immer mindestens eine Überwachungspflicht über die sorgfältige und vollständige Erfüllung der jeweils delegierten Aufgabe behält. Nach § 130 des Gesetzes über Ordnungswidrigkeiten (OWiG) heißt es: „*Zu den erforderlichen Aufsichtsmaßnahmen gehören auch die Bestellung, sorgfältige Auswahl und Überwachung von Aufsichtspersonen.*" Allein die Unmöglichkeit der Aufklärung, wer in einem Schadensfall was konkret unterlassen hat, wird im Streitfall juristisch immer zu Lasten des Auftraggebers gewertet.

Der verantwortliche Auftraggeber muss bei einer Aufgabenübertragung immer den Nachweis über die Erfüllung führen können

- der Anweisungspflicht (genaue Definition der gestellten Aufgabe),
- der Auswahlpflicht (muss jemanden beauftragen, der nachweislich für die Aufgabe geeignet ist) und
- der Überwachungspflicht (muss kontrollieren, ob die gestellte Aufgabe vollständig und fachgerecht erledigt wurde).

Betriebsanleitung

Häufig diskutiert wird die oftmals geforderte Betriebsanleitung, die dem Betreiber der Installation spätestens zur Übergabe auszuhändigen ist. Hier kommen mehrere Aspekte zusammen, je nach Gebäudeart bzw. Gebäudenutzung.

Auch hier gilt, dass im Rahmen der Verhältnismäßigkeit für Ein- und Zweifamilienwohnhäuser weniger Aufwand notwendig ist wie in einem Krankenhaus, in einer Großwohnanlage oder in einer Betriebsstätte, wenn nicht besondere hygienische Anforderungen bestehen.

Die Begriffsdefinition der „Betriebsanleitung" nach VDI 3810 Blatt 2/VDI 6023 Blatt 3 dient wie bereits erwähnt der Vereinheitlichung mit weiteren Regelwerken. Der Hinweis, dass es sich hierbei um ein Dokument handelt, das „*eine Auflistung der Anlagenbauteile sowie deren Wartungsanleitungen*" beinhalten soll, lässt eine gedankliche Nähe zum Instandhaltungsplan erkennen. In der erwähnten Unterlage des ZVSHK werden folglich auch nur Dokumente und Protokolle zusammengefasst, die nach der Definition der VDI 3810 Blatt 2/VDI 6023 Blatt 3 eher in das Anlagenbuch bzw. das Betriebsbuch gehören.

Unter einer Anleitung zum Betrieb der Anlage, die mit dem zukünftigen Betreiber in der Regel einem fachlichen Laien ausgehändigt wird und diesen dann in die Lage versetzen soll, die Installation bestimmungsgemäß zu betreiben, ist mehr zu verstehen. Der Instandhaltungsplan ist ein wesentlicher Bestandteil dieser Betriebsanleitung, ebenso wie die Bedienungsanleitungen der verschiedenen Bauteile und Geräte, die in der Installation verbaut wurden.

Betrachtet man die Informationen, die ein Betreiber als fachlicher Laie auf dem Gebiet der Trinkwasser-Installation benötigt, um seine Installation bestimmungsgemäß betreiben zu können, gehören dazu in die Dokumentation z. B.

- Erläuterungen zu Zweck und Funktion der jeweils installierten Bauteile und Geräte inklusive deren jeweiliger Bedienungs- und Instandhaltungsanleitung des Herstellers
- Anweisungen zum Bedienen von Steuer-, Regel- Sicherungs- oder Sicherheitseinrichtungen
- Informationen, welche Apparate wie oft Verbrauchsmaterial benötigen, in welchen Mengen dieses Verbrauchsmaterial wo nachzufüllen ist und natürlich die entsprechenden Bezugsquellen hierfür sowie Möglichkeiten der Verbrauchskontrolle
- ggf. die Sicherheitsdatenblätter von Dosier- und Verbrauchsmaterialien
- der Instandhaltungsplan mit den Informationen, welche Bauteile in welchem Zeitabstand betätigt, inspiziert, instandgesetzt oder sogar präventiv gewartet werden müssen, wann und in welchen Zeitabständen sind Akkus oder Batterien zu prüfen und ggf. auszutauschen
- Informationen darüber, welche Parameter und Einstellungen der Installation in welchen Zeitabständen zu überwachen sind (z. B. Temperaturen des Trinkwassers (kalt) und (warm), Verbrauchsmengen an Wasserzähleinrichtungen, primärseitige Temperaturen der Wärmeerzeugung, Auslösung von automatischen Spüleinrichtungen usw.)
- eine Anleitung zur korrekten Nutzung der Anlage, d. h., wann und wie oft bzw. wie lange sind die jeweiligen Entnahmestellen zu nutzen, um Stagnation im Leitungssystem zu vermeiden, in welchem Bereich der Installation sind für einen simulierten Betrieb wie viele Entnahmestellen mindestens gleichzeitig zu öffnen (Spülplan)
- ggf. Maßnahmenpläne für den Havarie- oder Sonderfall, z. B. zur korrekten Außer- und Wiederinbetriebnahme bei Betriebsunterbrechungen nach VDI/DVQST-EE 3810 Blatt 2.1, bei Hochwasser, bei Frostgefahr, bei

Verunreinigungen, Stromausfall, Leckagen oder anderen vorhersehbaren Gefahrensituationen oder bei einer Kontamination mit Mikroorganismen einschließlich der Informationen über die jeweiligen Melde- und Mitteilungspflichten gegenüber Behörden und Nutzern – wer hat was wann in welcher Reihenfolge zu tun und wer muss wann worüber informiert werden

- Vorgaben zur regelmäßigen Dokumentation von Analysebefunden, Maßnahmen und Ereignissen im Betriebsbuch der Anlage

Weitere allgemeine Anforderungen an eine Betriebsanleitung finden sich ebenfalls wieder in der grundlegenden VDI 3810 Blatt 1.

Insbesondere bei Anlagen, von denen eine Gefährdung durch die Verbreitung von pathogenen Mikroorganismen ausgehen kann (Trinkwasser-Installationen), die durch einen fachlichen Laien bedient werden sollen (Betreiber), empfiehlt es sich, noch weitere Informationen zur korrekten Nutzung der Anlage an den Betreiber weiterzugeben und auch mögliche Folgeschäden zu erläutern. Hierzu gehören die allgemeinen Informationen darüber, was der Betreiber mit seiner Installation machen kann und was nicht. Erfahrungsgemäß gehören zu den relevanten Informationen z. B.:

- Absperreinrichtungen sind keine Drosselvorrichtungen; Schrägsitzventile, Kugelhähne und Eckregulierventile sind immer voll geöffnet zu halten
- ein Betreiber oder Nutzer darf niemals selbst Instandhaltungsarbeiten an Bauteilen oder Leitungen der Trinkwasser-Installation durchführen und es sind ausschließlich zugelassene Original-Ersatzteile der Hersteller zu verwenden
- der Anschluss von Apparaten und Maschinen sowie die Änderung der Betriebsweise sind von einem Vertragsinstallationsunternehmen vorzunehmen
- beim Austausch von Armaturen mit Schallschutzanforderungen ist auf gleichwertige Kennzeichnung zu achten (Armaturengruppe I bzw. II)
- an Entnahmearmaturen mit Strahlreglern dürfen keine Schlauchverbindungen angeschlossen werden, Schläuche (z. B. zur Gartenbewässerung, Wagenwäsche) dürfen nur an den dafür vorgesehenen gesicherten Entnahmestellen angeschlossen werden
- der Anschluss von Maschinen und Geräten (z. B. Hochdruckreiniger, Einrichtungen zur Gartenbewässerung oder zur Nachspeisung von Schwimmbädern) darf nur über jeweils geeignete Sicherungseinrichtungen erfolgen

- Wasch- und Geschirrspülmaschinen dürfen nur an den hierfür vorgesehenen Entnahmestellen angeschlossen werden, Entnahmearmaturen von Wasch- und Geschirrspülmaschinen sollten unmittelbar nach dem Betrieb geschlossen werden
- Belüftungsöffnungen von Sicherungsarmaturen (z. B. Rohrbelüfter an Zapfhähnen, Rohrtrenner) sind zum Schutz des Trinkwassers notwendig und dürfen nicht verschlossen werden, auch tropfende Sicherheitsventile bzw. deren Abblaseleitungen dürfen nicht verschlossen werden
- Zirkulationspumpen sollten aus Gesundheits- und Komfortgründen als Dauerläufer betrieben werden, eine zeitlich befristete Betriebsweise ist weder notwendig noch zweckmäßig
- Trinkwasserleitungen dürfen mit Nichttrinkwasserleitungen oder Abwasseranlagen nicht unmittelbar verbunden werden, auch nicht für einen kurzzeitigen Betrieb. In diesem Fall sind entsprechende Sicherungseinrichtungen zwischenzuschalten z. B. bei der Benutzung von Gartenschläuchen oder beim Nachfüllen von Heizungsanlagen
- Bauteile, Armaturen und Apparate der Installation, die regelmäßig bedient oder instandgehalten werden müssen, sind jederzeit frei zugänglich zu halten, Technikräume sind keine Lagerstellen
- Leitungen der Trinkwasser-Installation sind keine Aufhängevorrichtungen und dürfen statisch nicht belastet werden (z. B. durch Anhängen von Kleidung oder Gegenständen).

Damit ein Betreiber also in die Lage versetzt wird, die möglichen nachteiligen Folgen und die sich daraus ggf. ergebenden Gefährdungen klar erkennen zu können, und damit die Tragweite einer Nichtbefolgung dieser Hinweise ausreichend deutlich wird, müssen die Informationen inhaltlich klar, vollständig und erschöpfend die nachteiligen Folgen und die sich daraus ergebenden Gefahren einer zweifelhaften Ausführung oder Betriebsweise konkret darlegen und die Hintergründe erläutern.

Die Betriebsanleitung besteht je nach Installation aus Bestandteilen des Anlagen- und Betriebsbuchs sowie aus zusätzlichen Informationen und Erläuterungen. Diese Informationen müssen dem Betreiber spätestens bei der Übergabe ausgehändigt und vermittelt werden, was man als Einweisung nach VDI 6023 Kat. C bezeichnet. Diese Einweisung hat den Charakter einer Kurzschulung für den Betreiber, bei der man gemeinsam die Installation begeht, auf die vorhandenen Bauteile usw. hinweist und dann die Funktion, Hintergründe usw. erklärt und den Kunden informiert, welche Dokumente dazu er wo im Anlagenbuch finden kann.

4 Allgemeine Pflichten

4 Allgemeine Pflichten

Von einer Trinkwasser-Installation darf keine denkbare Gefährdung ausgehen (Besorgnisgrundsatz). Die Installation muss funktionsfähig sein (Transportfunktion, Druck, Volumenstrom, Dichtheit und Temperaturhaltung bei dauerhafter Einhaltung der Hygiene-Anforderungen). Das bedeutet insbesondere, dass von ihr keine unzulässigen mikrobiologischen, chemischen oder organoleptischen Belastungen ausgehen. Der bestimmungsgemäße Betrieb der Trinkwasser-Installation ist sicherzustellen.

Jeder Unternehmer und sonstiger Inhaber ist verpflichtet, die Nutzer von Anlagen vor Gefahren zu schützen, die über das übliche Risiko bei der Anlagenbenutzung hinausgehen, nicht ohne weiteres erkennbar und vom Nutzer nicht vorhersehbar sind. Die Pflicht zur Instandhaltung von Trinkwasser-Installationen setzt nicht erst dann ein, wenn mit Verschleißerscheinungen zu rechnen ist, sondern sie besteht grundsätzlich. Die mit der Verkehrssicherungspflicht verbundenen Instandhaltungsaufgaben des Betreibers beginnen mit der Abnahme/Übergabe (Gefahrenübergang).

Wichtiger Hinweis

Der verantwortliche Unternehmer und sonstige Inhaber ist verpflichtet, die erforderliche Instandhaltung der Trinkwasser-Installation zu gewährleisten.

Bereits bei der Planung müssen alle Voraussetzungen geschaffen werden, um eine Instandhaltung im späteren Betrieb zu ermöglichen (Zugänglichkeit, Raumforderung, Instandhaltbarkeit usw.). Die entsprechenden Festlegungen müssen kontinuierlich über den Lebenszyklus des Gebäudes, insbesondere auch bei Änderungen an der Trinkwasser-Installation, fortgeschrieben und ergänzt werden und gehen ins Anlagenbuch über.

Unter Punkt 4 der Richtlinie werden nochmals die allgemeinen und vielfach zitierten Pflichten wiederholt, die jeder, der verantwortlich mit der Planung, der Errichtung und dem Betrieb von Trinkwasser-Installationen befasst ist, verinnerlicht haben sollte.

Abgezielt wird nochmals auf das Vorsorgeprinzip bzw. auf den Besorgnisgrundsatz. In Europa gilt u.a. hinsichtlich des Gesundheitsschutzes das sogenannte „Vorsorgeprinzip“, welches verhindern will, dass Gefahrensituationen überhaupt erst eintreten. Das Vorsorgeprinzip zielt darauf ab, trotz fehlender Kenntnisse über Art, Ausmaß oder Eintrittswahrscheinlichkeit von möglichen Schadensfällen schon vorbeugend zu handeln, um Schäden von vornherein zu vermeiden. Das bedeutet, dass eine fehlende Gewissheit bezüglich einer konkreten Gefahr keine Begründung oder Entschuldigung für die Unterlassung von risikominimierenden Maßnahmen sein darf. Beim Vorsorgeprinzip müssen, wie es das Bundesverwaltungsgericht formuliert hat, *„auch solche Schadensmöglichkeiten in Betracht gezogen werden, ... für die noch keine Gefahr, sondern nur ein Gefahrenverdacht oder ein Besorgnispotential besteht. ...“*. Ist es demnach möglich, dass ein Schaden eintreten könnte, müssen wir uns und vor allem andere gegen die Besorgnis dieses Risikos schützen. Entsprechend wurde beispielsweise mit dem technischen Maßnahmenwert für Legionellen in der ersten Überarbeitung der TrinkwV im Jahr 2011 ein Wert erstmals definiert, bei dessen Überschreiten eine vermeidbare Gesundheitsgefährdung zu besorgen ist. Nach Trinkwasserverordnung darf nicht einmal die „Besorgnis bestehen“, dass Krankheitserreger im Trinkwasser zu Infektionen führen könnten.

Das Verwaltungsgericht Würzburg hat das in seiner Urteilsbegründung zu Az. W6/S 14.485 im Jahr 2014 so ausgedrückt, dass *„eine Schädigung der menschlichen Gesundheit entsprechend dem Präventionsgedanken des Infektionsschutzgesetzes nur dann nicht i.S.d. § 4 Satz 1 Satz 1 TrinkwV zu besorgen ist, wenn hierfür keine, auch noch so wenig naheliegende Wahrscheinlichkeit besteht, eine Gesundheitsschädigung also nach menschlicher Erfahrung unwahrscheinlich ist. (...) Die Gesundheit der von einer Trinkwasseranlage versorgten Menschen ist ein besonderes hohes Gut, so dass eine Gefährdung jederzeit ausgeschlossen werden muss.“*

Diese Qualitätsanforderungen an das Trinkwasser sind kein reiner Selbstzweck. Vielmehr ist einwandfreies Trinkwasser eine unabdingbare Voraussetzung für eine gesunde menschliche Existenz. Dieser hohe Rang rechtfertigt es wohl, die Trinkwasserversorgung auch gegen nicht sehr wahrscheinliche Gefahreneintritte zu schützen, denn „Vorsicht ist besser als Nachsicht“.

Der wichtige Hinweis unter Pkt. 4 der Richtlinie zielt u. a. auf die umfangreiche Verantwortung des Planers ab, der mit seinen Tätigkeiten bereits den Grundstein für einen späteren, hygienisch sicheren Betrieb legt. Die konkreten Anforderungen an eine hygienisch einwandfreie Planung werden ausführlich in der VDI 6023 Blatt 1 beschrieben, sodass eine weitergehende, ergänzende Definition von Pflichten der Planer im Rahmen der Richtlinie zu Betrieb und Instandhaltung nicht erforderlich waren.

Bild 5: Zum Schutz der Nutzer müssen alle möglichen und zumutbaren Maßnahmen ergriffen werden, um die Trinkwasserqualität zu schützen

4.1 Pflichten der Anlagenerrichter

4.1 Pflichten der Anlagenerrichter
(Vertragsinstallationsunternehmen nach AVBWasserV)

Im Anschluss an die Befüllung beginnt nach VDI/DVGW 6023 der bestimmungsgemäße Betrieb inklusive der Instandhaltung. Die Verantwortung hierfür fällt bis zur Abnahme/Übergabe dem Anlagenerrichter zu.

Der Anlagenerrichter hat den Betreiber auf dessen Verantwortung für den bestimmungsgemäßen Betrieb und die erforderlichen Instandhaltungsmaßnahmen der Trinkwasser-Installation ab dem Zeitpunkt der Abnahme/Übergabe durch Inbetriebnahme- und Übergabeprotokoll hinzuweisen. Hierbei ist dem Betreiber die Betriebsanleitung für die Trinkwasser-Installation vorzulegen.

Zum Zeitpunkt der Abnahme/Übergabe muss der Anlagenerrichter den Betreiber oder eine von diesem beauftragte Person auf Grundlage aller erforderlichen Unterlagen (Inhalt des Anlagenbuchs: siehe Abschnitt 5.1.2) in den bestimmungsgemäßen Betrieb der Trinkwasser-Installation nach VDI/DVGW 6023, Kategorie C, einweisen.

Die entsprechenden Einweisungs-, Druckproben-, Spül- und Inbetriebnahmeprotokolle sowie anlagenbezogene Betreiberinformationen sind im Anlagenbuch für die Trinkwasser-Installation zusammengestellt.

Die Betriebsanleitung ist mit dem Instandhaltungsplan nach VDI/DVGW 6023 und den gängigen Abnahme- und Inbetriebnahmeprotokollen (z. B. von BTGA und ZVSHK) im Betriebsbuch abzulegen.

Mit dem Anlagenerrichter ist das in das Installateurverzeichnis des Wasserversorgungsunternehmen eingetragene Installationsunternehmen oder der Fachinstallateur gemeint, der die Trinkwasseranlage in der Liegenschaft installiert.

Der Inhaber des Installationsunternehmens (oder eine fest angestellte, verantwortliche und weisungsberechtigte Fachkraft) muss dazu die Fertigkeiten, praktischen und theoretischen Fachkenntnisse sowie Erfahrungen besitzen, die für eine fachgerechte, den anerkannten Regeln der Technik und den Erfordernissen der Sicherheit und Hygiene entsprechende Ausführung aller Installationsarbeiten notwendig sind („fachliche Befähigung"). Ein Installationsunternehmen ist verpflichtet, die Kenntnis der zu beachtenden Rechts- und Verwaltungsvorschriften, der Anschlussbestimmungen und sonstigen besonderen Bestimmungen des Wasserversorgers sowie der allgemein anerkannten Regeln der Technik glaubhaft zu machen. In der Regel setzt dies den Besitz oder zumindest den Zugang zum jeweils aktuellen Stand der entsprechenden Bestimmungen und Regelwerke voraus. Ein Installationsunternehmen ist auch verpflichtet, sich über alle Fragen der Ausführung von Installationsarbeiten, der Neuerungen auf dem Gebiet der Installationstechnik usw. laufend zu unterrichten, z. B. durch Teilnahme an einschlägigen Fortbildungen und Seminaren zur Einführung neuer oder zur Unterrichtung über geltende Bestimmungen und Anforderungen.

Bei einem Anlagenerrichter handelt es sich folglich um ein qualifiziertes, fachkundiges Unternehmen, dessen Mitarbeiter jeweils nach aktuellem Stand fortgebildet sind und die aufgrund ihrer fachlichen Ausbildung, ihrer Kenntnisse und Erfahrungen sowie ihrer Kenntnisse der einschlägigen Bestimmungen einschließlich der jeweils aktuellen allgemein anerkannten Regeln der Technik die ihnen übertragenen Arbeiten beurteilen und mögliche Gefahren erkennen können.

Die Planung einer Trinkwasser-Installation ist gemäß VDI 6023 Blatt 1 von entsprechend fachkundigen Personen auszuführen. Das Installationsunternehmen ist jedoch auch verpflichtet, auf Bedenken gegen eine beauftragte Ausführung hinzuweisen, wenn die Funktionstüchtigkeit des von ihm zu errichtenden Werkes fraglich ist. Andernfalls muss er sich den Mangel zurechnen lassen.

Es sollte daher selbstverständlich sein, dass die Planung und auch die Errichtung einer Trinkwasser-Installation vollumfänglich den Anforderungen z. B. nach VDI 6023 Blatt 1, DVGW W 551 (A), der Normenreihe DIN EN 806 mit DIN 1717 und der Reihe DIN 1988 entspricht.

Die Aufgaben und Verantwortlichkeiten des Anlagenerrichters enden nicht mit der baulichen Fertigstellung der Trinkwasser-Installation, sondern umfassen noch weitere Pflichten nach den vorgenannten a.a.R.d.T. bis der Auftraggeber oder sein Bevollmächtigter das Werk entweder förmlich abnimmt oder rechtsverbindlich die Betreiberverantwortung übernimmt. Denn bis zu diesem Zeitpunkt gehört die Anlage noch dem Installationsunternehmen.

Zu diesen Aufgaben gehören die Druckprüfung der Installation und die ordnungsgemäße Inbetriebnahme ebenso, ggf. der Probebetrieb sowie die Betreiberpflichten, beispielsweise hinsichtlich der Nutzung der Installation, Beprobungspflichten und ggf. Instandhaltungsaufgaben nach der Inbetriebnahme bis zur Abnahme/Übergabe.

Zum Zeitpunkt der Abnahme/Übergabe hat der Anlagenerrichter dann seine bereits ausführlich erläuterten Hinweispflichten im Rahmen der Einweisung nach VDI 6023 Kat. C zu erfüllen und die entsprechenden Dokumente nach Pkt. 5.1 der Richtlinie zu übergeben.

4.2 Pflichten der Betreiber und Nutzer

4.2 Pflichten der Betreiber und Nutzer

Der Anschlussnehmer hat gemäß § 12 (1) AVBWasserV auch das Nutzerverhalten (z. B. Mieter, Arbeitnehmer) mit diesem zusammen zu verantworten. Der Nutzer kann nur dann mit in die Verantwortung genommen werden, wenn er in die bestimmungsgemäße Nutzung eingewiesen wurde, siehe Anhang B.

Die nach dieser Richtlinie durchzuführenden Maßnahmen erfordern eine hinreichende Qualifikation des Betreibers oder der von ihm beauftragten Personen.

Nach AVBWasserV dürfen Eingriffe in eine Trinkwasser-Installation, die Auswirkungen auf die Trinkwasserbeschaffenheit haben können, ausschließlich von einem beim Wasserversorgungsunternehmen eingetragenen Installationsunternehmen vorgenommen werden.

Der Betreiber muss jederzeit in der Lage sein, die erforderliche Qualifikation des Betriebspersonals nachzuweisen, z. B. durch Nachweise über Schulungen oder Lehrgänge. Verfügt der Betreiber nicht über ausreichend qualifiziertes Betriebs- und Instandhaltungspersonal, so ist durch Abschluss eines Vertrags mit einem bei einem Wasserversorgungsunternehmen eingetragenen Installationsunternehmen dafür Sorge zu tragen, dass die Anlagen bestimmungsgemäß betrieben und instandgehalten werden.

Störungsmeldungen müssen umgehend erfasst und ausgewertet werden. Maßnahmen zur Beseitigung der Störung (gegebenenfalls Gefahrenabwehr) sind nach Art und Priorität einzuleiten. Die Priorität ergibt sich z. B. aus der Gefährdungsanalyse (siehe VDI/BTGA/ZVSHK 6023 Blatt 2).

Der Unternehmer oder der sonstige Inhaber nach TrinkwV oder der Anschlussnehmer nach AVBWasserV hat die jeweils ihn betreffenden Aufgaben eigenverantwortlich zu erfüllen. Deutlich wird diese Pflicht im zitierten § 12 (Abs. 1) AVBWasserV:

Verordnung über Allgemeine Bedingungen für die Versorgung mit Wasser (AVBWasserV)

§ 12 Kundenanlage

(1) Für die ordnungsgemäße Errichtung, Erweiterung, Änderung und Unterhaltung der Anlage hinter dem Hausanschluss, mit Ausnahme der Messeinrichtungen des Wasserversorgungsunternehmens, ist der Anschlussnehmer verantwortlich. Hat er die Anlage oder Anlagenteile einem Dritten vermietet, so ist er neben diesem verantwortlich.

Hat der verantwortliche Betreiber seine Anlage jedoch einem Dritten zur Nutzung oder zum Betrieb überlassen, stehen beide in der Verantwortung. Wie bereits ausgeführt, sind ggf. Mieter oder sonstige Nutzer neben dem Betreiber z. B. für die bestimmungsgemäße Nutzung der Installation verantwortlich. Wer, wenn nicht der Bewohner der Liegenschaft, sollte die Installation gebrauchen? Der Anschlussnehmer hat dann auch das Nutzerverhalten (z. B. Mieter, Arbeitnehmer) mit diesem zusammen zu verantworten.

Dem Mieter obliegen die sogenannte „Obhutspflichten“ aus dem Mietvertrag, d.h., der Mieter ist verpflichtet, die Mietsache – zu der regelmäßig auch die Trinkwasser-Installation gehört – sorgfältig und pfleglich zu behandeln. Er ist verpflichtet, alles zu unterlassen, was einen Schaden an der Mietsache verursachen könnte (z.B. übermäßiges Wassersparen oder Nichtnutzung von Teilen der Trinkwasser-Installation), und Vorkehrungen zu treffen, um voraussehbare Schäden an der Mietsache zu verhindern (Frostschäden durch entsprechendes Beheizen, Schimmelbefall durch ausreichendes Lüften oder mikrobiologisches Wachstum durch einen regelmäßigen Wasseraustausch) sowie zur Mängelanzeige im Schadensfall.

Bürgerliches Gesetzbuch

§ 543 außerordentliche und fristlose Kündigung aus wichtigem Grund

(2) Ein wichtiger Grund liegt insbesondere vor, wenn (...)

2. der Mieter die Rechte des Vermieters dadurch in erheblichem Maße verletzt, dass er die Mietsache durch Vernachlässigung der ihm obliegenden Sorgfalt erheblich gefährdet (...)

Bild 6: Vernachlässigung; Wenn ein Nutzer trotz erfolgter Einweisung die Mietsache vernachlässigt, kann er im Schadensfall mit in die Verantwortung gezogen werden

Der Nutzer kann allerdings regelmäßig nur dann mit in die Verantwortung genommen werden, wenn er nachweislich in die bestimmungsgemäße Nutzung eingewiesen wurde. Der bestimmungsgemäße Betrieb der Trinkwasser-Installation im überlassenen Objekt sollte daher auch Gegenstand des Mietvertrags sein und Nachweise über die Einweisung in den bestimmungsgemäßen Betrieb könnten Bestandteil von Übergabeprotokollen sein. Dazu gehört der deutliche Hinweis, dass nach AVBWasserV § 12 Abs. 2 die Anlage nur nach den allgemein anerkannten Regeln der Technik errichtet, erweitert, geändert und unterhalten werden darf.

Mit der Einweisung des Betreibers zum Zeitpunkt der Übergabe wird der Grundstein gelegt. Es kann demnach auch notwendig sein, weitere Personengruppen mit bestimmten Teilen der Trinkwasser-Installation vertraut zu machen. Insbesondere ist der „sonstige Inhaber" einer Trinkwasser-Installation (z.B. Mieter oder Pächter) dann wieder vom Betreiber/Anschlussnehmer auf den bestimmungsgemäßen Betrieb der Trinkwasser-Installation zu verpflichten, wozu unter anderem ein regelmäßiger Wasseraustausch erforderlich ist.

Ein entsprechendes Merkblatt für Mieter, geeignet beispielsweise als Anhang zum Mietvertrag, befindet sich in Anlage B zur VDI 3810 Blatt 2/VDI 6023 Blatt 3.

Der Betreiber einer Trinkwasser-Installation muss jederzeit in der Lage sein, die erforderliche Qualifikation des „Betriebspersonals" nachzuweisen, z.B. durch Nachweise über Schulungen und Lehrgänge von Mitarbeitern oder durch entsprechende Einweisungen der Nutzer. Verfügt der Betreiber z.B. nicht selbst über ausreichend fachlich qualifiziertes Betriebs- und Instandhaltungspersonal, ist durch Abschluss eines Instandhaltungsvertrags mit einem Installationsunternehmen dafür zu sorgen, dass die Anlagen bestimmungsgemäß betrieben bzw. instandgehalten werden.

Der Unternehmer oder sonstige Inhaber ist nach § 4 TrinkwV verpflichtet, die Grenz- und Maßnahmenwerte sowie die Indikatorparameter nach den §§ 5 bis 7a einzuhalten **und** die Anlage insgesamt mindestens soweit zu unterhalten, dass sie immer den aktuellen allgemein anerkannten Regeln der Technik entspricht. Dieses „und" bedeutet, dass es eben heute für den Betreiber nicht mehr ausreicht, dass in den Trinkwasser-Analysen nichts gefunden wird. Auch wenn alle Grenzwerte eingehalten sind, muss die Anlage trotzdem einen technischen Mindeststandard nach den a.a.R.d.T. erfüllen. Das ist einer der Gründe dafür, warum in Trinkwasser-Installationen niemals Bestandsschutz angemeldet werden kann, weil das ggf. einen klaren Verstoß gegen die Trinkwasserverordnung wäre.

Die mit der Verkehrssicherungspflicht verbundenen Instandhaltungsaufgaben des Betreibers beginnen bereits mit der Abnahme/Übergabe (Gefahrenübergang), d.h., auch wer ein Bestandsgebäude übernimmt, ist vom ersten Tag an verpflichtet, die vorgenannten Anforderungen zu erfüllen. Oftmals ist es sinnvoll, sich vor dem Kauf einer Immobilie zu informieren, was an weiteren Instandsetzungskosten z.B. aufgrund einer überalterten technischen Gebäudeausrüstung auf den Käufer zu kommen kann.

Der verantwortliche Unternehmer und sonstige Inhaber ist demnach verpflichtet, die erforderliche Instandhaltung der Trinkwasser-Installation zu gewährleisten.

Baulicher Bestandsschutz

Ein oft gewählter Versuch zur Vermeidung von Investitionen zur Sanierung und Instandhaltung ist die Berufung auf einen sogenannten „Bestandsschutz“. Die Rechtsanwältin Dr. Sandra Sutti hat diese Zusammenhänge wie folgt erläutert: „*Bestandsschutz ist der Respekt der Rechtsordnung vor dem Eigentum, d. h., nach dem Grundgesetz ist das Eigentum des Einzelnen im Sinne eines Bestandsschutzes zunächst einmal geschützt (Art. 14 Abs. 1 GG). Grundrechtlich geschützt ist aber auch die körperliche Unversehrtheit, hieraus abgeleitet die Gesundheit des Einzelnen (Art. 2 Abs. 2 GG). Ihrer Wertigkeit nach absteigend geordnet sind die Grundrechte: das Leben, die Freiheit, die Gesundheit, die Ehre und das Eigentum. Daraus ergibt sich bereits, dass der Gesundheitsschutz dem Eigentums- und Bestandsschutz gegenüber als höherwertiges Rechtsgut ausgewiesen ist*“ oder, wie der Rechtsanwalt Hartmut Hardt es treffend auf dem Punkt gebracht hat: „*Steine sind niemals wichtiger als Menschenleben.*“

Bestandsschutz ist immer nachrangig zum Gesundheitsschutz.

Der Gesetzgeber hat mit der Musterbauordnung (MBO), auf der alle jeweiligen Landesbauordnungen basieren, festgelegt, dass Anlagen so zu errichten, zu ändern und instand zu halten sind, dass die Gesundheit des Einzelnen nicht gefährdet wird. Demnach müssen Anlagen so angeordnet, beschaffen und gebrauchstauglich sein, dass beispielsweise durch Wasser Gefahren oder unzumutbare Belästigungen nicht entstehen (§ 13 MBO). Der Gesetzgeber hat hiermit eine sog. „Grundrechtsbeschränkung“ formuliert, wonach sich ein Eigentümer einer Trinkwasseranlage nicht uneingeschränkt auf sein Grundrecht auf Bestandsschutz berufen kann, da nunmal „Leben wichtiger ist als Steine“.

Der Bestandsschutz bezieht sich z. B. nach Landesbauordnung NRW § 87 (1) auf „bauseitige Anlagen, die zwar den jetzt erhobenen Anforderungen an die baurechtliche Zulässigkeit und Genehmigungsfähigkeit nicht mehr entsprechen, die aber zum Zeitpunkt der Errichtung den seinerzeitigen Anforderungen entsprochen haben“. Der Bestandsschutz setzt voraus, dass die bauliche Anlage zum Zeitpunkt der Errichtung tatsächlich den damals geltenden Anforderungen entsprochen hat, die in den technischen Regeln und den konkret gegebenen bauordnungsrechtlichen Genehmigungen (Bauakte/Baubescheid) gefordert waren. Dieser Bestandsschutz bezieht sich nur auf die bauliche Anlage an sich, nicht auf ein ggf. durch diese Anlage transportiertes Medium. Gemäß der Definition nach Landesbauordnung NRW könnte beispielsweise eine alte Hausanschlussleitung aus Druckbleirohren durchaus Bestandsschutz genießen. Für das Trinkwasser, das durch diese formal vielleicht bestandsgeschützte Leitung fließt, gelten aber zwingend die Anforderungen der §§ 5 bis 7 TrinkwV.

Zu den Voraussetzungen des Bestandsschutzes gehört neben der rechtmäßigen Errichtung auch, dass die ursprünglich genehmigte Nutzung beibehalten wurde. Wesentliche Änderungen der Nutzungsbedingungen oder über die gewöhnliche Instandhaltung zum Erhalt der ursprünglichen Anlage und Funktion hinausgehende Sanierungs- oder Umbaumaßnahmen lassen den Bestandsschutz entfallen.

Zu den Einschränkungen des Bestandsschutzes zählen dagegen konkrete Gefährdungslagen für Leib oder Leben. Ab dem Zeitpunkt, da eine Gefährdungslage, die sich aus dem Bestand ergibt, als so konkret zu bezeichnen ist, dass nicht mit der erforderlichen Sicherheit ein Schadeneintritt grundsätzlich ausgeschlossen werden kann, besteht sofortiger Handlungszwang – und das nicht nur aus ordnungsrechtlicher Sicht, sondern bereits nach den Grundsätzen der Verkehrssicherungspflichten.

Da die Rohrleitung die „Verpackung des Lebensmittels Trinkwasser" ist, ist die Frage nach Bestandsschutz für eine nicht mehr den allgemein anerkannten Regeln der Technik entsprechende Anlage eindeutig zu beantworten: Es gilt kein Bestandsschutz, sobald von der Anlage auch nur die Besorgnis einer Gefährdung ausgehen könnte (Vorsorgeprinzip)!

Nachfolgend ein Beispiel, das diese Aussage verdeutlicht:

Im Rahmen der regelmäßigen Untersuchungspflicht gem. § 14b TrinkwV wird festgestellt, dass die vorhandene Anlage nicht den derzeit geltenden allgemein anerkannten Regeln der Technik entspricht, was sich in einer Überschreitung des technischen Maßnahmenwerts für Legionellen zeigt. Der Betreiber hat als Konsequenz die Trinkwasseranlage anzupassen (Instandsetzung/technische Verbesserung), sodass diese den aktuell geltenden allgemein anerkannten Regeln der Technik entspricht und wieder sicher betrieben und genutzt werden kann. Andernfalls liegt mindestens ein Verstoß gegen den ordnungsgemäßen Betrieb nach § 17 (Abs. 1) TrinkwV vor, was wiederum gem. § 25 Nr. 11 h TrinkwV i. V. m. § 73 (Abs. 1) Nr. 24 IfSG zumindest eine Ordnungswidrigkeit ist.

Wenn ein Betreiber einer Trinkwasser-Installation sogar in Kenntnis der nicht eingehaltenen allgemein anerkannten Regeln der Technik die Anlage vorsätzlich oder fahrlässig weiterbetreibt (Hinweispflicht des Fachmanns beachten!) und die festgelegten Grenzwerte nach §§ 5, 6 und 7 nicht eingehalten sind, ein Verstoß gegen § 10 TrinkwV vorliegt oder der Maßnahmenwert für Legionellen überschritten ist, liegt u. U. sogar eine Straftat vor (billigendes Inkaufnehmen!). Diese kann mit Freiheitsstrafe bis zu einem Jahr oder Geldstrafe geahndet werden (§ 24 Abs. 1 TrinkwV i. V. m. § 74 IfSG).

Sind also durch die Beschaffenheit einer technischen Anlage nachteilige Veränderungen auf die Trinkwasserqualität denkbar (Besorgnisgrundsatz), kann für eine solche Anlage ein Bestandsschutz nicht angewendet werden. Auch „kurzzeitige Verbindungen“ zwischen einer Trinkwasser-Installation und einer Heizungsanlage können keinen Bestandsschutz für sich beanspruchen, da auch in diesem Fall nachteilige Veränderungen denkbar sind („akute Gefährdungslage“).

Bild 7: Ist von einer mangelhaften Trinkwasser-Installation ausgehend eine Gefährdung denkbar, kann ein Bestandsschutz niemals geltend gemacht werden

Diesem Vorsorgegedanken Rechnung zu tragen, erfordert, *mindestens* die anerkannten Regeln der Technik einzuhalten, siehe §§ 4 und 17 TrinkwV. Es sind keine weiteren Einschränkungen, wie z. B. „bei Inbetriebnahme" o. Ä., vorhanden. Der Verordnungsgeber hat im Rahmen der TrinkwV auch keine Übergangsfristen genannt, somit handelt es sich um einen (verschärften) dynamischen Verweis (verschärft deshalb, da *mindestens* die allgemein anerkannten Regeln der Technik einzuhalten sind). Damit gilt, dass die jeweils aktuellen Regeln sofort eingehalten werden müssen. Durch die Formulierung „mindestens" verlangt der Verordnungsgeber, dass eigentlich auch der Stand der Technik einzuhalten wäre, was bedeutet, dass ein fortgeschriebener Stand der Technik, wie er sich beispielsweise auch in neuen anerkannten Regeln der Technik widerspiegeln kann, den „Bestandsschutz" hinfällig macht.

Kommt es nun zu einer Änderung/Aktualisierung einer anerkannten Regel der Technik oder wird eine solche neu erarbeitet, ist der Betreiber verpflichtet, die Anlage sofort entsprechend anzupassen. Auch hierfür gibt es keine Übergangsfrist. Dies wird zusätzlich dadurch gestützt, dass die Nichteinhaltung dieser Anforderung strafbewehrt ist und gemäß § 25 Nr. 11 h TrinkwV mindestens eine Ordnungswidrigkeit darstellt.

Hier gilt es, zur Abwehr von denkbaren (und zwischenzeitlich bekannt gewordenen) Gefährdungen für den Nutzer, als Teil des bestimmungsgemäßen und ordnungsgemäßen Betriebs, Sanierungen und technische Verbesserungen durchzuführen, d. h. Maßnahmen, die nach aktuellen technischen Erkenntnissen dann einen unbedenklichen Betrieb erwarten lassen. Ein baurechtlicher Bestandsschutz greift hier nicht, da es tatsächlich um die Qualität des Wassers und nicht primär um die Beschaffenheit der Installation geht. Schließlich waren viele heute rückblickend als falsch erkannte Ausführungsvarianten zum Zeitpunkt der Installation eine allgemein anerkannte Regel der Technik.

Deutlich wird dieser Anspruch auf die unbedingte Einhaltung der Trinkwasserqualität beispielhaft auch über die Festlegung der DIN 1988 Teil 600 zum Trinkwasseranschluss an Feuerlösch- und Brandschutzanlagen im Punkt 5: „*Werden die Anforderungen der TrinkwV nicht erfüllt, besteht kein Bestandsschutz für die Trinkwasser-Installation, die in Verbindung mit einer Feuerlösch- und Brandschutzanlage steht.*"

Es stellt sich für Planer und ausführende Betriebe wie auch Betreiber die Frage, ob eine Trinkwasser-Installation insgesamt den geltenden allgemein anerkannten Regeln der Technik und den aktuellen gesetzlichen Vorschriften entsprechend umzuplanen und technisch anzupassen ist, wenn lediglich einzelne bauliche Änderungen an der Anlage vorgenommen werden sollen. Bei wesentlichen Eingriffen und Veränderungen an der Anlage bedarf es keiner näheren Darstellung, dass aufgrund der vorgenannten Vorschriften eine

Anpassungs- bzw. Nachrüstpflicht des Betreibers besteht. Wesentliche Veränderungen sind demnach Veränderungen an der Trinkwasseranlage, die bei unsachgemäßer Ausführung die Sicherheit der Anlage gefährden oder zu einer nachteiligen Veränderung des Trinkwassers im Sinne der TrinkwV führen können. Dazu gehören unter anderem: Veränderungen an Rohrleitungen z. B. durch Gewindeschneiden, Löten, Schweißen, Schrauben, Klemmen und Kleben; Wartung und Austausch von Sicherungs- bzw. Sicherheitsarmaturen; der Austausch einer Standbrause gegen eine Schlauchbrause usw.

Aufgrund der klar formulierten Zielsetzung des Gesetzgebers, den Gesundheitsschutz des Verbrauchers so weit wie möglich zu gewährleisten, und aufgrund der sich verschärfenden Haftungsrisiken für alle an der Planung, Errichtung und dem Betrieb Beteiligten, kann dem Thema Bestandsschutz kein tatsächlicher Platz mehr eingeräumt werden. Trinkwasserschutz ist Gesundheitsschutz und ist bereits nach dem Denkansatz und den Handlungsvorgaben der Trinkwasserverordnung grundsätzlich nicht bestandsschutztauglich.

Weitere Anforderungen und Pflichten des Betreibers

Konkret ergeben sich aus der TrinkwV für den Unternehmer oder sonstigen Inhaber verschiedene Handlungs-, Informations- und Untersuchungspflichten.

Tabelle 1: Anzeigepflichten des Betreibers einer Wasserversorgungsanlage nach § 3 Nummer 2 Buchstabe e TrinkwV, sofern die Trinkwasserbereitstellung im Rahmen einer öffentlichen Tätigkeit erfolgt

Anzeigepflichten § 13 TrinkwV	Wann/Häufigkeit
die Errichtung einer Wasserversorgungsanlage	spätestens 4 Wochen im Voraus
die erstmalige Inbetriebnahme oder die Wiederinbetriebnahme einer Wasserversorgungsanlage	spätestens 4 Wochen im Voraus
die Stilllegung einer Wasserversorgungsanlage oder Teilen von ihr	innerhalb von 3 Tagen
die bauliche oder betriebstechnische Veränderung an Trinkwasser führenden Teilen einer Wasserversorgungsanlage, die auf die Beschaffenheit des Trinkwassers wesentliche Auswirkungen haben kann	spätestens 4 Wochen im Voraus
der Übergang des Eigentums oder des Nutzungsrechts an einer Wasserversorgungsanlage auf eine andere Person	spätestens 4 Wochen im Voraus

Tabelle 2: Handlungspflichten des Betreibers einer Wasserversorgungsanlage nach § 3 Nummer 2 Buchstabe e TrinkwV

Handlungspflichten	Rechtsgrundlage (TrinkwV)	Wann/Häufigkeit
Ursachenklärung und Einleitung von Abhilfemaßnahmen bei Veränderung des Trinkwassers	§ 16 Abs. 3	unverzüglich
Aufzeichnung der verwendeten Aufbereitungsstoffe sowie deren Konzentration im Trinkwasser	§ 16 Abs. 4	unverzüglich/ wöchentlich
bei Überschreitung des techn. Maßnahmenwerts für Legionellen: Ortsbesichtigung m. Prüfung auf Einhaltung der allgemein anerkannten Regeln der Technik	§ 16 Abs. 7 Nr. 1	unverzüglich
weitergehende Untersuchung (→ DVGW W 551 (A))	a.a.R.d.T.	abhängig vom Ergebnis
Erstellung Gefährdungsanalyse (→ VDI/BTGA/ZVSHK 6023 Blatt 2)	§ 16 Abs. 7 Nr. 2	unverzüglich
Maßnahmen zum Schutz der Verbraucher einleiten	§ 16 Abs. 7 Nr. 3	unverzüglich
Dokumentation der eingeleiteten Maßnahmen bei Überschreitung des techn. Maßnahmenwerts	§ 16 Abs. 7	fortlaufend
Archivierung der Dokumentationen	§ 16 Abs. 7	10 Jahre
Beachtung der UBA-Empfehlung	§ 16 Abs. 7	generell

Tabelle 3: Untersuchungspflichten des Betreibers einer Wasserversorgungsanlage nach § 3 Nummer 2 Buchstabe e TrinkwV

Untersuchungspflichten	Rechtsgrundlage (TrinkwV)	Wann/Häufigkeit
Legionellen*	§ 14b	min. jährlich bzw. alle 3 Jahre erstmals 3–12 Monate nach Inbetriebnahme
bei Veränderung des Trinkwassers	§ 16 Abs. 3	unverzüglich
auf besondere Anordnung	§ 14 Abs. 5 § 19 Abs. 7	unverzüglich bzw. nach Vorgabe Gesundheitsamt

* Die Untersuchungen nach § 14b Abs. 1 TrinkwV sind bei Wasserversorgungsanlagen nach § 3 Nummer 2 Buchstabe e in folgender Häufigkeit durchzuführen:

a) mindestens alle drei Jahre, wenn das Trinkwasser im Rahmen einer gewerblichen, nicht aber öffentlichen Tätigkeit abgegeben wird,

b) im Übrigen mindestens einmal jährlich, sofern nicht das Gesundheitsamt nach Absatz 5 ein längeres Untersuchungsintervall festlegt.

Wird dem UsI einer Wasserversorgungsanlage (...) bekannt, dass der in Anlage 3 Teil II festgelegte technische Maßnahmenwert überschritten wird, hat er zudem unverzüglich:

1. die ihm zugegangenen Informationen allen betroffenen Verbrauchern schriftlich oder durch Aushang bekannt zu machen (§ 21 (1) Satz 4 TrinkwV) und
2. dem Gesundheitsamt unverzüglich anzuzeigen, wenn (...) der in Anlage 3 Teil II festgelegte technische Maßnahmenwert überschritten worden ist (§ 16 (1) Nr. 1 TrinkwV).

Die Anzeigepflicht nach Satz 1 Nummer 1 besteht nur dann nicht, wenn dem anzeigepflichtigen Unternehmer oder sonstigen Inhaber einer Wasserversorgungsanlage ein Nachweis darüber vorliegt, dass die Anzeige bereits nach § 15a Absatz 1 durch die Untersuchungsstelle erfolgt ist.

Insbesondere wenn es um Wohneigentum geht, ist, wie bereits ausgeführt, zu beachten, wer für die Erfüllung der unterschiedlichen Pflichten verantwortlich ist. Das Oberverwaltungsgericht Nordrhein-Westfalen entschied in seinem

Urteil zu Az. 13 B 452/15, dass es zulässig und ermessensfehlerfrei ist, dass das Gesundheitsamt eine Ordnungsverfügung nach dem Infektionsschutzgesetz an die Wohnungseigentümergemeinschaft (im Sinne von § 10 Abs. 6 WEG) richtet. Konkret hieß es hier: *„Die anderen Wohnungseigentümer sind ebenfalls dazu verpflichtet, das Betreten ihrer Wohnungen zu gestatten, soweit dies zur Instandhaltung und Instandsetzung des gemeinschaftlichen Eigentums erforderlich ist, was auch eine Probenahme zur Untersuchung des Trinkwasser-Installation auf Legionellen einschließt.“*

Die Wohnungseigentümergemeinschaft ist also als rechtsfähiger Verband Inhaberin der Trinkwasser-Installation und die Verkehrssicherungspflicht gehört zu den gemeinschaftsbezogenen Wahrnehmungspflichten der Wohnungseigentümergemeinschaft gemäß § 10 Abs. 6 Satz 3 WEG (BGH, V ZR 238/11 und V ZR 161/11).

Selbstverständlich ist dieser Anspruch auch juristisch durchsetzbar: Eine Trinkwasser-Installation in einem Gebäude unterliegt generell der Verkehrssicherungspflicht nach § 823 BGB neben den weiteren konkreten Verpflichtungen aus der TrinkwV, d. h., zu keinem Zeitpunkt darf von einer Trinkwasser-Installation auch nur die Besorgnis einer Gesundheitsgefährdung ausgehen. Nach einer Entscheidung des BGH zählt Hygiene zu den voll beherrschbaren Risiken und Verstöße gegen Hygiene oder Infektionsschutz sind im Schadensfall immer haftungsrelevante Pflichtverletzungen (BGH VI ZR 158/06 v. 20.03.2007 und BGH VI ZR 118/06 v. 08.01.2008). Das bedeutet, dass der Vermieter verpflichtet ist, alle notwendigen und zumutbaren Vorkehrungen zu treffen – z. B. Instandhaltung –, um eine Schädigung Anderer auszuschließen.

Das Landgericht Saarbrücken hat 2009 bereits festgestellt, dass dem Vermieter die vertragliche Nebenpflicht obliegt, die Mietsache in einem verkehrssicheren Zustand zu erhalten (§ 535 BGB). Diese Pflicht erstreckt sich auf alle Teile des Gebäudes, damit auch auf die Trinkwasser-Installation (LG Saarbrücken, Az. 10 S 26/08, Urteil vom 11.12.2009).

Bürgerliches Gesetzbuch

§ 535 Inhalt und Hauptpflichten des Mietvertrags

(1) Durch den Mietvertrag wird der Vermieter verpflichtet, dem Mieter den Gebrauch der Mietsache während der Mietzeit zu gewähren. Der Vermieter hat die Mietsache dem Mieter in einem zum vertragsgemäßen Gebrauch geeigneten Zustand zu überlassen und sie während der Mietzeit in diesem Zustand zu erhalten.

Ein Urteil des Amtsgerichts Dresden aus 2013 sagt klar aus, dass Legionellen in einer Trinkwasser-Installation einen Mangel darstellen, der zu einer erheblichen Tauglichkeitsminderung der Wohnung führt, und hielt seinerzeit eine Mietminderung von 25 % für durchaus angemessen (AG Dresden, Az. 148 C 5353/13, Urteil vom 11. 11. 2013).

Das Amtsgericht Leipzig geht 2016 sogar so weit, festzustellen, dass ein Mietmangel nach § 536 BGB nicht nur dann vorliegt, wenn tatsächlich Legionellen in der Installation nachgewiesen wurden, sondern der Mangel liegt bereits vor, wenn die Wohnung nur in der Befürchtung einer Gefahr genutzt werden kann. Auch nur die Befürchtung einer Gefahr beeinträchtigt den ungestörten Gebrauch der Mietsache (AG Leipzig, Urteil vom 08. 02. 2016, Az. 165 C 6611/15).

Medizinische Einrichtungen

Die Trinkwasserverordnung ist auf den Schutz der gesunden Allgemeinbevölkerung ausgerichtet und nicht auf einen ausreichenden Schutz hochgradig immungeschwächter Patienten (vgl. RKI-Richtlinie, C 5.8 Anforderungen an die Hygiene bei der medizinischen Versorgung von immunsupprimierten Patienten, Pkt. 2.10.1, Lieferung 9, August 2010). Daher sind in Krankenhäusern, medizinischen Einrichtungen und Pflegeeinrichtungen zusätzlich zu den einschlägigen allgemein anerkannten Regeln der Technik auch die Anforderungen der Richtlinie für Krankenhaushygiene und Infektionsprävention des Robert Koch-Instituts zu beachten.

Nach den Medizin- und Hygieneverordnungen der Bundesländer (MedHygV) haben insbesondere die Leiter von Einrichtungen nach § 23 IfSG zu gewährleisten, dass die dem jeweiligen Stand der medizinischen Wissenschaft entsprechenden personell-fachlichen, betrieblich-organisatorischen sowie baulich-funktionellen Voraussetzungen für die Einhaltung der allgemein anerkannten Regeln der Hygiene und Infektionsprävention geschaffen und die nach dem Stand der medizinischen Wissenschaft erforderlichen Maßnahmen getroffen werden, um nosokomiale Infektionen zu verhüten und die Weiterverbreitung von Krankheitserregern, insbesondere solcher mit Resistenzen, zu vermeiden.

Die Einhaltung des Stands der medizinischen Wissenschaft wird vermutet, wenn jeweils die veröffentlichten Empfehlungen der beim Robert Koch-Institut eingerichteten Kommission für Krankenhaushygiene und Infektionsprävention beachtet worden sind. Zusätzlich zu den Bestimmungen der Trinkwasserverordnung sowie den Empfehlungen des Umweltbundesamts gelten für Krankenhäuser, Pflegeeinrichtungen und alle weiteren Einrichtungen nach § 23 IfSG die Bestimmungen der RKI-Richtlinie Krankenhaushygiene, die besagt, dass in Krankenhäusern routinemäßige Wasseruntersuchungen durchzuführen und zu protokollieren sind. Art, Umfang und Häufigkeit regelt dabei der Hygieneplan. Dabei sind die Problembereiche in Trinkwasserbehandlungsanlagen und in bestimmten Funktionsbereichen des Krankenhauses besonders zu berücksichtigen.

Mikrobiologische Untersuchungen sind also insbesondere erforderlich

- von behandeltem bzw. unbehandeltem Wasser, das für medizinische Zwecke am Menschen verwendet wird (z. B. Dialyse bzw. Inhalation und Beatmung),
- von Wasser bei Verdacht auf nosokomiale Infektionen (z. B. Legionellen in Warmwasser-Systemen, Pseudomonaden in Beatmungs- und Dialysegeräten),
- von behandeltem Wasser, das für technische Bereiche verwendet wird (z. B. Wäscherei, RLT-Anlagen).

Mit der Neubearbeitung der Richtlinie für Krankenhaushygiene und Infektionsprävention (2003) wurden wesentliche Kapitel der früheren Ausgabe nicht in die Loseblatt-Sammlung übernommen. Insbesondere die Kapitel C 3.2 „Anforderungen der Hygiene an die Wasserversorgung und Wasserqualität" sowie das Kapitel C 4 „Anforderungen an Planung, Durchführung von Bau- und Umbaumaßnahmen" wurden bislang nicht in die Sammlung überführt. In der aktuellen RKI-Richtlinie heißt es hierzu: „*Bei der Umsetzung, Anwendung und fachlichen Bewertung der älteren Empfehlungen sind die Adressaten der Richtlinie gehalten, den Abgleich mit dem aktuellen wissenschaftlichen Kenntnisstand selbst vorzunehmen. Dieses Erfordernis ist kein Resultat der Neubearbeitung der Richtlinie, sondern wird seit langem auch seitens der Rechtsprechung verlangt und sollte in erster Linie durch eigene Literaturrecherche geschehen*".

Insofern wird auf die alten Anlagen der RKI-Richtlinie (vor 2003) nur insoweit Bezug genommen, als wie die dortigen Empfehlungen heute sinnlogisch zu beachten sind und bereits seither allgemeingültig bekannt sein sollten bzw. soweit hier Anforderungen beschrieben sind, auf die in den einschlägigen allgemein anerkannten Regeln der Technik nicht konkret eingegangen wird.

Nach der Richtlinie für Krankenhaushygiene und Infektionsprävention (KRINKO) gehören die regelmäßigen Trinkwasseruntersuchungen (z. B. Legionellen in Warmwassersystemen, Pseudomonaden in Beatmungs- und Dialysegeräten) usw. zu den Regelungen des Hygieneplans. Zu den notwendigen Untersuchungen im Hygieneplan bei medizinischen Einrichtungen gehören daher konkret u. a. Trinkwasserproben bei

- Wasser aus Anlagen der Hausinstallation, u. a. Warmwassersysteme und Wasser aus Trinkwasservorratsbehältern (z. B. auf Koloniezahl und spezielle Erreger wie *E. coli, P. aeruginosa, Legionella spp.*) in halbjährlichem Abstand
- Wasser aus Trinkwasserbehandlungsanlagen, besonders solche, die nach dem Ausfällungs-, Filtrations- oder Ionenaustauscherprinzip arbeiten (z. B. auf Koloniezahl, *P. aeruginosa*) in halbjährlichem Abstand
- Wasser für Dialysegeräte (z. B. auf Koloniezahl, *P. aeruginosa*) in halbjährlichem Abstand
- Wasser für Sprühlanzen, Mundduschen und Turbinensprays, insbesondere in zahnärztlichen Einheiten (z. B. auf Koloniezahl, *P. aeruginosa, Legionella spp.*) in halbjährlichem Abstand
- Wasser für Umlaufsprühbefeuchter von RLT-Anlagen (entsprechend Anforderungen DIN 1946 Teil 4)

Bei Vorliegen von hygienisch-technisch unzulänglichen Bedingungen in der Wasserversorgung ist das System auf die Ursachen der mikrobiellen Kontamination hin zu untersuchen. Aus krankenhaushygienischen Gründen notwendige Wasserbehandlungsmaßnahmen können chemische Begleituntersuchungen erforderlich machen.

Für Krankenhäuser und andere medizinische Einrichtungen (Altenpflegeheime, Pflegeheime, Tageskliniken, Dialyseeinrichtungen u. a.) wird grundsätzlich empfohlen, eine größere Anzahl an Trinkwasserproben zu entnehmen und darüber hinaus zusätzliche Untersuchungen in Risikobereichen durchzuführen. Dabei sollte entsprechend den Anforderungen bei weitergehenden Untersuchungen nach DVGW-Arbeitsblatt W 551 vorgegangen werden.

Ebenfalls im Sinne einer „weitergehenden Untersuchung" nach DVGW-Arbeitsblatt W 551 sollte die Untersuchung auf Legionellen in Ergänzung zu § 14b der TrinkwV zusätzlich im Kaltwassersystem erfolgen, sofern dieses Wasser nach Ablauf von einem Liter eine Wassertemperatur von 25 °C oder mehr aufweist und dieses Wasser zum Duschen oder zum Betreiben von Inhalationsgeräten verwendet wird (in Anlehnung an die DVGW Information „Wasser" Nr. 90).

Auch nach Auskunft des bayerischen Staatsministeriums für Gesundheit und Pflege sind für bestimmte Bereiche aus Infektionsschutzgründen Maßnahmen bereits bei Legionellenkonzentrationen unterhalb des technischen Maßnahmenwertes erforderlich. Die Besorgnis einer Schädigung der menschlichen Gesundheit besteht demnach ebenfalls bei Legionellennachweis (> 2 KBE/ 100 ml) in Hochrisikobereichen (z. B. Intensivstationen in Krankenhäusern und anderen medizinischen Pflegeeinrichtungen, Pflegebereiche mit beatmeten Patienten, onkologische und neurologische Rehabilitationseinrichtungen für Querschnittspatienten) oder bei Überschreitung des technischen Maßnahmenwerts in Einrichtungen und Bereichen, bei denen unterstellt werden kann, dass sich dort Patienten mit einem erhöhten Risiko für Infektionen mit *Legionella spec.* befinden (z. B. Normalpflegeeinrichtungen in Krankenhäusern sowie Pflege- und Altenheime). Es ist dann ggf. die Einbeziehung des zuständigen Krankenhaushygienikers bzw. des zuständigen Hygienefachpersonals zu veranlassen.

4.3 Pflichten der Arbeitgeber

4.3 Pflichten der Arbeitgeber

Grundlagen werden in VDI 3810 Blatt 1 und VDI 3810 Blatt 1.1 beschrieben (zukünftig zusammengeführt in VDI 3810 Blatt 1 Ausgabe 2021).

Trinkwasser-Installationen können einerseits als Arbeitsmittel (BetrSichV) oder als Teil der Arbeitsstätte (ArbStättV) betrachtet werden. Die Technischen Regeln für Arbeitsstätten (ASR) geben den Stand der Technik, Arbeitsmedizin und Hygiene sowie sonstige gesicherte arbeitswissenschaftliche Erkenntnisse für das Einrichten und Betreiben von Arbeitsstätten wieder. Der Arbeitgeber schuldet dem Arbeitnehmer nach dem Arbeitsschutzgesetz die Einhaltung der Sicherheitsanforderungen am Arbeitsplatz gemäß dem Stand der Technik. Hiermit verbunden ist die Rechtspflicht, dass durch den Arbeitgeber eine Gefährdungsbeurteilung für seine Arbeitnehmer nach dem DGUV-Regelwerk erstellt wird.

Die Gefährdungsbeurteilung basiert für Trinkwasser-Installationen auf einer systemorientierten Gefährdungsanalyse nach VDI/BTGA/ZVSHK 6023 Blatt 2. Sie muss alle von der Anlage ausgehenden Gefährdungen für die Beschäftigten erfassen und geeignete Maßnahmen zur Beseitigung der Gefährdungen und für einen gefahrlosen Betrieb und Instandhaltung beinhalten.

Aus der Gefährdungsbeurteilung leiten sich insbesondere Fristen und Umfang für regelmäßige Trinkwasser-Analysen ab. Tabelle 1 listet mögliche Parameter auf, die zu untersuchen sind. Nach Maßgabe der Gefährdungsbeurteilung können auch chemische Parameter untersucht werden.

Die Festlegung der Probenahmestellen ist im Rahmen der Gefährdungsbeurteilung durch hygienisch-technisch kompetentes Personal mit nachgewiesener Qualifikation zu treffen. Qualifikationsnachweise sind insbesondere Bescheinigung oder Zertifikat einer Schulung z. B. nach VDI/DVGW 6023, Kategorie A oder ZVSHK-Fachkraft „Hygiene und Schutz des Trinkwassers“.

Wird dem Betreiber bekannt, dass das Trinkwasser verändert ist (Geruch, Geschmack, Farbe, Trübung), sind ergänzende mikrobiologische oder chemische Untersuchungen durchzuführen.

Tabelle 1: Möglicher Untersuchungsumfang für Arbeitsstätten

Kriterium	**Anforderung**
Temperatur des kalten Trinkwassers	gemäß VDI/DVGW 6023
Temperatur des erwärmten Trinkwassers	gemäß DVGW W 551
Koloniezahl bei 22 °C und 36 °C	gemäß TrinkwV, Anlage 3
Escherichia coli und coliforme Bakterien	nach TrinkwV, Anlage 1 und Anlage 3
Pseudomonas aeruginosa	nicht nachweisbar in 100 mℓ
Legionella spec. [a)]	nach TrinkwV, Anlage 3 II

a) Untersuchung im Trinkwasser, warm, sofern Einrichtungen zur Vernebelung vorhanden sind. Entspricht die Temperatur im Trinkwasser (kalt) nicht den oben genannten Anforderungen, sind Untersuchungen auf *Legionella spec.* auch im Trinkwasser (kalt) durchzuführen.

Der Schutz der Gesundheit durch die TrinkwV steht jedem Nutzer einer Trinkwasser-Installation zu, egal ob der Nutzer sich in einem Einfamilienhaus aufhält, im Hotel, in einer Flüchtlingsunterkunft oder am Arbeitsplatz. Diese Schutzanforderung nach Infektionsschutzgesetz besteht im Sinne des § 823 BGB grundsätzlich immer und unterscheidet an dieser Stelle nicht zwischen einer großen oder einer kleinen Anlage, zwischen einer gewerblichen Nutzung oder ob das Wasser der Öffentlichkeit zur Verfügung gestellt wird. Spezielle Pflichten des Arbeitgebers ergeben sich insbesondere aus § 618 BGB:

Bürgerliches Gesetzbuch

§ 618 Pflicht zu Schutzmaßnahmen

(1) Der Dienstberechtigte hat Räume, Vorrichtungen oder Gerätschaften, die er zur Verrichtung der Dienste zu beschaffen hat, so einzurichten und zu unterhalten und Dienstleistungen, die unter seiner Anordnung oder seiner Leitung vorzunehmen sind, so zu regeln, dass der Verpflichtete gegen Gefahr für Leben und Gesundheit soweit geschützt ist, als die Natur der Dienstleistung es gestattet.

Für Arbeitgeber mit Büro-, Industrie- oder Produktionsanlagen, bei denen Wasser nicht in Gewinnerzielungsabsicht oder öffentlich abgegeben wird, gilt also, dass Arbeitsstätten zwar gewöhnlich nicht prüfpflichtig auf Legionellen nach § 14b TrinkwV sind, da sie das Trinkwasser lediglich als Produktions- bzw. Betriebsmittel verwenden oder ihren Mitarbeitern zur Körperreinigung in Duschräumen zur Verfügung stellen. Hierin steckt keine Gewinnerzielungsabsicht und das Wasser wird auch nicht der Öffentlichkeit zugänglich gemacht.

Sollte die Betriebs- oder Arbeitsstätte jedoch von einem Eigentümer gepachtet sein, ist hier ggf. seitens des verpachtenden Eigentümers u. U. wieder eine Gewinnerzielungsabsicht zu unterstellen.

Der Arbeitgeber hat neben den grundsätzlichen Anforderungen des IfSG, nach § 4 Arbeitsschutzgesetz (ArbSchG) bei Maßnahmen des Arbeitsschutzes u. a. von folgenden allgemeinen Grundsätzen auszugehen:

- Die Arbeit ist so zu gestalten, dass eine Gefährdung für das Leben sowie die physische und die psychische Gesundheit möglichst vermieden und die verbleibende Gefährdung möglichst gering gehalten wird.
- Gefahren sind an ihrer Quelle zu bekämpfen.
- Bei den Maßnahmen sind der **Stand von Technik, Arbeitsmedizin und Hygiene** sowie sonstige gesicherte arbeitswissenschaftliche Erkenntnisse zu berücksichtigen.
- Maßnahmen sind mit dem Ziel zu planen, Technik, Arbeitsorganisation, sonstige Arbeitsbedingungen, soziale Beziehungen und Einfluss der Umwelt auf den Arbeitsplatz sachgerecht zu verknüpfen.

Der hier geforderte **Stand der Technik** wird nach Betriebssicherheitsverordnung (BetrSichV) definiert als *„der Entwicklungsstand fortschrittlicher Verfahren, Einrichtungen oder Betriebsweisen, der die praktische Eignung einer Maßnahme oder Vorgehensweise zum Schutz der Gesundheit und zur Sicherheit* *der Beschäftigten oder anderer Personen gesichert erscheinen lässt. Bei der Bestimmung des Stands der Technik sind insbesondere vergleichbare Verfahren, Einrichtungen oder Betriebsweisen heranzuziehen, die mit Erfolg in der Praxis erprobt worden sind.*“ (§ 2 Abs. 10 BetrSichV)

Arbeitgeber haben durch eine Beurteilung der für die Beschäftigten mit ihrer Arbeit verbundenen Gefährdung zu ermitteln, welche Maßnahmen des Arbeitsschutzes je nach Art der Tätigkeiten erforderlich sind. Eine Gefährdung kann sich insbesondere ergeben durch die Gestaltung und die Einrichtung der Arbeitsstätte und des Arbeitsplatzes, durch physikalische, chemische und biologische Einwirkungen oder durch unzureichende Qualifikation und Unterweisung der Beschäftigten.

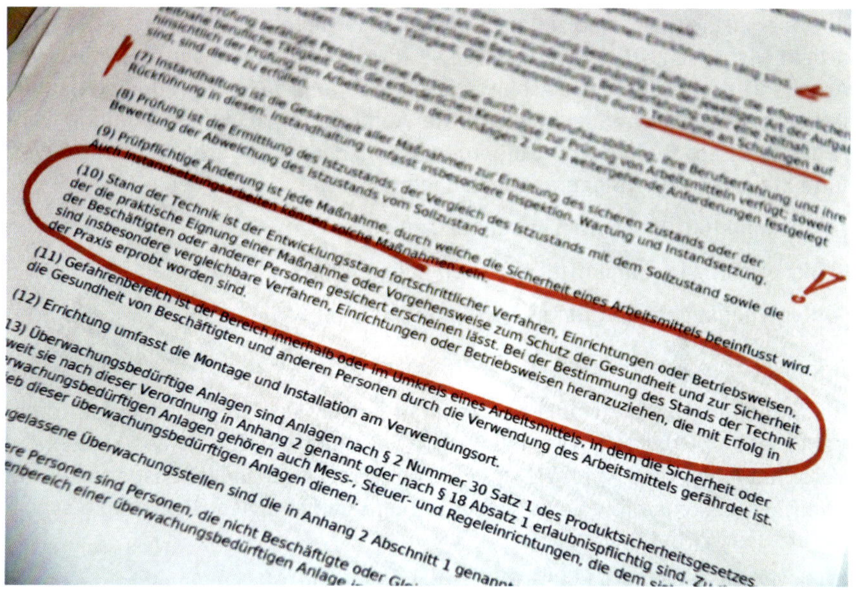

(7) Instandhaltung ist die Gesamtheit aller Maßnahmen zur Erhaltung des sicheren Zustands oder der Rückführung in diesen. Instandhaltung umfasst insbesondere Inspektion, Wartung und Instandsetzung.

(8) Prüfung ist die Ermittlung des Istzustands, der Vergleich des Istzustands mit dem Sollzustand sowie die Bewertung der Abweichung des Istzustands vom Sollzustand.

(9) Prüfpflichtige Änderung ist jede Maßnahme, durch welche die Sicherheit eines Arbeitsmittels beeinflusst wird. Auch Instandsetzungsarbeiten können solche Maßnahmen sein.

(10) Stand der Technik ist der Entwicklungsstand fortschrittlicher Verfahren, Einrichtungen oder Betriebsweisen, der die praktische Eignung einer Maßnahme oder Vorgehensweise zum Schutz der Gesundheit und zur Sicherheit der Beschäftigten oder anderer Personen gesichert erscheinen lässt. Bei der Bestimmung des Stands der Technik sind insbesondere vergleichbare Verfahren, Einrichtungen oder Betriebsweisen heranzuziehen, die mit Erfolg in der Praxis erprobt worden sind.

(11) Gefahrenbereich ist der Bereich innerhalb oder im Umkreis eines Arbeitsmittels, in dem die Sicherheit oder die Gesundheit von Beschäftigten und anderen Personen durch die Verwendung des Arbeitsmittels gefährdet ist.

(12) Errichtung umfasst die Montage und Installation am Verwendungsort.

13) Überwachungsbedürftige Anlagen sind Anlagen nach § 2 Nummer 30 Satz 1 des Produktsicherheitsgesetzes
weit sie nach dieser Verordnung in Anhang 2 genannt oder nach § 18 Absatz 1 erlaubnispflichtig sind.

Bild 8: Die Betriebssicherheitsverordnung bietet Arbeitgebern u. a. eine klare Definition, was unter dem „Stand der Technik“ zu verstehen ist

Die Arbeitsstättenverordnung (ArbStättV) dient der Sicherheit und dem Schutz der Gesundheit der Beschäftigten beim Einrichten und Betreiben von Arbeitsstätten. Konkretisierungen der Anforderungen nach den §§ 4, 5 ArbSchG erfolgen demnach u. a. in der Arbeitsstättenverordnung z. B. unter § 3 Abs. 1. Hier wird festgelegt, dass bei der Beurteilung der Arbeitsbedingungen nach § 5 ArbSchG der Arbeitgeber zunächst festzustellen hat, ob die Beschäftigten

Gefährdungen beim Einrichten und Betreiben von Arbeitsstätten ausgesetzt sind oder ausgesetzt sein können. Ist dies der Fall, hat er alle möglichen Gefährdungen der Sicherheit und der Gesundheit der Beschäftigten zu beurteilen und dabei die Auswirkungen der Arbeitsorganisation und der Arbeitsabläufe in der Arbeitsstätte zu berücksichtigen.

Entsprechend dem Ergebnis der Gefährdungsbeurteilung hat der Arbeitgeber dann geeignete Maßnahmen zum Schutz der Beschäftigten gemäß den Vorschriften der ArbStättV einschließlich ihres Anhangs nach dem **Stand der Technik**, der Arbeitsmedizin und der Hygiene festzulegen. Sonstige gesicherte arbeitswissenschaftliche Erkenntnisse sind hier ebenfalls zu berücksichtigen.

Die Technischen Regeln für Arbeitsstätten (ASR) geben diesen den Stand der Technik, Arbeitsmedizin und Hygiene sowie die sonstigen gesicherten arbeitswissenschaftlichen Erkenntnisse für das Einrichten und Betreiben von Arbeitsstätten wieder. Die Arbeitsstätten-Richtlinie (ASR V3) konkretisiert im Rahmen des Anwendungsbereichs die Anforderungen der Verordnung über Arbeitsstätten. Biologische Gefährdungen im Sinne der ArbStättV durch Verunreinigungen und Ablagerungen können z. B. sein:

- Schimmelpilz-Wachstum in Räumen,
- Verkeimung in raumlufttechnischen Anlagen oder Klimaanlagen,
- Hygieneaspekte in Arbeits- oder Sanitärräumen,
- Legionellen-Vermehrung in Trinkwasseranlagen (bei Aerosolbildung).

Bei Einhaltung der allgemein anerkannten Regeln der Technik kann der Arbeitgeber insoweit davon ausgehen, dass die entsprechenden Anforderungen der Verordnungen erfüllt sind. Wählt der Arbeitgeber eine andere Lösung, muss er damit mindestens die gleiche Sicherheit und den gleichen Gesundheitsschutz für die Beschäftigten erreichen.

Nach § 2 der Betriebssicherheitsverordnung (BetrSichV) sind Anlagen, die für die Arbeit verwendet werden, sowie überwachungsbedürftige Anlagen, sogenannte Arbeitsmittel. Auch vor der Verwendung solcher Arbeitsmittel, unter die regelmäßig auch Trinkwasser fällt, hat der Arbeitgeber gem. § 3 BetrSichV die möglicherweise auftretenden Gefährdungen für die Arbeitnehmer zu beurteilen (Gefährdungsbeurteilung) und daraus notwendige und geeignete Schutzmaßnahmen abzuleiten (vgl. BetrSichV § 2 Abs. 13 i.V.m. Anhang 2, Abschnitt 4, Pkt. 6.26 „Wassererwärmungsanlagen für Trink- oder Brauchwasser").

In die Beurteilung sind alle Gefährdungen einzubeziehen, die bei der Verwendung von Arbeitsmitteln ausgehen. Bei der Gefährdungsbeurteilung ist insbesondere Folgendes zu berücksichtigen:

- die Gebrauchstauglichkeit von Arbeitsmitteln
- die sicherheitsrelevanten Zusammenhänge zwischen Arbeitsplatz, Arbeitsmittel, Arbeitsverfahren, Arbeitsablauf
- vorhersehbare Betriebsstörungen und die Gefährdung bei Maßnahmen zu deren Beseitigung

Bild 9: Bei der Verwendung von Trinkwasser am Arbeitsplatz oder als Betriebsmittel kann es nach ASR V3 zu Gefährdungen der Arbeitnehmer kommen

Die Gefährdungsbeurteilung darf nach BetrSichV nur von fachkundigen Personen durchgeführt werden. Verfügt der Arbeitgeber nicht selbst über die entsprechenden Kenntnisse, so hat er sich fachkundig beraten zu lassen. Der Arbeitgeber hat sich die Informationen zu beschaffen, die für die Gefährdungsbeurteilung notwendig sind. Er hat Art und Umfang erforderlicher Prüfungen von Arbeitsmitteln sowie die Fristen von wiederkehrenden Prüfungen zu ermitteln und festzulegen, soweit die BetrSichV nicht bereits entsprechende Vorgaben enthält. Bei der Beurteilung von Trinkwasser-Installationen sind z. B. insbesondere Frist und Umfang mikrobiologischer und ggf. chemischer Analysen sowie die Auswahl der repräsentativen Probenahmestellen festzulegen.

Die Gefährdungsbeurteilung nach BetrSichV und ArbStättV basiert für Trinkwasser-Installationen z.B. auf einer systemorientierten Gefährdungsanalyse nach VDI/BTGA/ZVSHK 6023 Blatt 2. Diese muss alle von der Trinkwasser-Installation ausgehenden Gefährdungen für die Beschäftigten erfassen und geeignete Maßnahmen zur Beseitigung der Gefährdungen sowie für Betrieb und Instandhaltung beinhalten.

Trinkwasser-Installationen, aus denen Trinkwasser an Arbeitnehmer abgegeben wird, sollen gemäß Richtlinie VDI 3810 Blatt 2/6023 Blatt 3 im Rahmen der regelmäßigen Inspektion u.a. durch Trinkwasser-Analysen an geeigneten, repräsentativen Entnahmestellen auf die Parameter nach Tabelle 1 der Richtlinie untersucht werden. Wird dem Arbeitgeber bekannt, dass das Trinkwasser verändert ist (z.B. Geruch, Geschmack, Farbe, Trübung), sind ergänzende Untersuchungen auf Schwermetalle (insbesondere Fe, Cu, Ni, Pb) durchzuführen.

Auch hat der Arbeitgeber die Arbeitsstätte nach § 4 ArbStättV regelmäßig zu inspizieren, instand zu halten und dafür zu sorgen, dass festgestellte Mängel unverzüglich beseitigt werden. Können Mängel, mit denen eine unmittelbare erhebliche Gefahr verbunden ist, nicht sofort beseitigt werden, hat er dafür zu sorgen, dass die gefährdeten Beschäftigten ihre Tätigkeit unverzüglich einstellen.

Ordnungswidrig im Sinne des § 25 Abs. 1 Nr. 1 des ArbSchG handelt z.B., wer vorsätzlich (vgl. „billigendes Inkaufnehmen“) oder fahrlässig

- entgegen § 3 Abs. 3 ArbStättV eine Gefährdungsbeurteilung nicht, nicht richtig, nicht vollständig oder nicht rechtzeitig dokumentiert oder
- entgegen § 4 Absatz 1 Satz 2 ArbStättV ggf. nicht dafür sorgt, dass die gefährdeten Beschäftigten ihre Tätigkeit unverzüglich einstellen (§ 9 ArbStättV).

Wer als Inhaber oder Verantwortlicher eines Betriebs oder Unternehmens vorsätzlich oder fahrlässig die erforderlichen Aufsichtsmaßnamen unterlässt, um Verstöße gegen Pflichten zu verhindern, handelt zudem nach § 130 OWiG ordnungswidrig, wenn eine Pflichtverletzung durch Mitarbeiter begangen wird, die durch gehörige Aufsicht verhindert oder wesentlich erschwert worden wäre. Zu den erforderlichen Aufsichtsmaßnahmen gehören auch die Bestellung, sorgfältige Auswahl und Überwachung von Aufsichtspersonen.

Gemäß § 12 Abs. 1 ArbSchG hat der Arbeitgeber die Beschäftigten dazu über Sicherheit und Gesundheitsschutz bei der Arbeit während ihrer Arbeitszeit ausreichend und angemessen zu unterweisen. Die Unterweisung umfasst hierbei

Anweisungen und Erläuterungen, die eigens auf den Arbeitsplatz oder den Aufgabenbereich der Beschäftigten ausgerichtet sind. Die Unterweisung muss bei der Einstellung, bei Veränderungen im Aufgabenbereich, der Einführung neuer Arbeitsmittel oder einer neuen Technologie vor Aufnahme der Tätigkeit der Beschäftigten erfolgen. Die Unterweisung muss an die Gefährdungsentwicklung angepasst sein und erforderlichenfalls regelmäßig wiederholt werden.

Die Beschäftigten sind im Gegenzug nach § 15 ArbSchG verpflichtet, nach ihren Möglichkeiten sowie gemäß der Unterweisung und Weisung des Arbeitgebers für ihre Sicherheit und Gesundheit bei der Arbeit Sorge zu tragen. Entsprechend Satz 1 haben die Beschäftigten auch für die Sicherheit und Gesundheit der Personen zu sorgen, die von ihren Handlungen oder Unterlassungen bei der Arbeit betroffen sind.

Wie bereits zuvor ausgeführt gelten diese Anforderungen für alle Beschäftigen, seien es Hausmeister*innen, Kantinen-Mitarbeiter*innen, Lehrkräfte an Schulen oder Angestellte.

5 Voraussetzungen für den bestimmungsgemäßen Betrieb

5 Voraussetzungen für den bestimmungsgemäßen Betrieb

Grundvoraussetzung für einen bestimmungsgemäßen Betrieb ist, die Trinkwasser-Installation gemäß TrinkwV und AVBWasserV unter Beachtung der allgemein anerkannten Regeln der Technik zu planen und zu erstellen.

Eine regelmäßige, fachgerechte Instandhaltung ist die Voraussetzung für einen bestimmungsgemäßen Betrieb einer Trinkwasser-Installation.

Ein bestimmungsgemäßer Betrieb liegt dann vor, wenn

- die Trinkwasser-Installation wie bei der Planung zugrunde gelegt genutzt wird,
- Stagnation in der gesamten Trinkwasser-Installation vermieden wird (unter anderem regelmäßige Wasserentnahme),
- die Temperaturgrenzen für kaltes und erwärmtes Trinkwasser eingehalten werden, siehe VDI/DVGW 6023 und DVGW W 551 und
- die Maßnahmen zum Schutz des Trinkwassers nach DIN EN 1717 und DIN 1988-100 sowie
- die Instandhaltungsintervalle nach DIN EN 806-5 eingehalten werden.

Ein bestimmungsgemäßer Betrieb einer Trinkwasseranlage erfordert mindestens:

- bedarfsorientierte Planung nach den Vorgaben der Raumbücher
- fachgerechte Ausführung, Abnahme und Übergabe
- dokumentierte Einweisung des Betreibers/Nutzers
- Zugangsrecht für Bedienpersonal
- ausreichend und fachlich ausgebildetes Personal
- Verfügbarkeit relevanter Planungs- und Betriebsunterlagen (Anlagenbuch)
- klare Zuordnung der Verantwortlichkeiten (Eigentümer, Betreiber, Nutzer)
- Kenntnisse des Systems mit seinen betrieblichen Zusammenhängen

Sind diese Voraussetzungen nicht gegeben, müssen diese durch den Betreiber auch in Bestandsanlagen unter Beachtung der allgemein anerkannten Regeln der Technik hergestellt werden.

Wichtiger Hinweis

Für den bestimmungsgemäßen Betrieb benötigt der Unternehmer oder sonstige Inhaber die grundlegende Dokumentation, Einweisung und Instandhaltungsplanung.

Fehlende Unterlagen sind einzufordern oder zu erstellen, nötigenfalls im Rahmen einer systemorientierten Gefährdungsanalyse nach VDI/BTGA/ZVSHK 6023 Blatt 2 im Sinne einer Bestandsaufnahme.

Auf Basis des Ergebnisses dieser systemorientierten Gefährdungsanalyse können dann notwendige Instandsetzungen, technische Verbesserungen und eine Einweisung der Betreiber durchgeführt werden (vgl. Abschnitt 6.4 und Abschnitt 6.5).

Für den bestimmungsgemäßen Betrieb benötigt der Unternehmer oder sonstige Inhaber die entsprechenden Informationen, die ihm vom Planer und Anlagenerrichter in Form der notwendigen Unterlagen (Anlagenbuch) und der Einweisung in seine jeweilige Installation zur Verfügung gestellt werden müssen. Wie bereits unter Pkt. 4 ausführlich erläutert, hat der Betreiber diverse Pflichten im Zusammenhang mit der Trinkwasser-Installation, die er als technischer Laie nur erfüllen kann, wenn er von den Fachleuten die nötige Aufklärung erhält.

Getreu dem Motto „Bediene nie eine Anlage, die Du nicht verstehst“ muss der Betreiber sein System kennen und verstehen, es muss für alle Beteiligten klar sein, wer wofür zuständig ist, und es sind die geeigneten Voraussetzungen zu schaffen, z. B. dass alle wesentlichen Bereiche der Installation zugänglich sind.

Dazu gehört auch die grundlegende Dokumentation, eine Einweisung nach VDI 6023 Kat. C und die vollständige Instandhaltungsplanung für seine spezifische Installation. Das lässt sich für Neuinstallationen mit mehr oder weniger kalkulierbarem Aufwand realisieren, in Bestandsgebäuden fehlen diese Informationen jedoch üblicherweise und Betreiber betreibt „ins Blaue hinein“, wenn überhaupt. Fehlende Unterlagen sind dann vom Betreiber zu beschaffen, nötigenfalls eben im Rahmen einer vollständigen, sog. „systemorientierten“ Gefährdungsanalyse nach VDI/BTGA/ZVSHK 6023 Blatt 2 im Sinne einer Bestandsaufnahme. Auf Basis der Ergebnisse einer präventiven Gefährdungsanalyse können dann Instandsetzungen und notwendige technische Verbesserungen durchgeführt werden sowie eine Einweisung der Betreiber, damit die Installation im Sinne des § 17 Abs. 1 TrinkwV wieder bestimmungsgemäß betrieben werden kann.

Auch ohne bereits nachgewiesene Keimproblematik kann eine einmalige oder regelmäßige Situationsanalyse ein probates Mittel zur Aufdeckung von möglichen Schwachstellen innerhalb der Trinkwasser-Installation (systemorientiert) sein. Der Betreiber erhält damit eine umfassende Übersicht über den planerischen, bau-, betriebstechnischen und vor allem hygienischen Zustand seiner Trinkwasser-Installation. Er kann daraufhin entsprechende Maßnahmen zeitnah einleiten, damit Schäden gar nicht erst entstehen.

In der VDI 6023 Blatt 1 heißt es bereits in der Einleitung: *„Bei Außerachtlassen der notwendigen technischen und hygienerelevanten Anforderungen, bei nicht bestimmungsgemäßem Betrieb und bei Vernachlässigung der erforderlichen Instandhaltungsmaßnahmen der Trinkwasser-Installation sind Risiken für die Gesundheit nicht auszuschließen.“*

Bestimmungsgemäße Nutzung

Nach VDI 3810 Blatt 2/VDI 6023 Blatt 3 liegt ein bestimmungsgemäßer Betrieb u. a. dann vor, wenn die Installation wie bei der Planung und Dimensionierung der Leitungen, Bauteile und Apparate zu Grunde gelegt, betrieben und genutzt wird. Bei Neuinstallationen sollte das heute problemlos möglich sein: Der Planer erstellt gemeinsam mit dem Auftraggeber eine ordnungsgemäße Bedarfsermittlung auf der Grundlage des Raumbuchs, kann bedarfsgerecht Planen und Leitungen nach einem realistischen Spitzenvolumenstrom dimensionieren und der Auftraggeber, oftmals der spätere Betreiber, kann seine Anlage entsprechend nutzen.

Ein Betrieb nach den ursprünglichen Auslegungsbedingungen ist in vielen Bestandsanlagen kaum mehr möglich. In den 1960er- bis in die 1970er-Jahre wurde eine Rohrleitungsdimensionierung auf der Annahme berechnet, dass bei jedem Entnahmevorgang um die 30 Liter Wasser pro Kopf verbraucht wurden. Heute, durch moderne Armaturen-Technologien und den weit verbreiteten Gedanken eines sparsamen Umgangs mit der Ressource „Trinkwasser“, werden pro Kopf und Entnahmevorgang noch ungefähr 6 Liter Wasser verbraucht. Der Wasserverbrauch in einem solchen Gebäude wurde damit auf 20 % reduziert, was im Umkehrschluss bedeutet, dass die vorhandene Trinkwasser-Installation in einem solchen Gebäude nunmehr um 500 % überdimensioniert ist, was zu dem oft beschriebenen Stagnations-Problem führen kann.

Stagnation

Werden Trinkwasserleitungen nur selten, unzureichend oder gar nicht durchflossen, ist durch die langen Stagnationszeiten damit zu rechnen, dass das Wasser in diesen Leitungen hygienisch bedenklich wird. Damit besteht eine realistische Gefahr für die Qualität des Trinkwassers und entsprechend für die Nutzer. Stagnationsbedingte Veränderungen in Geruch, Geschmack oder Farbe des Trinkwassers sind in der Regel nicht gesundheitsschädlich. Gesundheitsgefahren können auftreten, wenn das stagnierende Wasser mit Bestandteilen der umgebenden Werkstoffe so stark verunreinigt wird, dass Vergiftungen möglich sind (zum Beispiel Schwermetallaufnahme aus metallenen Rohrleitungen) oder die Stagnationsbedingungen die Vermehrung pathogener Mikroorganismen ermöglichen (zum Beispiel Legionellen).

Die Ursachen für eine bedenkliche Stagnation im Trinkwasser sind sowohl in konstruktiven (Totleitungen), funktionalen (ungenutzte Entnahmestellen) und auch betriebstechnischen Ursachen (Abschalten der Zirkulation) zu finden. Um den „Lebensraum Stagnationswasser“ aus hygienischen Gründen zu beseitigen, sind diese Aspekte im Rahmen des bestimmungsgemäßen Betriebs besonders zu beachten.

Nachteilige Strömungsbedingungen finden sich z. B. in

- Leitungen zu selten genutzten Entnahmestellen
- Totleitungen zu nicht mehr genutzten oder zurückgebauten Zapfstellen
- im Bauablauf vorsorglich verlegten Reserveleitungen
- Wasserverteilern mit langen Entleerungsleitungen
- Umgehungsleitungen von Geräten, Wasserzählern, Umwälzpumpen usw.
- nicht durchströmten Membranausdehnungsgefäßen
- langen Anschlussleitungen an Sicherheitsventilen, Ablaufsicherungen usw.
- Überdimensionierung von Speichern, Verteilern usw.
- Anschlüssen an oder Einbindung in eine Feuerlöschanlage
- vorübergehend leerstehenden Wohnungen oder Ferienwohnungen
- noch nicht bezogenen Wohnungen oder Gebäuden
- mangelhaft durchströmten Zirkulationsleitungen
- überdimensionierten Leitungen

An vielen Stellen in unterschiedlichen Regelwerken werden detaillierte Aussagen zum Problemfeld Stagnation getroffen.

Bild 10: Leitungen zu Entnahmestellen, die nicht mehr benötigt werden, sind rückstandsfrei von der Installation abzutrennen

Grundsätzlich sind zunächst nach DIN EN 806-2 Trinkwasser-Installationen so zu planen, dass stagnierendes Wasser grundsätzlich vermieden wird. Entnahmestellen für geringe Entnahmen oder seltene Nutzung dürfen nicht am Ende einer langen Leitung eingebaut werden und Einzelzuleitungen zu Entnahmearmaturen müssen so kurz wie möglich sein. Die Inhalte von Rohrleitungen sind so weit wie möglich zu minimieren, um einen möglichst hohen Wasseraustausch zu gewährleisten. Ein Leitungsvolumen der Einzelzuleitung von 3 l im Trinkwasser (warm) und (kalt) ist dabei als maximale Obergrenze einzuhalten. Durch die Entnahme von Trinkwasser an sämtlichen hierfür vorgesehenen Entnahmestellen ist ein vollständiger Wasseraustausch durch die Nutzer spätestens innerhalb von 72 Stunden zu gewährleisten (bestimmungsgemäßer Betrieb, vgl. § 17 Abs. 1 TrinkwV). Die Planung hat hierzu grundsätzlich bereits auf Grundlage des Nutzungskonzepts und dem Raumbuch so zu erfolgen, dass im vorgesehenen bestimmungsgemäßen Betrieb keine unzulässige Stagnation von Trinkwasser entsteht. Grundsätzlich ist daher festzuhalten, dass es sich bei Einzelanschluss- und Anbindeleitungen zu Entnahmestellen im Rahmen einer ordnungsgemäßen Planung niemals um Stagnationsleitungen handeln kann, da das Trinkwasser in der Einzelzuleitung im bestimmungsgemäßen Betrieb regelmäßig durch Entnahme ausgetauscht werden muss.

Ergänzend zur DIN EN 806-2 gilt die nationale Ergänzungs-Norm DIN 1988-200 mit den konkreten Festlegungen, dass z. B. Umgehungsleitungen, die zu Stagnation führen, aus hygienischen Gründen unzulässig sind. Die Planung der Trinkwasser-Installation hat dementsprechend immer so zu erfolgen, dass bei bestimmungsgemäßem Betrieb ein für die Hygiene ausreichender Wasseraustausch stattfindet.

Stagnationsleitungen sollten nach Möglichkeit rückstandsfrei abgetrennt und entfernt werden, der Rückbau nicht mehr benötigter Teile der Trinkwasser-Installation erfolgt durch deren Entfernung unmittelbar an der im bestimmungsgemäßen Betrieb weiterhin durchströmten Versorgungsleitung. Rückbau oder Trennung müssen nach VDI 6023 Blatt 1 unmittelbar am letzten durchströmten Abzweig der Anlage erfolgen.

Ist das nicht möglich, sollten nach CEN/TR 16355 verbleibende Endstücke möglichst kurz sein, ihre Länge sollte jedoch nicht mehr als das Doppelte des Innendurchmessers der Leitung betragen.

CEN/TR 16355 Empfehlungen zur Verhinderung des Legionellenwachstums

4.3 Stagnation

(...)

Abgesperrte Endstränge sollten möglichst kurz sein, ihre Länge sollte jedoch nicht mehr als das Doppelte des Innendurchmessers der Leitung betragen.

Nicht gebrauchte Leitungen (Endstränge) sollten rückgebaut oder abgetrennt und in einen abgesperrten Endstrang umgewandelt werden.

(...)

Um einen hygienisch einwandfreien Wasseraustausch in bestehenden Rohrleitungen zu gewährleisten, reicht es gewöhnlich nicht aus, das rechnerische Rohrleitungsvolumen auszutauschen. Überdimensionierte Trinkwasser-Installationen, wie man sie oft in Bestandsgebäuden findet, werden nicht mehr nach den zur Planung zu Grunde gelegten Betriebsbedingungen genutzt. Wenn der Spitzenvolumenstrom, z. B. durch wassersparende Armaturen oder den Rückbau von heute nicht verwendeten Leitungen und Entnahmestellen, einen gewissen Wert unterschreitet, wird sich nur noch eine laminare Strömung in den heute überdimensionierten Leitungen einstellen. Eine turbulente Strömung, die einen Wasseraustausch im vollen Querschnitt gewährleistet, ist dann nicht mehr möglich. In solchen Fällen kann letztlich nur eine bauliche Sanierung der Anlage mit bedarfsgerechter Rohrdimensionierung dauerhaft hygienische Verhältnisse sicherstellen. Beim Rückbau von stagnierenden Leitungen, die nicht mehr genutzt werden sollen, ist immer darauf zu achten, ob die Verteilleitungen aufgrund zu wenig verbleibender Entnahmestellen noch ausreichend durchströmt werden können. Unter Umständen ist es dann sinnvoller, entweder die vorhandenen Entnahmestellen im Bestand zu belassen und in einen Spülplan aufzunehmen oder es sollte gleich die gesamte Installation neu berechnet und ausgetauscht werden.

Sollen Stagnationsleitungen nicht entfernt werden, muss das Wasser in nur selten genutzten Anlagenteilen (z. B. Zuleitungen zu Gästezimmern, Garagen- oder Kelleranschlüssen) in regelmäßigen Abständen durch manuelle oder automatisierte Spülungen erneuert werden (siehe Pkt. 6.1, Tab. 2).

Doch auch die Betriebstemperaturen stehen in direktem Zusammenhang mit Stagnation in Rohrleitungen. Basierend auf der Annahme, dass die vom Nutzer an der Dusche eingestellte Mischwassertemperatur gewöhnlich um nicht mehr als 5 K variiert (je nach Nutzer), stellen sich beispielsweise bei einer Temperaturänderung im System an den Entnahmestellen unterschiedliche

Volumenströme in den Einzelzuleitungen ein. Wird die Temperatur im Trinkwasser (warm) erhöht, verringert sich gleichzeitig der Volumenstrom, den man zum Einstellen der gewünschten Temperatur am Auslauf benötigt. Oder umgekehrt: Je niedriger die Temperatur im Warmwasser, desto niedriger ist auch die Menge, die an Kaltwasser beigemischt werden muss. Nutzer, die ihre Warmwasser-Temperatur nur auf 45 °C eingestellt haben, verbrauchen in der Dusche kaum noch Kaltwasser, was zu unzureichender Strömung in den Einzelzuleitungen und den erwähnten nachteiligen Stagnationsfolgen führen kann.

Betriebstemperaturen

Grundsätzlich soll nach DVGW W 551 (A) und der DIN 1988-200 am Austritt aus Trinkwassererwärmungsanlagen im bestimmungsgemäßen, normalen Betrieb eine Temperatur von mindestens 60 °C eingehalten werden können und die Anlagen sind auch so zu betreiben.

DVGW Arbeitsblatt W 551 Trinkwassererwärmungs- und Trinkwasserleitungsanlagen; Technische Maßnahmen zur Verminderung des Legionellenwachstums; Planung, Errichtung, Betrieb und Sanierung von Trinkwasser-Installationen

6.1 Großanlagen

Bei Großanlagen muss das Wasser am Warmwasseraustritt des Trinkwassererwärmers stets eine Temperatur von ≥ 60 °C einhalten. (...)

Systematische Unterschreitungen von 60 °C sind bei Großanlagen nicht akzeptabel!

DIN 1988 Technische Regeln für Trinkwasser-Installationen – Teil 200 Installation Typ A (geschlossenes System) – Planung, Bauteile, Apparate, Werkstoffe

9.7.2.2 Zentrale Trinkwassererwärmer

Zentrale Trinkwassererwärmer – Speicher- oder Durchflusssysteme bzw. kombinierte Systeme (Speicherladesysteme) – müssen so geplant, gebaut und betrieben werden, dass am Austritt aus dem Trinkwassererwärmer die Warmwassertemperatur ≥ 60 °C beträgt. (...)

Hinsichtlich der Betriebsweise und den entsprechenden Betriebstemperaturen sind in Kleinanlagen (Ein- und Zweifamilienhäuser) mit Rohrleitungsinhalten von mehr als drei Litern zwischen dem Ausgang des Trinkwassererwärmers und einer Entnahmestelle sowie in Großanlagen Zirkulationssysteme zur Aufrechterhaltung von hygienisch sicheren Temperaturen im Trinkwassersystem (warm) einzubauen; Stockwerks- oder Einzelzuleitungen mit einem Wasservolumen ≤ 3 Liter können und sollten ggf. dabei ohne Zirkulationsleitung installiert werden. So kann es auch in Ein- und Zweifamilienhäusern oder hinter Wohnungsstationen notwendig sein, bei einem Volumen der Warmwasserleitung von ≥ 3 Litern eine Zirkulation mit den vorgegebenen Temperaturbereichen (55 °C bzw. 60 °C) zur Legionellenprophylaxe einzubauen und kontinuierlich zu betreiben. Es wird in der aktuellen DVGW Information Wasser Nr. 90 heute grundsätzlich ein Dauerbetrieb der Zirkulationspumpen empfohlen, da nur dann sichergestellt ist, dass in der Trinkwasser-Installation für Warmwasser legionellenbegrenzende Temperaturen eingehalten werden. An keiner Stelle im zirkulierenden System darf eine Betriebstemperatur von 55 °C unterschritten werden.

„Betriebstemperatur“ ist definiert als absolute Toleranzgrenzen, jenseits der ein Betrieb überhaupt ausgeschlossen ist, bzw. Zerstörungs- oder Gesundheitsgefahr droht. Im Zusammenhang mit einem zirkulierenden Warmwassersystem bedeutet Betriebstemperatur also, die niedrigste Temperatur an der ungünstigsten Stelle, auf der ein System betrieben wird.

Nach Pkt. 3.1.1 der DIN 1988-200 gilt für die Einhaltung der Hygiene grundsätzlich die Richtlinie VDI 6023 Blatt 1 und nach DIN 1988-200 Pkt. 9.1 sind für Warmwasser die Anforderungen nach DVGW W 551 (A) zu beachten.

Die Temperatur für PWC und PWH ist in der Trinkwasser-Installation ein entscheidender Parameter für den trinkwasserhygienischen Zustand, welche sich als Kenngröße im späteren Betrieb bestimmen lässt. Für eine hygienisch-technische Bewertung ungeeignet sind allerdings Temperaturmessungen nach 30 Sekunden, die ohne Bezug zu einem konkreten Ausstoß-Volumenstrom der jeweiligen Armatur nicht verwertbar sind und keine Rückschlüsse auf die Einhaltung der 3-Liter-Regel zulassen.

Stockwerks- und/oder Einzelzuleitungen mit einem Wasservolumen < 3 Liter können gem. Pkt. 5.4.3 des DVGW W 551 (A) ohne Zirkulationsleitungen gebaut werden und für die Anbindung von Entnahmestellen sind nach den a.a.R.d.T., insbesondere VDI 6023 Blatt 1, möglichst kurze Rohrleitungen mit geeigneten Rohrdurchmessern zu wählen. Das Volumen dieser Einzelzuleitungen soll so gering wie möglich sein und darf für Trinkwasser warm und kalt jeweils 3 Liter nicht überschreiten.

Daraus folgt, dass an jeder Entnahmestelle spätestens nach Ablauf von 3 Litern eine Temperatur von 57 °C zur Verfügung stehen sollte, mindestens jedoch 55 °C. Zur fachgerechten Bewertung ist es daher sinnvoll, Temperaturmessungen zur Überwachung einer Installation an den entsprechenden Stellen innerhalb der Leitungen zu ermitteln. Hierbei sollten die jeweiligen Temperaturen im Trinkwasser (jeweils warm und kalt) in den drei wesentlichen Abschnitten kontrolliert werden, d. h. jeweils eine Messung nach 1 Liter Ablaufwasservolumen (Einzelzuleitung zur Entnahmestelle), nach 3 Litern (Verteilleitung Etage bzw. Stranganschluss) und nach 5 Litern (Strang).

Die allgemein anerkannten Regeln der Technik formulieren hinsichtlich der notwendigen Betriebsbedingungen an dezentrale Trinkwassererwärmungsanlagen allerdings teilweise widersprüchliche Anforderungen. Eine Ausnahme gegenüber den verbindlichen Anforderungen des DVGW W 551 (A) bilden gem. DIN 1988-200 lediglich Trinkwassererwärmer mit hohem Wasseraustausch und dezentrale Trinkwassererwärmer. Unter Pkt. 9.7.2.1 der DIN 1988-200 wird ausgeführt: „*Damit eine massenhafte Vermehrung von Legionellen in der Trinkwasser-Installation verhindert wird, sind Trinkwassererwärmer mit geringem Speichervolumen und mit Speicheraustrittstemperaturen ≥ 60 °C zu bevorzugen. Ausnahmen von diesen Grundsätzen können bei Trinkwassererwärmern, die der Einzel- und Gruppenversorgung dienen und Durchfluss-Trinkwassererwärmern mit einem nachgeschaltetem Leitungsvolumen ≤ 3 l im Fließweg, zugelassen werden.*“ Mit welcher Begründung diese Ausnahmen zugelassen werden können, wird im Regelwerk nicht weiter erläutert.

Bild 11: Spätestens nach Ablauf von 3 Litern muss an der Entnahmestelle eine Warmwassertemperatur von ≥ 55 °C feststellbar sein

Unter Punkt 9.7.2.4 der DIN 1988-200 heißt es dann zu den hier gegenständlichen dezentralen Trinkwassererwärmern: „*Dezentrale Trinkwassererwärmer, die der Versorgung einer Entnahmearmatur dienen (Einzelversorgung), können ohne weitere Anforderungen betrieben werden. Bei dezentralen Speicher-Trinkwassererwärmern, die der Versorgung einer Gruppe von Entnahmestellen dienen (Gruppenversorgung), z. B. innerhalb eines Badezimmers einer Wohnung, muss am Austritt aus dem Trinkwassererwärmer die Trinkwassertemperatur ≥ 50 °C betragen. Dezentrale Durchfluss-Trinkwassererwärmer können ohne weitere Anforderungen betrieben werden, wenn das nachgeschaltete Leitungsvolumen von 3 l im Fließweg nicht überschritten wird.*“

Hinsichtlich der Betriebsbedingungen wird jedoch unter Pkt. 6.2 des DVGW W 551 (A) definiert, dass „*für Kleinanlagen die Einstellung der Reglertemperatur am Trinkwassererwärmer auf 60 °C empfohlen wird. Betriebstemperaturen unter 50 °C sollten aber in jedem Fall vermieden werden.* ***Allerdings sollte der Auftraggeber oder Betreiber im Rahmen der Inbetriebnahme und Einweisung über das eventuelle Gesundheitsrisiko (Legionellenwachstum) informiert werden***.“ Eine ähnliche Formulierung findet sich auch unter Pkt. 9.7.2.3 der DIN 1988-200 mit Bezug zu Anlagen mit einem häufigen Wasserwechsel. Hier wird ebenso ausgesagt, dass „*die Einstellung der Reglertemperatur am Trinkwassererwärmer auf 60 °C vorzusehen ist. Wird im Betrieb ein Wasseraustausch in der Trinkwasser-Installation für Trinkwasser warm innerhalb von 3 d sichergestellt, können Betriebstemperaturen auf ≥ 50 °C eingestellt werden. Betriebstemperaturen < 50 °C sind zu vermeiden.* ***Der Betreiber ist im Rahmen der Inbetriebnahme und Einweisung über das eventuelle Gesundheitsrisiko (Legionellenvermehrung) zu informieren***.“

Beide Regelwerke greifen hier die bekannten mikrobiologischen Fakten auf, wonach bei Betriebstemperaturen ≤ 50 °C mit einem Legionellenwachstum zu rechnen ist.

Im Widerspruch zu den im Regelwerk nicht weiter begründeten Ausnahmen publizierte das Umweltbundesamt als oberste Fachbehörde bereits im Jahr 2018 seine „UBA-Mitteilung zu Vorkommen von Legionellen in dezentralen Trinkwassererwärmern“ v. 18. 12. 2018. Hier heißt es: „*Bislang wurden dezentrale Trinkwassererwärmer als sicher im Hinblick auf eine Legionellenkontamination angesehen. Neuere Erkenntnisse zeigen jedoch, dass es auch in dezentralen Trinkwassererwärmern und in den dahinterliegenden Leitungen zu einer Legionellenvermehrung kommen kann. Bei der Abklärung von Legionelleninfektionen sind auch dezentrale Trinkwassererwärmer in die Ursachensuche einzubeziehen.*“

Auch der Bundesgerichtshof – BGH hat in seinem Urteil Az. VII ZR 180/11 vom 11. 10. 2012 bereits sinngemäß die Aussage getroffen, dass die Gefahr einer mikrobiologischen Verkeimung in einer Trinkwasser-Installation ein dem Auftraggeber nicht zumutbares Risiko darstellt.

Nachdem die beiden einschlägigen technischen Regelwerke übereinstimmend die Aussage treffen, dass bei einer Betriebstemperatur ≤ 50 °C mit einem Legionellenwachstum zu rechnen ist, was nach höchstrichterlicher Rechtsprechung nicht zumutbar ist, sind die beiden normativen Ausnahmen zur Betriebsweise von dezentralen Durchfluss-Trinkwassererwärmern und Kleinspeichern hinsichtlich abgesenkter Temperaturen formal nicht anwendbar. Der Betrieb von dezentralen Durchlauferhitzern und Kleinspeichern mit Betriebstemperaturen ≤ 50 °C wird aus hygienischen Gründen nicht empfohlen. Auch dezentrale Trinkwassererwärmer sollten aus hygienischen Gründen (Schutz vor einer Legionellenbildung) mit Betriebstemperaturen ≥ 50 °C betrieben werden.

Aber auch kurzzeitige Überschreitungen der Kaltwasser-Temperatur können zu einer extrem hohen Legionellen-Kontamination mit Gesundheitsgefährdungen für die Nutzer und erheblichen Kosten für den Anlagenbetreiber führen. Deshalb müssen auch Trinkwasser-Installationen für Trinkwasser (kalt) so betrieben werden, dass unter Beachtung von Stagnationszeiten die Wassertemperaturen nicht in einen für die Legionellenvermehrung günstigen Temperaturbereich ansteigen.

Nach VDI 6023 Blatt 1 gilt als grundlegende Planungsanforderung, dass Trinkwasser (kalt) möglichst kalt sein muss, jedoch maximal 25 °C. Empfohlen wird gem. WHO („Legionella and the prevention of legionellosis“, World Health Organization 2007) jedoch eine Temperatur von max. 20 °C und auch in der Praxis hat sich gezeigt, dass bei Trinkwassertemperaturen unter 20 °C nur sehr selten Legionellen nachgewiesen werden (vgl. DVGW-Informationen Wasser Nr. 74 und Nr. 90).

Trinkwasser-Installationen müssen dazu so geplant und gebaut werden, dass sie von Wärmequellen thermisch entkoppelt sind. Wärmeübergänge auf das Kaltwasser sind durch die Rohrleitungsführung zu minimieren. Dazu dienen beispielsweise getrennte Schächte „kalt“ und „warm“ und eine ordnungsgemäße Rohrleitungsführung (z. B. warm über kalt) und Dämmung.

Bei Raumtemperaturen über 25 °C über einen ausgedehnten Zeitraum kann sich das Trinkwasser (kalt) aber auch trotz ordnungsgemäßer Dämmung und Leitungsführung auf mehr als 25 °C erwärmen. In solchen Fällen sind geeignete organisatorische oder bautechnische Maßnahmen zur Sicherstellung der Einhaltung der hygienischen Anforderungen zu ergreifen.

In vielen Trinkwasser-Installationen ist festzustellen, dass die Kaltwassertemperatur nach 1 Liter gemessen tatsächlich unter 25 °C liegt, in der Regel werden hier Temperaturen analog zur Umgebungstemperatur gemessen. Nach 3 Litern gemessen ist eine Temperatur von 25 °C oft überschritten und nach 5 Litern ist dann bereits ein oft deutlicher Anstieg der Temperatur zu verzeichnen. Dieses Phänomen begründet sich meist damit, dass die Steigleitungen für Zirkulation, Trinkwasser (warm) und (kalt) im gleichen Schacht verlegt wurden, nicht selten zusammen mit den Leitungen für Heizungsvor- und -rücklauf. Liegen diese Leitungen zu eng aneinander, möglicherweise auch noch ohne ausreichende Dämmung, findet die Aufwärmung des Trinkwassers (kalt) in der Steigleitung statt; ein sogenannter „Hotspot“ entsteht. Die Temperaturmessung nach 1 Liter erfasst dann das bereits wieder abgekühlte Wasser aus der Einzelanschlussleitung, die Temperaturmessung nach 3 Litern misst die Temperatur der Verteilleitung bzw. am Anfang der Einzelzuleitung am Strang und nach 5 Litern wird dann die deutlich erhöhte Temperatur aus der Steigleitung erfasst.

Durch die Erstellung eines Temperaturprofils an den endständigen Entnahmestellen zur Betriebskontrolle sowohl im Warmwasser als auch im Kaltwasser lassen sich also wesentliche Erkenntnisse gewinnen zu Mängeln in der Hydraulik und im hydraulischen Abgleich, zu unzulässigen Aufwärmungen im Kaltwasser aufgrund einer gemeinsamen Schachtverlegung von warmen und kalten Rohrleitungen in zu geringem Abstand oder mit unzureichender Dämmung usw.

Unzulässige Erwärmungen der Kaltwassertemperatur lassen sich baulich durchaus vermeiden, z. B. durch einen räumlichen Abstand zwischen warm- und kaltgehenden Leitungen im Schacht/in der Vorwand, durch ausreichende Dämmung oder durch einen bestimmungsgemäßen Betrieb mit häufigem Wasseraustausch.

Schutz des Trinkwassers

Die Gewährleistung einwandfreier Trinkwasserqualität ist ein zentrales Thema der Trinkwasserverordnung. § 17 Abs. 6 TrinkwV verbietet generell den Anschluss von Nicht-Trinkwassersystemen, Geräten oder Apparaten ohne eine jeweils individuell geeignete Sicherungseinrichtung zum Schutz des Trinkwassers an Trinkwasser-Installationen:

Verordnung über die Qualität von Wasser für den menschlichen Gebrauch (TrinkwV)

§ 17 Anforderungen an Anlagen für die Gewinnung, Aufbereitung oder Verteilung von Trinkwasser

(6) Wasserversorgungsanlagen, aus denen Trinkwasser abgegeben wird, dürfen nicht ohne eine den allgemein anerkannten Regeln der Technik entsprechende Sicherungseinrichtung mit Wasser führenden Apparaten verbunden werden, in denen sich Wasser befindet, das nicht für den menschlichen Gebrauch bestimmt ist.

Eine wesentliche Voraussetzung für den dauerhaft hygienisch einwandfreien Betrieb von Trinkwasser-Installationen ist daher der Schutz der Trinkwasserqualität gegen Verunreinigung durch Vermischung mit anderen Stoffen, Flüssigkeiten oder Bakterien. Niemals darf eine Trinkwasser-Installation unmittelbar und ohne eine geeignete Sicherungseinrichtung mit anderen Systemen oder Apparaten verbunden werden, in denen sich Nicht-Trinkwasser befindet. Dieser Anspruch gilt generell und bei jedem Anschluss an die Trinkwasser-Installation, d. h. sowohl für fest angeschlossene Kaffeevollautomaten als auch für den Heizungsfüllanschluss im Keller oder für den Anschluss von Feuerlösch- und Brandschutzanlagen. Insbesondere für den Anschluss von Viehtränken, z. B. in der Landwirtschaft, wurde vom DVGW eine eigene twin Nr. 13 verfasst und 2018 veröffentlicht.

Ohne geeignete Sicherungseinrichtung könnten nachteilige Rückwirkungen auf die Trinkwasserqualität nicht ausgeschlossen werden. Die Veränderungen des Trinkwassers können direkte oder indirekte Auswirkungen auf die Verbraucher haben, z. B. wenn Apparate mit Betriebs- oder Hilfsstoffen betrieben und an Trinkwasserleitungen angeschlossen oder in sie eingebaut sind, besteht die Möglichkeit, dass bei einem Schaden Stoffe aus diesen Apparaten in das Trinkwasser gelangen. Diese Stoffe können zu einer direkten Beeinträchtigung oder Gefährdung des Verbrauchers führen, wenn das Wasser nach dem Verlassen des Apparates noch als Trinkwasser genutzt wird (z. B. Trinkwassererwärmer). Aber auch wenn das verunreinigte Wasser nicht direkt als Trinkwasser genutzt wird, kann eine Beeinträchtigung oder Gefährdung des Verbrauchers auftreten.

Die DIN EN 1717 i. V. m. DIN 1988-100 ordnet entsprechend alle Flüssigkeiten europaweit in fünf Flüssigkeitskategorien ein, je nach Gefährdungsgrad für den Menschen:

Flüssigkeitskategorie 1: Wasser für den menschlichen Gebrauch, das direkt aus einer Trinkwasser-Installation entnommen wird. „Wasser für den menschlichen Gebrauch“ meint damit konkret Trinkwasser in den Grenzwerten und nach den Qualitätsanforderungen, die die Trinkwasserverordnung in den Paragraphen 5 bis 7a festlegt, und es muss so beschaffen sein, dass eine Schädigung der Gesundheit nicht zu besorgen ist. Es muss bekanntlich kühl, klar, rein und zum Genuss anregend sein.

Flüssigkeitskategorie 2: Flüssigkeit, die keine Gefährdung der menschlichen Gesundheit darstellt. Flüssigkeiten, die für den menschlichen Gebrauch geeignet sind, einschließlich Wasser aus einer Trinkwasser-Installation, das eine Veränderung in Geschmack, Geruch, Farbe oder Temperatur (Erwärmung oder Abkühlung) aufweisen kann. In dieser Kategorie findet sich erwärmtes Trinkwasser, alle flüssigen Lebensmittel und Getränke, wie z. B. Kaffee oder Bier, und auch Trinkwasser, das in seiner chemischen Zusammensetzung verändert wurde durch Desinfektion oder Enthärtung. Das gilt auch dann, wenn nach der Wasserbehandlung noch immer die Grenzwerte der Trinkwasserverordnung eingehalten werden.

Flüssigkeitskategorie 3: Flüssigkeit, die eine leichte Gesundheitsgefährdung für Menschen durch die Anwesenheit einer oder mehrerer weniger giftiger Stoffe darstellt. Die Flüssigkeitskategorie 3 wird in Fachkreisen gerne als „Diarrhö-Kategorie“ bezeichnet, da hier Flüssigkeiten definiert werden, die zwar zu einer leichten gesundheitlichen Beeinträchtigung führen können, bei denen jedoch keine konkrete Lebensgefahr besteht. Würde man beispielsweise ein Glas Wasser aus einem geschlossenen Heizungssystem ohne chemische Zusätze trinken oder aus einer häuslichen Badewanne nach der Benutzung, kann man vielleicht Magenschmerzen oder Durchfall bekommen, es besteht jedoch keine unmittelbare Lebensgefahr.

Flüssigkeitskategorie 4: Flüssigkeit, die eine erhebliche Gesundheitsgefährdung für Menschen darstellt durch die Anwesenheit eines oder mehrerer giftiger oder besonders giftiger Stoffe bzw. einer oder mehrerer radioaktiver, mutagener (erbgutbeeinträchtigender) oder kanzerogener (krebserregender) Substanzen. Flüssigkeitskategorie 4 fasste somit alle Flüssigkeiten zusammen, bei denen eine konkrete Lebensgefahr bei Kontakt oder Verschlucken möglich ist. Ein Heizungssystem, das mit chemischen Zusätzen zum Korrosionsschutz befüllt wurde beispielsweise, findet sich in dieser Kategorie wieder. Auch Kühlwasser aus einem Atomkraftwerk, Flüssigkeiten aus einem Chemiewerk oder selbst angeschlossene Hochdruckreiniger können schon unter Umständen lebensgefährliche Risiken beinhalten.

Flüssigkeitskategorie 5: Flüssigkeit, die eine erhebliche Gesundheitsgefährdung für Menschen durch die Anwesenheit von mikrobiellen oder viruellen Erregern übertragbarer Krankheiten darstellt. Flüssigkeitskategorie 5 stellt die höchste Risiko-Stufe dar. Besonders kritisch sind alle Anschlüsse von Trinkwasser an Flüssigkeiten mit möglichen fäkalen Verunreinigungen oder biologischen Ursprungs, z. B. Wasser aus der Körperreinigung, Schwimm- und Badebeckenwasser aus öffentlichen Anlagen mit häufigem Personenwechsel, bei Anschluss von Viehtränken oder wenn Verunreinigungen durch Speichel, Blut oder Gewebe aus medizinischen Einrichtungen denkbar sind. Diese Gefährdungen sind auch vielfältig anzutreffen bei Regenwassernutzungsanlagen durch Kot von Vögeln, in Kläranlagen oder bei Trinkwasserentnahmestellen in Schlachthöfen, medizinischen Einrichtungen oder Großküchen. Solche Anschlüsse und noch viele weitere bieten alle ein hohes Risikopotenzial für eine mikrobiologische Verunreinigung.

Der Schutz des Trinkwassers beginnt bereits am Hauswassereingang, an der Übergabestelle des Trinkwassers in die Hausinstallation. Gemäß § 12 der Verordnung über Allgemeine Bedingungen für die Versorgung mit Wasser (AVBWasserV) sind Anlage und Verbrauchseinrichtungen generell so zu betreiben, dass Störungen anderer Kunden, störende Rückwirkungen auf Einrichtungen des Wasserversorgungsunternehmens oder Dritter oder Rückwirkungen auf die Güte des Trinkwassers ausgeschlossen sind. Die DIN 1988 Teil 200 legt ergänzend hierzu fest: *„Trinkwasser-Installationen dürfen keine negativen Rückwirkungen auf die öffentliche Trinkwasserversorgung, z. B. in Form von Verunreinigungen oder Druckstößen, hervorrufen."* Unmittelbar hinter der Wasserzählanlage ist deswegen mindestens ein prüfbarer Rückflussverhinderer Familie E Typ A gem. DIN EN 1717 zu installieren.

DIN 1988-100 gibt seit 2011 Erläuterungen sowie Hinweise zur Anwendung der DIN EN 1717 in Deutschland. Außerdem bekommt der Anwender eine Liste mit Beispielen für die Auswahl von Sicherungseinrichtungen in Trinkwasser-Installationen für den häuslichen und nichthäuslichen Bereich.

Nach DIN EN 1717 werden alle Anschlüsse des Trinkwassers an andere Apparate oder Systeme, in denen sich Nicht-Trinkwasser befindet, als ständige Anschlüsse definiert. Der früher gebräuchliche „kurzzeitige Anschluss" nach alter DIN 1988-4 ist damit nicht mehr zulässig. Bei diesem durften Sicherungsarmaturen mit einem geringeren Absicherungsgrad verwendet werden, wenn der Anschluss nur für die Dauer eines Arbeitstages bestand und während dieser Zeit ständig kontrolliert wurde. Dabei muss man sich die Frage stellen, warum z. B. ein giftiges Wasser weniger gefährlich sein soll, wenn es mit der Trinkwasseranlage nicht länger als einen Arbeitstag verbunden ist. Zum

Beispiel der in diesem Zusammenhang oft und gerne dargestellte Füllschlauch an der Heizungsanlage mit dem Hintergrund der nach DIN 1988-4 zulässigen minderwertigeren Absicherung bei kurzzeitigem Anschluss hat seine Daseinsberechtigung in europäischen Kellern somit längst verloren. Da die Erfahrung u. a. gezeigt hat, dass in den meisten Fällen aus Bequemlichkeit dieser Füllschlauch regelwidrig ohnehin niemals entfernt wurde, definiert die DIN EN 1717 heute jede Verbindung einer Nicht-Trinkwasseranlage mit einem Trinkwasseranschluss als potenziell ständige Verbindung und fordert die entsprechende Sicherungseinrichtung gemäß der jeweils angeschlossenen Flüssigkeitskategorie. Im Falle einer Heizungsnachspeisung bedeutet das also Flüssigkeitskategorie 3 oder sogar 4, je nachdem, ob sich im Heizungswasser noch Additive und chemische Zusätze zur Korrosionsminderung o. Ä. befinden oder nicht. Als Sicherungsarmatur kann nach DIN EN 1717 hier nur ein Systemtrenner vom Typ CA oder BA zum Einsatz kommen. Ob hinter dem Systemtrenner der Anschluss starr ausgeführt wird oder flexibel über einen Schlauch, spielt dabei keine Rolle – wichtig ist lediglich die Absicherung.

Bestimmte Verwendungs- oder Umgebungsbedingungen können jedoch auch zu einer Veränderung der Flüssigkeitskategorie führen. Beispielsweise bei gelegentlichem Frischwassereintrag mit längeren Stagnationsphasen unter hohen Wärmelasten aus der Umgebung können sich für Mikroorganismen günstige Vermehrungsbedingungen einstellen, die eine mögliche Einordnung in Flüssigkeitskategorie 5 rechtfertigen würden.

Gleichzeitig stellt die TrinkwV wie bereits erwähnt unter Abs. 6 des § 17 die Anforderung, dass niemals, also auch nicht kurzzeitig oder in Ausnahmefällen, Trinkwasser-Installationen ohne eine jeweils nach den a.a.R.d.T. geeignete Sicherungseinrichtung mit Nicht-Trinkwasser verbunden werden darf. Hierfür kann auch kein Bestandsschutz geltend gemacht werden, da es sich bei dieser Verbindung um ein hygienisches Risiko handelt. Es muss heute eine nach den geltenden a.a.R.d.T. geeignete Sicherungseinrichtung vorhanden sein, es besteht bereits seit vielen Jahren eine Nachrüstpflicht.

Vielfach werden bei Ortsbesichtigungen in älteren Installationen noch die früher gebräuchlichen Rohrbe- und Entlüfter an der Trinkwasser-Installation vorgefunden. Diese Stagnationsstrecken zu entfernen, ist meistens damit verbunden, die Fliesen und Wände zu öffnen, um die Leitung am letzten durchströmten T-Stück zu entfernen und Stagnationswasser zu verhindern. Um diesem Aufwand zu entgehen, werden seit einiger Zeit automatisch spülende Rohrbelüfter am Markt angeboten, die für einen regelmäßigen Wasseraustausch in diesem Teilstück sorgen sollen.

Gegenüber den früheren technischen Regelwerken sind gemäß DIN 1988-100 heute jedoch Sammelsicherungen an Steigleitungen, bestehend aus Rückflussverhinderer und Rohrbelüfter Bauform D oder E, nicht mehr als Sicherungseinrichtungen vorgesehen, wodurch der Austausch eines Rohrbelüfters gegen einen anderen Rohrbelüfter keine technische Verbesserung hinsichtlich der Absicherung darstellt. Da nach DIN EN 1717 zudem eine Sammelsicherung auch nicht mehr zulässig ist, müssen trotz eines Spül-Rohrbelüfters sämtliche Entnahmestellen an diesem Strang konsequent als eigensichere Entnahmestellen ausgeführt werden.

Als wichtigen Hinweis ist übrigens der VDI/BTGA/ZVSHK 6023-2 zu entnehmen:

VDI/BTGA/ZVSHK 6023 Blatt 2 Hygiene in Trinkwasser-Installationen – Gefährdungsanalyse

Pkt. 5.6.9 Sicherungseinrichtungen

Wichtiger Hinweis

Da Sammelsicherungen nach DIN 1988-100 nicht mehr zulässig sind, bieten Rohrbelüfter mit Spüleinrichtung keinen vollwertigen Ersatz für den Rückbau von Stagnationsstrecken. Rohrbelüfter mit Spülfunktion dürfen lediglich zeitlich befristet zur Vermeidung von Stagnation bis zum Abschluss der notwendigen Sanierung eingesetzt werden.

Hinzu kommt noch, dass an solchen Spül-Rohrbelüftern regelmäßig durch den Nutzer die Batterien getauscht werden müssen und dass gewährleistet sein muss, dass der Ablauftrichter überhaupt noch in der Lage ist, das anfallende Spülwasser abführen zu können.

Vielfach wird auch argumentiert, dass man über die Spülfunktion des Rohrbelüfters einen „bestimmungsgemäßen Betrieb“ herstellen kann. Eine bestimmungsgemäße Nutzung setzt jedoch eine gewisse Strömung über den gesamten Querschnitt bis an die Rohrwandung voraus mit einer Mindest-Fließgeschwindigkeit, damit Biofilm an der Wandung der Leitungen gering gehalten wird. Über das Spül-Röhrchen können die Werte einer „Spülung“ nicht erreicht werden, es findet bestenfalls lediglich ein Austausch des Wasservolumens statt. Im Rohr befindlicher Biofilm wird hierbei nicht beeinflusst, vielmehr besteht die Besorgnis, dass durch den regelmäßigen Wasseraustausch mit geringen Strömungsbedingungen ständig Nährstoffe und Sauerstoff in die stagnierende Leitung transportiert wird, was ein Wachstum von Mikroorganismen in der Leitung eher begünstigen könnte.

Bild 12: Stagnierende Zuleitungen zu früher gebräuchlichen Rohrbe- und Entlüftern müssen rückstandfrei entfernt werden

Feuerlösch- und Brandschutzanlagen

Die Absicherung von Löschwasser wird zwischen den beiden beteiligten Interessengruppen (Brandschutz und Trinkwasserhygiene) kontrovers diskutiert. Einerseits fordern die Fachleute des vorbeugenden Brandschutzes, Wasser als wichtigstes Löschmittel ständig verfügbar zu haben, in möglichst passender Druckstufe und ausreichendem Volumen. Die Argumentation ist einleuchtend – Schutz von Leib und Leben der Bewohner. Andererseits fordern Trinkwasserhygieniker schlanke, kurze Installationen, keine Stagnation und kleine Querschnitte in den Rohrleitungen, um einen hygienischen Wasseraustausch zu gewährleisten. Auch hier ist die Argumentation schlüssig – Schutz der Gesundheit der Nutzer. Eine gesonderte Betrachtung ist daher bei Anschlüssen der Trinkwasser-Installation an Feuerlösch- und Brandschutzanlagen vorzunehmen.

Die Anwendungstabelle der DIN 1988-100 verweist hinsichtlich der Absicherung von Feuerlösch- und Brandschutzanlagen auf die DIN 1988-600, weil Feuerlösch- und Brandschutzanlagen im Gebäude ein hohes hygienisches Risiko darstellen, wenn sie unmittelbar mit der Trinkwasser-Installation verbunden sind.

Die DIN 1988 Teil 600 regelt bereits seit 2010 die Ausführung und den Anschluss von Trinkwasser-Installationen in Verbindung mit Feuerlösch- und Brandschutzanlagen. Das Wasser in Feuerlösch- und Brandschutzanlagen „nass“ ist bereits per Definition *Nicht-Trinkwasser* hinter der jeweiligen Löschwasserübergabestelle (LWÜ). Auch der grundlegende Begriff der Feuerlöschanlage „nass“ ist definiert als „eine vom Trinkwasser getrennte Leitung mit angeschlossenen Wandhydranten, die ständig mit Wasser gefüllt und jederzeit einsatzbereit ist“. Die Löschwasserübergabestelle beinhaltet auch die notwendige Sicherungseinrichtung zum Schutz des Trinkwassers. Eine unmittelbare Verbindung zwischen Trinkwasser und der Feuerlöschanlage stellt eine Gefahr für die Beschaffenheit des Trinkwassers dar und ist im Rahmen des bestimmungsgemäßen Betriebs abzutrennen. Für Löschwasseranlagen „nass“ mit Wandhydranten Typ F oder Typ S oder für Anlagen mit zusätzlicher Einspeisemöglichkeit von *Nicht-Trinkwasser* ist demnach zur hygienisch sicheren Trennung ein freier Auslauf zwingend erforderlich.

Die Hinweise und Vorgehensweise an eine ordnungsgemäße Instandhaltung als Voraussetzung für einen bestimmungsgemäßen Betrieb sind ein Kernthema der vorliegenden Richtlinie VDI 3810 Blatt 2/VDI 6023 Blatt 3 und werden in den nachfolgenden Kapiteln detailliert und umfangreich erläutert.

5.1 Planerische Voraussetzungen

5.1 Planerische Voraussetzungen

Eine Planung erfolgt auf der Grundlage der allgemein anerkannten Regeln der Technik, siehe auch VDI 3810 Blatt 1 und VDI/DVGW 6023. Grundlage jeder Fachplanung ist die Nutzung des Raums. Nach den allgemein anerkannten Regeln der Technik wird sie im Raumbuch (siehe Anhang A) beschrieben. Ein Beispiel für ein Raumbuch für die Trinkwasser-Installation ist im Anhang A wiedergegeben. Es ist nach der Abnahme vom Betreiber über den weiteren Lebenszyklus fortzuschreiben.

Ein hygienischer und wirtschaftlicher Betrieb komplexer Trinkwasser-Installationen kann mittels Gebäudeautomation (siehe Abschnitt 5.1.1) unterstützt werden und ist bereits im Rahmen der Planung zu berücksichtigen.

Alle relevanten Planungsdaten, Betriebsparameter und Prüfungen sind im Anlagenbuch über den Lebenszyklus der Trinkwasser-Installationen lückenlos zu dokumentieren. Die Beschreibung des festgelegten bestimmungsgemäßen Betriebs muss die erforderliche Instandhaltung berücksichtigen.

Zur Unterstützung des Betreibers ist das Zusammenspiel der Regelwerke und Verordnungen in einem Instandhaltungsplan nach Abschnitt 7.1 dieser Richtlinie und VDI/DVGW 6023 darzustellen, der die einzelnen Anforderungen zusammenführt. Nachweise über die durchgeführten Instandhaltungsmaßnahmen sind im Betriebsbuch zu dokumentieren.

Zusätzlich zu den Anforderungen nach VDI 6023 Blatt 1 werden auch in der Richtlinie VDI 3810 Blatt 2/VDI 6023 Blatt 3 planerische Voraussetzungen definiert, soweit sie Einfluss auf den späteren bestimmungsgemäßen Betrieb der Anlage haben. In erster Linie ist die Bedarfsermittlung im Rahmen der Planung bereits ein wesentlicher Schritt zu einer späteren, bestimmungsgemäßen Nutzung. Bei der Planung einer Trinkwasser-Installation geht es schließlich nicht nur um die Anzahl, Größe und Bauart von Entnahmearmaturen, sondern auch um die Ausführung des Systems, dessen Auslastung, geplante Redundanzen und um die Abbildung von Grund- und Spitzenlasten.

Für die Bedarfsermittlung wurde im Anhang A ein Muster-Formblatt erstellt, das bereits vor der eigentlichen technischen Planung hilft, die wesentlichen Informationen zusammenzustellen, die erst für die Planung selbst und später für den Betrieb wichtig sind. Das zukünftige Nutzerverhalten wird bereits an dieser Stelle abgefragt, um dann eine individuell bedarfsgerechte Installation konzipieren zu können. Auch vorhersehbare Betriebsunterbrechungen sind bereits zu diesem Zeitpunkt zu erfassen und dann planerisch zu berücksichtigen (z. B. durch automatisch selbstspülende Entnahmestellen oder durch die Erstellung eines anlagenspezifischen Spülplans auf Grundlage der jeweiligen Installationsabschnitte).

Zur Erfüllung der übertragenen Bauaufgabe hat der Planer in der Regel immer eine Grundlagenermittlung vorzunehmen. In diesem Zusammenhang hat der Fachplaner unter anderem den Auftraggeber oder Bauherren auf rechtliche Verpflichtungen (z. B. nach Landesbauordnung, TrinkwV usw.) hinzuweisen oder aber auf mögliche Gefährdungen durch angedachte Ausstattung oder Ausführungen, die aufgrund seiner fachlichen Ausbildung, seiner Kenntnisse und Erfahrungen sowie seiner Kenntnisse der einschlägigen Bestimmungen einschließlich der allgemein anerkannten Regeln der Technik erkennbar sind.

So hat ein Fachplaner beispielsweise im Rahmen der gewöhnlichen Sorgfalt auf mögliche Gefährdungen hinzuweisen, wenn durch den Bauherrn zu viele oder unnötige Entnahmestellen gewünscht und vorgesehen werden (Gefährdung aufgrund von Stagnation bei unzureichender Nutzung).

Vorsicht ist jedoch geboten, wenn man als Planer neuartige Systeme oder Produkte einsetzen möchte, deren Anwendung zwar bereits vermarktet wird, die jedoch noch nicht in die allgemein anerkannten Regeln der Technik aufgenommen wurden. Das OLG Hamm hat in seinem Urteil Az. 21 U 77/00 aus 2009 entschieden: *„Der Planer darf bei der Planung nur solche Werkstoffe vorsehen, bei denen er sicher sein kann, dass sie den zu stellenden Anforderungen genügen. Den Verstoß gegen diese technische Notwendigkeit haben die Beklagten im Sinne von § 635 BGB zu vertreten. Fahrlässigkeit ist auch dann zu bejahen, wenn es für die Ausführung eines Werkes noch keine anerkannten Regeln der Technik gibt und eine Ungewissheit über die Risiken des Gebrauchs eines Werkstoffes besteht.“* Das bedeutet, Planer müssen grundsätzlich über die neuesten a.a.R.d.T. informiert sein und den Auftraggeber darauf hinweisen, ansonsten macht sich der Planer gem. § 635 BGB schadenersatzpflichtig.

Das Raumbuch ist die Grundlage für die Planung einer Trinkwasser-Installation und wird von allen Beteiligten gemeinsam erarbeitet und fortgeführt. Die Grundlage des Raumbuchs im Sinne einer Auflistung und baulichen Beschreibung der einzelnen Räume wird in der Regel durch den Objektplaner/Architekten mit dem Bauherrn erstellt. Auf dieser Basis kann die Ermittlung der Grundlagen dann durch den Planer gemeinsam mit dem Bauherrn stattfinden. Der Auftraggeber hat im Rahmen des Werkvertrags nach § 642 BGB eine Mitwirkungspflicht.

Damit der Planer also in die Lage versetzt wird, eine zweckentsprechende Planungsleistung zu erbringen im Sinne einer Trinkwasser-Installation, die bestimmungsgemäß betrieben werden kann, ist es Sache des Auftraggebers oder des Bauherrn, ein Raumbuch zu erstellen, das den Anforderungen genügt.

Im Raumbuch sind nach VDI 6023 insbesondere festzulegen:

- Entnahmestellen nach Art, Nutzungshäufigkeit, Ort und Anzahl
- Anforderungen an die Rohrleitungsführung einschließlich erforderlicher Probenahmestellen und Löschwasserübergabestellen
- Schutz des Trinkwassers nach DIN EN 1717 und DIN 1988-100 (insbesondere keine unmittelbare Verbindung zwischen Trinkwasser- und Nichttrinkwasser-Installationen)
- Instandhaltungsmaßnahmen (Inspektion, Wartung, Instandsetzung, techn. Verbesserung)
- Einhaltung sowie regelmäßige Prüfung und Dokumentation der Temperaturgrenzen:
  - Trinkwasser, kalt: möglichst kalt, maximal 25 °C
  - Trinkwasser, warm: nach DVGW W 551

- erforderliche Qualifikation des Betreibers zur Wahrnehmung seiner Verantwortung

Zu den planerischen Voraussetzungen zum späteren Betrieb gehört in der heutigen Zeit auch, dass man sich bereits bei der Konzeption der Anlage Gedanken macht, in wie weit Aspekte der Gebäudeautomation einen späteren Betrieb unterstützen können. Hierzu zählen die Möglichkeiten der kontinuierlichen Temperaturüberwachung im Warm- und Kaltwasser bzw. Zirkulation, die temperaturabhängige Ansteuerung von Zirkulations- und Speicherladepumpen zur Temperaturhaltung im zirkulierenden System der Trinkwassererwärmung, die Überwachung von Volumenströmen und Verbrauchsmengen zur Vermeidung von Stagnationsbereichen durch die bedarfsgerechte Ansteuerung von Spüleinrichtungen usw. Soweit jeweils verhältnismäßig können solche Systeme dem Betreiber wesentliche Hilfestellungen geben, sowohl hinsichtlich des Betriebs an sich als auch hinsichtlich der erforderlichen Dokumentation, wenn die aufgenommenen Daten abgespeichert und protokolliert werden können (Dokumentationspflicht).

Mit zunehmender Anlagenkomplexität wachsen die Anforderungen an die Dokumentation. Die Unterlagen sammeln sich über den gesamten Lebenszyklus der Trinkwasser-Installation an, da die Erstellung des Anlagenbuches spätestens zum Zeitpunkt der Inbetriebnahme erfolgen und über den gesamten Lebenszyklus der Anlage weitergeführt werden soll.

Das Betriebsbuch ist hierzu ein wichtiger Teil des Anlagenbuchs. Im nachfolgend beschriebenen Betriebsbuch werden alle Störungen, durchgeführten Maßnahmen sowie Messwerte, Analyseergebnisse und Beobachtungen chronologisch ab dem Zeitpunkt der Inbetriebnahme der Trinkwasser-Installation dokumentiert. Konkrete Anforderungen an die vorzuhaltende Dokumentation finden sich sowohl im Anhang B der VDI/BTGA/ZVSHK 6023 Blatt 2 als auch ausführlich unter dem nachfolgenden Pkt. 5.1.2.

Auch alle weiteren Ereignisse, die die Trinkwasserqualität beeinflussen können, sind im Anlagen- und Betriebsbuch zu dokumentieren und auf Verlangen dem Gesundheitsamt vorzulegen:

Verordnung über die Qualität von Wasser für den menschlichen Gebrauch (TrinkwV)

§ 13 Anzeigepflichten

(3) Der Unternehmer und der sonstige Inhaber einer Wasserversorgungsanlage nach § 3 Nummer 2 haben auf Verlangen dem Gesundheitsamt folgende Unterlagen vorzulegen:

1. technische Pläne einer bestehenden oder geplanten Wasserversorgungsanlage;

2. bei einer baulichen oder betriebstechnischen Änderung technische Pläne nur für den Teil der Anlage, der von der Änderung betroffen ist;

Bei Fehlen oder Unvollständigkeit der geforderten Unterlagen müssen diese vom Auftraggeber beschafft, erstellt oder in Auftrag gegeben werden. In welchem Genauigkeitsgrad dies erfolgen muss, ist von der zu untersuchenden Trinkwasser-Installation abhängig und bedarf einer spezifischen Betrachtung durch einen Sachverständigen.

Ohne ein Raumbuch mit dem zur Planung erforderlichen Nutzungskonzept und ohne die grundlegenden Planungsunterlagen, aktuellen Installationspläne und -schemata ist eine ordnungsgemäße Nutzung im Rahmen des bestimmungsgemäßen Betriebs nicht möglich oder zumindest wesentlich erschwert. Eine Trinkwasser-Installation ist ständig wie bei der Planung zu Grunde gelegt zu betreiben und ein von der ursprünglichen Planung ggf. abweichender, nicht bestimmungsgemäßer Betrieb beinhaltet unmittelbar ein Risiko auf nachteilige Veränderungen der Trinkwasserqualität durch Stagnation, Aufwärmung im PWC oder Auskühlung im PWH, die ggf. durch Spülmaßnahmen (simulierte Entnahme) kompensiert werden müssen. Werden Nutzer bzw. Haustechniker zudem nicht nachweislich eingewiesen (z. B. nach VDI 6023 Kat. C), Entnahmestellen nicht wie bei der Planung und Dimensionierung der Leitungen ursprünglich zu Grunde gelegt betrieben, ist ein bestimmungsgemäßer Betrieb der Anlage kaum möglich.

5.1.1 Gebäudeautomation

5.1.1 Gebäudeautomation

Ein hygienischer und wirtschaftlicher Betrieb komplexer Trinkwasser-Installationen kann mittels Gebäudeautomation unterstützt werden.

Die GA ist gegebenenfalls bereits im Rahmen der Planung zu berücksichtigen. Im Zuge der Instandhaltung (siehe VDI/GEFMA 3810 Blatt 5) müssen alle in die Gebäudeautomation eingebundenen Aktoren und Sensoren auf ihre einwandfreie Funktion hin überprüft werden. Software zur Regelung der Aktoren muss auf Plausibilität hin geprüft und regelmäßig aktualisiert werden.

Die Gebäudeautomation ist an Nutzungsänderungen anzupassen. Bei einem technischen Anlagenmonitoring ist sinngemäß zu verfahren, siehe VDI 6041.

Die heutigen Möglichkeiten der Gebäudeautomation werden oftmals zur energetischen Optimierung und Effizienzsteigerung gebäudetechnischer Anlagen eingesetzt. Wie bereits in den vorherigen Abschnitten dargestellt, finden sich solche Systeme in der Regel zur Überwachung von Betriebsparametern (Temperatur, Volumenstrom, Druck) und zur bedarfsgerechten Ansteuerung von sogenannten Aktoren, d. h. Pumpen und Ventilen.

Um einen ausreichenden Wasseraustausch in Leitungssystemen zu unterstützen, können beispielsweise selbstspülende Armaturen oder Spüleinrichtungen gruppenweise aktiviert werden in Abhängigkeit der Kaltwassertemperatur oder nach Ablauf einer bestimmten Zeit, in der kein ausreichender Wasseraustausch im jeweiligen Abschnitt stattgefunden hat.

Die einfachste Form einer solchen Gebäudeautomation besteht in automatisch selbstspülenden Armaturen oder Spüleinrichtungen, die nach Ablauf einer bestimmten Frist oder einer festgelegten Zeit ohne Betätigung für eine vorher eingestellte Zeit öffnen, um Stagnationswasser auslaufen zu lassen, die Rückspülung von Filtern am Hauswassereingang kann automatisiert über einen festen Zeitintervall oder differenzdruckabhängig angesteuert werden und auch temperaturgesteuerte Zirkulationspumpen gehören in diese Sparte.

Die zeitlich beschränkte Ansteuerung von Zirkulationspumpen, die sich mit Hilfe von Sensoren selbsttätig auf das Nutzerverhalten einstellen und erkennen, wann üblicherweise warmes Wasser entnommen wird, und auf Basis der erkannten Zeitmuster selbsttätig ihr Ein-/Ausschaltverhalten steuern, sind aus hygienischen Gründen nicht sinnvoll. Wie bereits ausgeführt, wird in der aktuellen DVGW-Information Wasser Nr. 90 in Kap. 2 ein Dauerbetrieb der Zirkulationspumpen empfohlen, da nur dann sichergestellt ist, dass in der Trinkwasser-Installation für Trinkwasser (warm) legionellenbegrenzende Temperaturen eingehalten werden.

Zwischenzeitlich sind auch Systeme am Markt erhältlich, die einen hydraulischen Abgleich in Zirkulationssystemen über eine kontinuierliche Temperaturerfassung an jedem Strang und die Ansteuerung von elektrischen Regelventilen realisieren. Über eine intelligente Steuerung, die mit elektrischen Regulierventilen kontinuierlich für ausreichende Volumenströme und gleiche Temperaturen in allen Leitungen der Trinkwasseranlage sorgt, kann nach Angabe der Hersteller ein hydraulischer Abgleich automatisiert, überwacht und dokumentiert werden.

Solche Systeme der Gebäudeautomation können einen wesentlichen Einfluss auf die Trinkwasserhygiene haben, daher muss im Rahmen der Instandhaltung (Inspektion ist ein Bestandteil der Instandhaltung, vgl. Pkt. 7) u. a. geprüft werden, ob die angezeigten Messwerte plausibel sind, ob die jeweils ausgelösten Aktionen (Öffnen von Spüleinrichtungen, Ansteuerung von Pumpen usw.) sinnvoll und ausreichend sind und ob solche Aktoren generell funktionstüchtig sind (Instandhaltung, Überwachung). Bei einem unbemerkten Ausfall automatisierter Systeme zur Unterstützung der Trinkwasserhygiene oder bei fehlerhafter Sensorik können ansonsten nachteilige Veränderungen der Trinkwasserqualität entstehen, die eventuell ebenso unbemerkt bleiben.

Falsche Messwerte einer Gebäudeautomation können zudem dazu führen, dass Mängel nicht bemerkt werden. Die Temperatur einer Trinkwassererwärmungsanlage kann im Rahmen der kontinuierlichen Überwachung einer Gebäudeautomation nur durch funktionierende Sensoren korrekt überwacht werden. Fehlende oder falsche Temperaturanzeigen führen zu fehlerhaften Annahmen über den Zustand der Anlage sowie zu einer falschen Einschätzung der hygienischen Risiken.

5.1.2 Anlagenbuch

5.1.2 Anlagenbuch

Mit zunehmender Anlagenkomplexität wachsen die Anforderungen an die Dokumentation. Die Unterlagen sammeln sich über den gesamten Lebenszyklus der Trinkwasser-Installation an. Die Erstellung des Anlagenbuchs erfolgt spätestens zum Zeitpunkt der Inbetriebnahme. Unter anderem sind alle **allgemeinen Informationen, Planungsunterlagen, Inbetriebnahmedokumente** und **Herstellerunterlagen** der Trinkwasser-Installationen lückenlos zu dokumentieren.

Das **Betriebsbuch** ist ein wichtiger Teil des Anlagenbuchs. Im Betriebsbuch werden alle Störungen, durchgeführten Maßnahmen sowie Messwerte, Analyseergebnisse und Beobachtungen chronologisch ab dem Zeitpunkt der Inbetriebnahme der Trinkwasser-Installation dokumentiert.

Bild 1 zeigt einen beispielhaften Aufbau des Anlagenbuchs sowie den Prozess zu seiner Erstellung. Die Inhalte der einzelnen Prozessschritte werden wie folgt beschrieben:

Allgemeine Informationen sollen Grunddaten der Trinkwasser-Installation enthalten. Unter anderem sollten hier mindestens Informationen zum Eigentümer, Betreiber, Planer, Anlagenerrichter mit Firmensitz und gegebenenfalls beteiligte Monteure aufgeführt werden.

Des Weiteren sind Daten zum Objekt und zur Trinkwasser-Installation zu nennen. Hierzu zählen z. B. Objektart, Standort, Anzahl der Wohneinheiten, zentrale oder dezentrale Trinkwassererwärmung.

Die Planungsunterlagen beginnen mit dem fortgeschriebenen Raumbuch der Trinkwasser-Installation, das die Grundlage der Planung darstellt. Hier finden sich zudem alle erforderlichen Grundinformationen, z. B. Versorgungsdruck, Wasserqualität sowie Rohrnetzberechnung, Auslegung von Speichern, Apparaten und weiteren technischen Bauteilen und die daraus resultierenden Schemata, Grundrisse und ausgewählten Werkstoffe, die ebenfalls fortzuschreiben sind. Alte Bestandsunterlagen sollten aufgrund der Nachvollziehbarkeit Teil des Anlagenbuchs bleiben. Ebenfalls zählt hierzu eine detaillierte Instandhaltungsplanung, die zum Zeitpunkt der Inbetriebnahme, auf die tatsächlich ausgeführten Gegebenheiten der Anlage angepasst werden muss, gleiches gilt für Probenahmepläne.

Inbetriebnahmedokumente sind alle Unterlagen, die während der Inbetriebnahme erstellt und übergeben werden. Bereits vor der Befüllung der Trinkwasser-Installation ist die Hygiene-Erstinspektion durchzuführen und zu dokumentieren. Im Anschluss werden z.B. die Druckprobenprotokolle, Spülprotokolle und die Ergebnisse der Erstbeprobung, Übergabe- und Einweisungsprotokolle dem Anlagenbuch hinzugefügt.

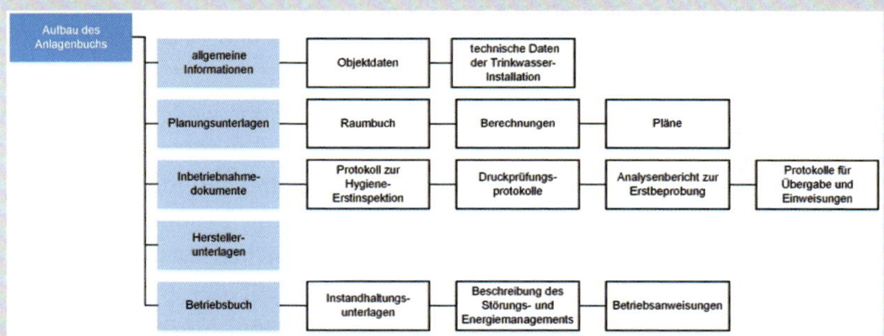

Bild 1. Beispielhafter Aufbau eines Anlagenbuchs

Abnahmeprotokolle und eventuelle Mängellisten sowie deren Beseitigungsprotokolle sind ebenfalls im Anlagenbuch abzulegen.

Alle Herstellerunterlagen, z.B. Produktbeschreibungen, Einbau- und Betriebsanweisungen, Instandhaltungsinformationen, Sicherheitsdatenblätter verwendeter Aufbereitungsstoffe, sind dem Anlagenbuch beizugeben.

Das Betriebsbuch als Teil des Anlagenbuchs umfasst den Instandhaltungsplan sowie die Dokumentation von Vorkommnissen während des Betriebsablaufs, z.B. Störungen und Maßnahmen zu deren Behebung. Allgemeine Betriebsdaten (z.B. Wasserverbräuche, Verbrauchsmengen von Aufbereitungsstoffen, erfasste Temperaturen) sowie Ergebnisse von behördlich angeordneten Prüfungen sind zu vermerken. Entsprechende Berichte aus einer Gebäudeautomation (siehe VDI 3814) oder einem technischen Monitoring (siehe VDI 6041) können den Betreiber bei dieser Aufgabe unterstützen. Analysenergebnisse der regelmäßigen Trinkwasseruntersuchungen sind ebenfalls dem Betriebsbuch hinzuzufügen.

Anlagenspezifische Anweisungen für vorhersehbare Betriebsunterbrechungen, Außerbetriebnahmen und Wiederinbetriebnahmen sowie Anweisungen für das Vorgehen z. B. bei Hochwasser geben wichtige Hinweise im Bedarfsfall. Hier empfehlen sich nicht nur die Aufbewahrung im Anlagenbuch, sondern auch Hinweisschilder an wichtigen Punkten der Trinkwasser-Installation.

Etwaige Gefährdungsanalysen (siehe auch VDI/BTGA/ZVSHK 6023 Blatt 2) sowie Schriftverkehr mit Behörden sind dem Betriebsbuch beizulegen.

Die Grundlage einer Planung für die Neuerrichtung oder wesentliche Sanierung einer Trinkwasser-Installation ist das mit dem Bauherrn abgestimmte und detaillierte Raumbuch, einschließlich Nutzungsbeschreibung und vollständigem Konzept der Trinkwasser-Installation unter besonderer Berücksichtigung der Bedarfsermittlung. Es enthält schriftlich festgehalten die Nutzungsbeschreibungen der einzelnen Räume (Anzahl der Nutzer, übliche Nutzungszeiten, vorhersehbare Betriebsunterbrechungen) sowie den Umfang einer vorgesehenen technischen Gebäudeausrüstung.

Auch nach DIN 1988-200 Pkt. 3.8.1 ist mindestens für Gebäude mit besonderer Nutzung (Gebäude mit gewerblicher Nutzung, Krankenhäuser, Seniorenwohnheime, Kindergärten und Schulen) ein Raumbuch zu erstellen, das eine Nutzungsbeschreibung und eine Konzeption für die Trinkwasser-Installation enthalten muss und DVGW W 551 (A) definiert unter Pkt. 5.7, dass für Wartungs-, Änderungs- und Sanierungsmaßnahmen sowie Kontrollen eine Dokumentation des Systems in Form von Bestandsplänen erforderlich ist.

Beim Betreiben von Gebäuden ist das Raumbuch ebenso ein Verwaltungshilfsmittel (z. B. Flächen, Ausstattung, Bausubstanz). Es empfiehlt sich daher, auch in Bestandsgebäuden ein Raumbuch nachträglich durch eine fachkompetente Stelle erstellen zu lassen und im Anlagenbuch jeweils aktualisiert vorzuhalten. Das Anlagenbuch mit Raum- und Betriebsbuch sollte für Trinkwasser-Installationen nach den aktuellen Vorgaben der VDI 3810 Blatt 2/VDI 6023 Blatt 3 erstellt werden.

Das Anlagenbuch umfasst neben dem Raumbuch, dem Betriebsbuch und der Instandhaltungsplanung die vollständige Dokumentation aller relevanten Planungsdaten, Betriebsparameter und Prüfungen der Anlage. Die Anforderungen hierfür finden sich in der VDI 6023 Blatt 1, der VDI 3810 Blatt 2/VDI 6023 Blatt 3 sowie der DIN 1988-200 Pkt. 3.8.

Zu den Inhalten des Anlagenbuchs gehören nach den a.a.R.d.T. in der Regel:

Allgemeine Angaben, Planungsgrundlagen

- Raumbuch
- Wasseranalyse des Versorgers
- Planungs- und Berechnungsgrundlagen aller Komponenten der Trinkwasser-Installation (einschließlich korrosionschemischer Beurteilung der ausgewählten Werkstoffe usw.)
- vollständige Anlagenbeschreibung und -daten
- aktuelle Revisionspläne und Rohrleitungsschemata
- Wartungs- und Bedienungsanleitungen (gegebenenfalls Produktdatenblätter) angeschlossener Apparate und Einrichtungen

Inbetriebnahme-Dokumente

- Protokoll der Hygiene-Erstinspektion
- Untersuchungsergebnisse des Füllwassers vor der Erstbefüllung
- Protokolle über die Druckprüfung
- Protokolle über die Befüllung, Spülung und Erstinbetriebnahme
- Untersuchungsergebnisse der allgemeinen mikrobiologischen Beprobung zur Inbetriebnahme
- Nachweise über den bestimmungsgemäßen Betrieb (ggf. Probebetrieb) bis zur Abnahme/Übergabe
- Übergabeprotokoll mit Dokumentation der Einweisung des Betreibers (Einweisung nach VDI-Richtlinienreihe 6023 Kat. C)

Als wichtiger Teil des Anlagenbuchs umfasst das Betriebsbuch wesentliche Vorkommnisse des Betriebsablaufs wie z. B. die Dokumentation von Störungen und Maßnahmen zu deren Behebung. Kennzeichnende Betriebsdaten sowie Wiederholung von behördlich angeordneten Prüfungen sind hier ebenfalls zu vermerken.

Betriebsbuch

- Instandhaltungs- bzw. Hygieneplan
- Betriebsanleitung der Trinkwasser-Installation
- Einbau- und Bedienungsanleitungen verwendeter Apparate, Bauteile und Geräte einschließlich der jeweiligen Garantie- und Gewährleistungsbedingungen

- Sicherheitsdatenblätter evtl. eingesetzter chemischer Zusatzstoffe zur Trinkwasserbehandlung
- Dokumentation über die Auswahl der Probenahmestellen mit Nachweis der Sachkunde desjenigen, der die Festlegung getroffen hat und Darstellung dieser Stellen in den Revisionsplänen, jeweils im Grundriss und im Schema
- Nachweise über die regelmäßigen Instandhaltungsmaßnahmen
- Protokolle über etwaige Spül- und Reinigungsmaßnahmen
- Protokolle über etwaige Desinfektionsmaßnahmen
- Dokumentation über evtl. Reparaturarbeiten
- Ergebnisse bisheriger und fortlaufender Trinkwasseruntersuchungen
- ggf. Dokumentation der Verbrauchsmengen, Konzentrationen und Reaktionsprodukte eingesetzter Desinfektions- oder Aufbereitungsstoffe
- ggf. Protokolle einer kontinuierlichen Datenaufzeichung der Gebäudeautomation
- ggf. Nachweise über wiederkehrende Spülmaßnahmen zur Simulation des bestimmungsgemäßen Betriebs (z. B. bei Leerstand, Betriebsunterbrechung oder unzureichender Nutzung).

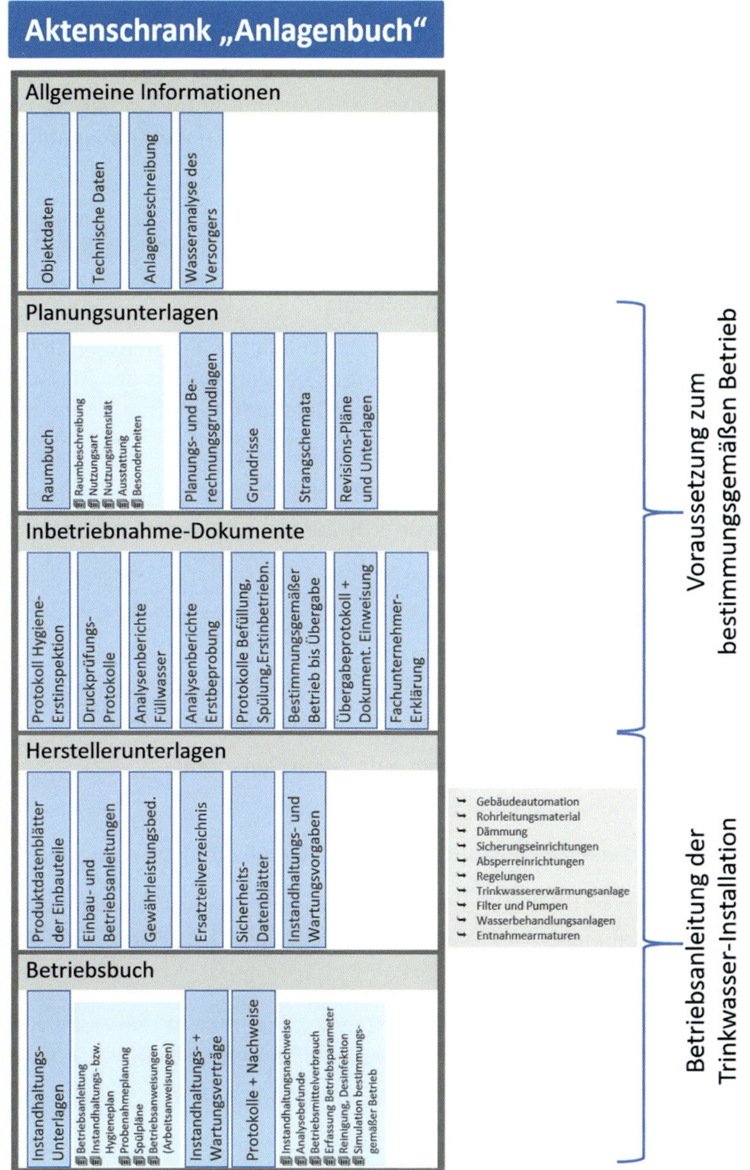

Bild 13: Der „Aktenschrank Anlagenbuch" beinhaltet die wesentlichen Planungs-, Inbetriebnahme- und Betreiberdokumente (Alexandra Bürschgens)

Seit 2018 sind gem. § 650n BGB Abs. 2 spätestens mit der Fertigstellung des Werks durch den Auftragnehmer diejenigen Unterlagen zu erstellen und dem Verbraucher herauszugeben, die dieser benötigt, um gegenüber Behörden den Nachweis führen zu können, dass die Leistung unter Einhaltung der einschlägigen öffentlich-rechtlichen Vorschriften (z. B. TrinkwV) ausgeführt worden ist.

5.1.3 Schadensverhütung und -minderung

5.1.3 Schadensverhütung und -minderung

Auch in neu erstellten Gebäuden können Schäden an Rohrleitungssystemen auftreten, weshalb es angezeigt ist, bereits bei der Planung der Trinkwasser-Installationen entsprechende Vorsorgemaßnahmen zu treffen.

Je nach Installations- und Gebäudeverhältnissen stehen hierfür insbesondere folgende Möglichkeiten zur Verfügung:

- insbesondere Frostschutz (siehe VDI 2069) und Schutz vor Überflutung (VDI 6004 Blatt 1)
- Planung und Installation von
  - Bodenabläufen
  - Wasserwannen (gegebenenfalls mit Sensoren) unterhalb wasserführender Systeme (z. B. Warmwasserspeicher im Dachgeschoss)
  - Doppelrohrsysteme (gegebenenfalls mit Sensoren)
  - Leckagesensoren mit Alarmaufschaltung
  - Leckagesensoren mit automatischen Schließventilen
  - zusätzlichen Absperreinrichtungen

Weitere Maßnahmen:

- Umverlegen von Leitungen
- Lagern von wasserempfindlichen Gegenständen nicht unterhalb wasserführender Leitungen, nicht unmittelbar auf dem Fußboden
- Ausarbeiten von Plänen und konkreten Maßnahmen, z. B.
  - Wie ist im Schadenfall zu verfahren?
  - Wer ist im Schadenfall zu kontaktieren? (z. B. Schadendienstleister wie Leckageorter oder Trocknungsfirmen)

Ist bereits ein Schaden eingetreten, muss geklärt werden, ob weitere Schäden zu befürchten sind. Die Ermittlung der Schadenursache stellt eine Grundlage zur nachhaltigen Schadensbehebung und -verhütung und damit zur Instandhaltung dar. Aufgrund einer festgestellten Schadenursache können gegebenenfalls spezifische Maßnahmen getroffen werden, um weitere Schäden zu verhüten oder zu vermindern (VDI 3822, DVGW W 558).

Individuelle Maßnahmen sind situationsbedingt, diese können beispielsweise sein:

- Maßnahmen, die unter den Begriff „Instandhaltung" fallen und in dieser Richtlinie beschrieben sind,
- Wasserbehandlungsmaßnahmen (wenn sich beispielsweise die Wasserzusammensetzung seit Erstellung verändert hat)

Anmerkung: Weitergehende Hinweise zur Schadenverhütung und -minderung werden von Versicherern und Schadendienstleistern zur Verfügung gestellt.

Im Lebenszyklus eines Gebäudes kann es immer wieder und an den unterschiedlichsten Stellen bzw. aufgrund verschiedenster Ereignisse zu Schadensfällen kommen. Um im Havariefall den Schaden so gering wie möglich zu halten, formuliert die Richtlinie VDI 3810 Blatt 2/VDI 6023 Blatt 3 mögliche Maßnahmen, um vorhersehbare Schäden bzw. deren Folgen von vorne herein zu mindern und abzuschwächen.

Die Schadensminderungspflicht (oder genauer: die Schadensminderungs*obliegenheit*) bezeichnet im Schadenersatzrecht die Pflicht des Geschädigten, den Schaden abzuwenden oder so gering wie möglich zu halten.

Auch wenn ein Betreiber im Schadensfall, z. B. bei einem Rohrbruch aufgrund eines Frostschadens, nichts für das Schadensereignis kann, hätte er ggf. dafür sorgen müssen, dass die Schadensfolgen so gering wie möglich sind. Die rechtliche Grundlage hierfür ist § 254 BGB, wonach einem UsI bereits eine Mitschuld an einem Schaden zugesprochen werden kann, wenn er es versäumt hat, verhältnismäßige Maßnahmen gegen vorhersehbare oder denkbare Schäden zu ergreifen (z. B. Gewährleistung einer Mindesttemperatur gegen Frostschäden).

Beispiel: Werden wertvolle Gemälde im Keller unterhalb der Rückstauebene gelagert, ist das Risiko eines Schadens bei einer Überschwemmung des Kellers (z. B. bei Verstopfung der Abwasserleitung, Rohrbruch, Rückstau bei Starkregen usw.) durchaus nicht abwegig, weshalb die Gemälde vorsorglich nicht direkt auf dem Boden abgestellt werden sollten.

Auch die Schadensminderung ist ein Bestandteil des bestimmungsgemäßen Betriebs. Bereits im Rahmen der Planung und wiederkehrend im Lebenszyklus des Gebäudes sollte man Überlegungen anstellen, welche konkreten Gefährdungen bestehen und wie man die möglichen Folgen aus denkbaren Gefährdungen möglichst gering halten kann.

5.1.3.1 Leckage

5.1.3.1 Leckage

Schäden an der Trinkwasser-Installation sind nicht zu befürchten, wenn Planung, Installation und Betrieb gemäß den allgemein anerkannten Regeln der Technik durchgeführt werden.

Werden Instandhaltungspflichten vernachlässigt, besteht ein erhöhtes Risiko

- des Eintritts von Schäden mit Folgeschäden am gesamten Gebäude sowie dem Gebäudeinhalt durch bestimmungswidrig ausgetretenes Wasser oder
- von nachteiligen Veränderungen der Trinkwasserbeschaffenheit.

In diesen Fällen müssen umgehend Instandsetzungsmaßnahmen umgesetzt werden.

Bis zur Wiederherstellung des bestimmungsgemäßen Betriebs können Verbesserungsmaßnahmen erforderlich werden,

- die mögliche weitere Schäden im Ausmaß mindern,
- zur Aufrechterhaltung des Betriebs oder
- zur Verminderung der Dauer einer Betriebsunterbrechung und damit
- zur Betriebssicherheit beitragen.

Trinkwasser-Installationen erfahren oftmals erst Aufmerksamkeit, wenn etwas nicht mehr so ist wie gewohnt, d.h. wenn kein Wasser mehr kommt an Stellen, an denen eigentlich Wasser ankommen sollte, oder wenn Wasser an Stellen austritt, an denen ein Wasseraustritt nicht vorgesehen ist. Natürlich darf man als Betreiber einer Trinkwasser-Installation davon ausgehen, dass es nicht zu einem Schaden kommt, wenn alles Mögliche und Zumutbare unternommen (und dokumentiert) wurde und alle Anforderungen nach den allgemein anerkannten Regeln der Technik eingehalten sind.

Umgekehrt gilt zudem: Werden die Anforderungen der technischen Regelwerke nicht eingehalten, können Schäden regelmäßig nicht ausgeschlossen werden. Bei Leckagen in einem Trinkwassersystem, die durch einen Rohrbruch oder an Schwachstellen der Verbindungstechniken entstehen, kann unbemerkt über Stunden oder Tage Wasser in die Räume austreten. Besonders Versorgungsleitungen in Technikräumen, in Kellerräumen ohne Bodenablauf, Installationen in Dachzentralen oder Schachtinstallationen sind Bereiche, die besonders geschützt werden sollten.

Bild 14: Schäden wären nicht zu befürchten, wenn eine korrekt geplante und errichtete Trinkwasser-Installation bestimmungsgemäß genutzt und instandgehalten würde

Diese Schadensfolgen können dann sowohl nachteilige Veränderungen der Trinkwasserqualität nach sich ziehen als auch Schäden am Gebäude bzw. der Gebäudesubstanz durch den Austritt von Wasser.

Um den Schaden dann möglichst gering zu halten, ist die Ursache umgehend zu beseitigen, damit die Installation wieder ihrer gewohnten Transportfunktion genügen kann. Entsprechende Instandsetzungsmaßnahmen sind dann umgehend durchzuführen, um den Wasseraustritt in das Gebäude zu minimieren und den bestimmungsgemäßen Betrieb weiterführen zu können.

Sind größere Schäden zu beseitigen oder ist die Mangelbeseitigung mit langfristigem Aufwand verbunden, sollten Maßnahmen ergriffen werden, um die Installation zumindest in Teilbereichen weiter nutzen zu können (teilweise Außerbetriebnahme von Installationsabschnitten), oder es kann ggf. auch die Installation einer zeitlich befristeten Ersatz-Installation vorgenommen werden. Hierbei ist zu beachten, dass auch eine zeitweise Wasserverteilung im Havariefall (z.B. über Schlauchleitungen) den Anforderungen der Trinkwasserverordnung und den allgemein anerkannten Regeln der Technik entsprechen muss, da es sich hierbei dann um eine Wasserversorgungsanlage nach § 3 Nr. 2 Buchstabe f) handelt.

5.1.3.2 Hochwasser

5.1.3.2 Hochwasser

Hinweise zum Schutz von Trinkwasser-Installationen vor Hochwasser sind unter anderem der Richtlinie VDI 6004 Blatt 1 zu entnehmen. Die Landesministerien für Umwelt stellen auf ihren Internetseiten Ratgeber für die Verhinderung von Schäden durch Hochwasser bereit.

Grundsätzlich soll die Bauweise des Gebäudes und der Trinkwasser-Installationen der Hochwassergefahr angepasst sein. Durch das Bereitstellen von Hochwassernotfallplänen (z.B. Alarm- oder Einsatzpläne) kann durch entsprechendes Handeln vor, während und nach dem Hochwasser das Gefahrenpotenzial minimiert werden.

Das Hochwasser kann die Trinkwasser-Installationen und die Qualität des Trinkwassers nachteilig verändern, daher sind in hochwassergefährdeten Gebieten besondere Maßnahmen zum Schutz der Trinkwasser-Installationen zu treffen.

Bereits bei der Planung der Trinkwasser-Installationen können Vorsorgemaßnahmen, z.B. Anpassung der Bauweise und Ausrüstung von baulichen Anlagen entsprechend des Hochwasserschutzes definiert werden.

Empfohlen werden:

- präventiver Schutz des Gebäudes, z.B. durch abdichtbare Fenster und Türen
- wassergefährdende Betriebsmittel (z.B. zur Wasserbehandlung) so lagern, dass eine Gefährdung der Umwelt ausgeschlossen werden kann
- Trinkwasser-Installationen nach Verhaltensplänen außer Betrieb nehmen
- Stromzufuhr unterbrechen

- Die Installation eines Pumpensumpfs erlaubt schnelles Abpumpen des vorhandenen Schmutzwassers. Bei größeren Gebäuden wird empfohlen, eine Pumpe fest zu installieren. Für kleine Gebäude oder Räume genügt in der Regel eine mobile Tauchpumpe (Stromversorgung beachten).

Neben materiellen Schäden drohen im Falle eines Hochwassers mit Überflutung der Trinkwasser-Installation gesundheitliche Risiken, da verkeimtes Schmutzwasser über die Versorgungsleitung oder zum Beispiel über Sicherungsarmaturen mit der Trinkwasser-Installation in Berührung gekommen sein könnte.

Grundsätzlich sind Bauteile der Trinkwasser-Installation, die über eine Öffnung zur Atmosphäre verfügen, wie z. B. Sicherheitsventile, rückspülbare Filter, Rohr- und Systemtrenner oder Wasserbehandlungsanlagen, oberhalb der Rückstaueben bzw. so anzuordnen, dass sie nicht überflutet werden können. Auch eine Sicherheits-Hebeanlage kann hier entsprechenden Schutz bieten.

Trinkwasser-Installationen in hochwassergefährdeten Gebieten kennen zudem auch gezielte Maßnahmenpläne, um bei einer drohenden Überflutung im Katastrophenfall die Trinkwasser-Installation im Gebäude gezielt und planmäßig außer Betrieb nehmen zu können, da ein solcher Katastrophenfall regional durchaus zu den vorhersehbaren Risiken zählt (Schadenminderungspflicht).

5.2 Ausführung

5.2 Ausführung

Der bestimmungsgemäße Betrieb basiert auf ordnungsgemäßer Ausführung nach den allgemein anerkannten Regeln der Technik, insbesondere VDI/DVGW 6023, Normen in der Reihe DIN EN 806 in Verbindung mit DIN EN 1717, Normen in der Reihe DIN 1988 und DVGW W 551. Ausführung und Instandhaltung müssen durch ein eingetragenes Installationsunternehmen nach § 12 AVBWasserV erfolgen.

Die Trinkwasser-Installation ist nach DIN EN 806-2 so zu planen und auch zu errichten, dass u. a.:

a) Wasserverschwendung, übermäßiger Gebrauch, Missbrauch und Trinkwasserverunreinigung vermieden werden;

b) übermäßige Fließgeschwindigkeiten, geringe Entnahmearmaturendurchflüsse und stagnierendes Wasser vermieden werden;

c) an allen Entnahmestellen die Gebrauchstauglichkeit unter Berücksichtigung des Druckes, der Entnahmearmaturendurchflüsse, der Wassertemperatur und der Nutzung des Gebäudes ermöglicht wird;

d) Lufteinschlüsse während des Füllvorganges oder des Betriebes vermieden werden;

e) weder Gefahr oder Unannehmlichkeiten für Personen und Haustiere noch eine Gefährdung des Gebäudes oder seines Inhaltes gegeben ist;

f) Schaden (z.B. Steinbildung, Korrosion und Degradation) vermieden wird und die Trinkwasserqualität nicht durch örtliche Umgebungseinflüsse beeinträchtigt oder gefährdet wird;

g) Zugang und Wartung der Apparate ermöglicht wird;

h) Querverbindungen vermieden und

i) die Entstehung von Schall gering gehalten wird.

Voraussetzung für die Einhaltung der Hygieneanforderungen der TrinkwV ist grundsätzlich ein hygienisch einwandfreier Zustand aller Komponenten der Trinkwasser-Installation. Die Verantwortung hierfür liegt gleichermaßen bei den Herstellern, beim Großhandel und dem Anlagenerrichter, denn auch auf Baustellen sind die gelieferten oder bereits verarbeiteten Bauteile gegen Verschmutzungen zu schützen.

Bild 14: Verpackung; Bauteile, Fitting usw. können auch auf Baustellen problemlos gegen Verunreinigungen geschützt werden durch geeignete Aufbewahrungsboxen oder Verpackungen (Foto: Robert Kutzleb)

5.3 Inbetriebnahme

5.3 Inbetriebnahme

Eine Voraussetzung zur Befüllung einer Trinkwasser-Installation ist die Hygiene-Erstinspektion nach VDI/DVGW 6023.

Sie ist vom Auftraggeber zur Überprüfung des einwandfreien Zustands der Trinkwasser-Installation zu beauftragen und nach der trockenen Druckprüfung, vor der Verdeckung (gegebenenfalls abschnittsweise) und der Befüllung durch einen vom Installationsunternehmen unabhängigen Sachverständigen durchzuführen.

Der Hygiene-Erstinspektion folgen Befüllung, Spülung und Erstbeprobung nach VDI/DVGW 6023. Mit der Befüllung muss der bestimmungsgemäße Betrieb aufgenommen und dauerhaft fortgeführt werden, siehe auch Bild 2.

Über die Inbetriebnahme ist ein Protokoll anzufertigen.

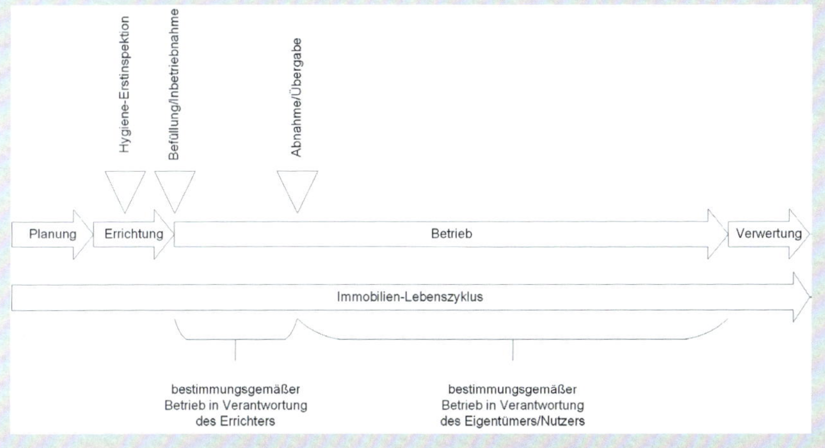

Bild 2: Verantwortung für den bestimmungsgemäßen Betrieb im Lebenszyklus der Anlage

Der Prozess der Inbetriebnahme ist das Bindeglied zwischen Planung/Ausführung und Betrieb. Nach erfolgter Inbetriebnahme mit der Erstbefüllung der Installation gelten die Anforderungen an den bestimmungsgemäßen Betrieb einer Trinkwasser-Installation.

Der Prozess einer ordnungsgemäßen Inbetriebnahme nach Abschluss der Installation erfordert verschiedene Schritte und beginnt mit der Druckprüfung der Installation.

Druckprüfung

Grundsätzlich müssen Installationen innerhalb von Gebäuden nach erfolgter Leitungs-Installation gemäß DIN EN 806 Teil 4 einer Druckprüfung unterzogen werden. Dies kann entweder mit Wasser erfolgen oder, sofern nationale Bestimmungen dies fordern, sollen ölfreie, saubere Luft mit geringem Druck oder Inertgase (z.B. Stickstoff) verwendet werden. Eine vollständige Aufzeichnung der Einzelheiten der Prüfung (vollständige schematische Darstellung des Prüfablaufs) muss erstellt und aufbewahrt werden. Diese Dokumente gehören zu den Unterlagen, die dem Auftraggeber spätestens zur Abnahme zu übergeben sind.

Die europäische DIN EN 806 Teil 4 lässt beide Möglichkeiten der Druckprüfung zu, die Drückprüfung kann demnach entweder mit Wasser erfolgen oder es kann ölfreie, saubere Luft mit geringem Druck bzw. es können Inertgase (z.B. Stickstoff) verwendet werden. Nach DIN EN 806-4 sind insbesondere bei der Druckprüfung mit Wasser verschiedene Varianten in Abhängigkeit der unterschiedlichen Werkstoffeigenschaften vorgesehen, die aber sehr umständlich und für den deutschen Anwenderkreis nicht handhabbar sind. Dennoch wurde damals von nationaler Seite auf das Recht verzichtet, insbesondere zum Thema „Druckprüfung“ eine nationale Restnorm zu erstellen. Die europaweit einheitliche Grundlagennormung der DIN EN 806 wurde in Deutschland mitunter durch weitere nationale Bestimmungen und Regelwerke ergänzt sowie insbesondere hinsichtlich der hygienischen Anforderungen verschärft, denn was beispielsweise in Spanien als ausreichend erachtet wird, muss für deutsche Verhältnisse nicht ebenso zielführend sein. So ist hinsichtlich der Hygiene in Trinkwasser-Installationen grundsätzlich die Richtlinie VDI 6023 zu Grunde zu legen. Neben der verbindlichen Empfehlung des Umweltbundesamts zur Gefährdungsanalyse verweist auch die nationale Ergänzungsnorm DIN 1988 im Teil 200 darauf, dass für hygienische Aspekte die VDI 6023 Blatt 1 gilt.

Die VDI 6023 Blatt 1 definiert entsprechend hierzu, dass die Prüfung auf Dichtheit nach Verlegung der Trinkwasserleitungen mit trockener, ölfreier Druckluft oder inerten Gasen (Stickstoff) nach Maßgabe der Merkblätter

- BTGA-Regel 5.001 und
- ZVSHK-Merkblatt „Dichtheitsprüfungen von Trinkwasser-Installationen mit Druckluft, Inertgas oder Wasser“

zu erfolgen hat.

Eine Dichtheitsprüfung mit Wasser muss mit einwandfreier Trinkwasserqualität erfolgen; sie ist nur zulässig, wenn der Wasseraustausch entsprechend dem bestimmungsgemäßen Betrieb spätestens 72 Stunden nach der

Dichtheitsprüfung beginnt. Denn irgendwann kommt der Zeitpunkt, dass eine neu installierte Trinkwasser-Installation aus an sich perfekten Werkstoffen und Armaturen mit hoffentlich einwandfreiem Trinkwasser gefüllt wird. Damit es nicht gleich nach der Inbetriebnahme zu Problemen durch stagnierendes Wasser kommt, sollten Anlagen bis unmittelbar vor der Nutzung trocken gehalten werden. Es kommt hinzu, dass eine Druckprüfung vor der Verdeckung von Leitungen stattfinden muss. Bei einer trockenen Druckprüfung steht der Installateur dann auch auf der sicheren Seite. Prüft er jedoch nass und die weiteren Ausbauarbeiten im Gebäude ziehen sich abschnittsweise über mehrere Wochen oder Monate hin, sodass eine Inbetriebnahme später erfolgt, steht ein Hygieneproblem an, dem er sich dann stellen muss. Es spricht letztlich alles für eine trockene Druckprüfung, wie die Fachleute übereinstimmend feststellten.

Auch der Planer, der die Materialauswahl für ein Objekt trifft, ist in das Thema einbezogen. So muss er im Vorfeld eine korrosionschemische Bewertung der Materialien für die Trinkwasser-Installation durchführen. Dabei hat er die DIN EN 12502 zum Korrosionsschutz zu berücksichtigen, die ebenfalls von einer trockenen Druckprüfung ausgeht.

Es kann auch nicht Ziel sein, eine neue Trinkwasser-Installation mit Desinfektionsmaßnahmen behandeln zu müssen, da es das Trinkwasser an sich erst einmal nicht nötig hat. Das unterstreicht auch die Trinkwasserverordnung mit einem Minimierungsgebot. Daher muss es oberstes Ziel einer neuen Trinkwasser-Installation sein, etwaige Maßnahmen zu vermeiden. Zudem soll eine neue Trinkwasser-Installation gemäß DIN EN 806-4 auch gar nicht desinfiziert werden, es sei denn, es ist im Einzelfall durch den einen Sachverständigen vorgegeben.

Eine Druckprüfung muss also vor der Verdeckung von Leitungen stattfinden. Bei einer trockenen Druckprüfung steht der Installateur dann auch auf der sicheren Seite. Prüft er jedoch nass und die weiteren Ausbauarbeiten im Gebäude ziehen sich abschnittsweise über mehrere Wochen oder Monate hin, besteht ein Hygieneproblem, dem sich der verantwortliche Installateur dann stellen muss. Denn ist die Installation in diesem Fall bereits zur Übergabe mikrobiologisch belastet, ist das Werk zumindest mangelhaft. Sanierungsmaßnahmen sind schnell sehr aufwändig und gehen oft über eine Reinigung und Desinfektion der Leitungen hinaus. In manchen Fällen ist das Werk dann sogar gänzlich unbrauchbar.

Die DIN EN 12502-1 [14] trifft normativ die Aussage, dass nach einer Dichtheitsprüfung mit Wasser Systeme manchmal wieder entleert werden, wobei örtlich Restwasser in den Leitungen unter Bildung von 3-Phasen-Grenzen (Metall/Wasser/Luft) verbleibt. Dieser Effekt kann einen starken Korrosionsangriff im

Bereich der Wasserlinie auslösen. Auch Systeme, die als vollständig entleert angesehen werden, können noch Restwasser in Ringspalten von Pressfitting-Systemen sowie kleinere Wasserpfützen in horizontalen Leitungsabschnitten und auf waagerecht angeordneten Oberflachen aufweisen.

Eine Befüllung und anschließend vollständige Entleerung einer befüllten Trinkwasser-Installation wird daher in Fachkreisen als unmöglich angesehen und ist aus korrosionschemischen sowie aus mikrobiologischen Gründen unbedingt zu vermeiden.

Bild 15: Detail Wasseraustritt aus einem (für Trinkwasser ungeeigneten) KFE-Hahn der Trinkwasser-Installation nach vermeintlich vollständiger Entleerung des Systems

Stagnationsbedingte Veränderungen in Geruch, Geschmack oder Farbe des Wassers sind in der Regel nicht gesundheitsschädlich. Gesundheitsgefahren können jedoch auftreten, wenn das stagnierende Wasser durch Korrosion oder Migration mit Bestandteilen der umgebenden Werkstoffe so stark verunreinigt wird, dass Vergiftungen möglich sind (zum Beispiel Schwermetallaufnahme aus metallenen Rohrleitungen oder Form- und Verbindungsstücken).

Die Stagnationsbedingungen des Restwassers in teilbefüllten Leitungen ermöglichen zudem die Vermehrung pathogener Mikroorganismen sowie eine verstärkte Biofilmbildung (zum Beispiel *Pseudomonas aeruginosa*).

Der dann fehlende Wasseraustausch, eine Temperaturangleichung an die Umgebungstemperatur, eine große sauerstoffberührte Oberfläche bei Teilentleerung und ein hohes Nährstoffangebot durch z. B. Verunreinigungen im Füllwasser oder durch im Laufe der Errichtung eingetragenen Staub und Schmutz bei einer mangelhaften oder gar gänzlich unterlassenen Spülung im Rahmen der Befüllung und Inbetriebnahme unterstützen ebenfalls die Bildung von Biofilm und die Vermehrung von pathogenen Mikroorganismen in den neu installierten Leitungen.

Hygiene-Erstinspektion

Nach der trockenen Druckprüfung sollte die fertige Installation geprüft werden, bevor das erste Mal Wasser eingefüllt und die Leitungen durch Putz oder Estrich verdeckt werden. Eine systemorientierte Begutachtung sollte in jeder Anlage bereits vor der Befüllung der Trinkwasser-Installation durchgeführt werden. Schließlich hat jeder Installateur, der eine Trinkwasser-Installation neu errichtet oder wesentlich geändert hat, einen Anspruch auf die Ergebnisse einer Hygiene-Erstinspektion nach VDI 6023 Blatt 1 im Rahmen der Abnahme:

VDI/DVGW 6023 Hygiene in Trinkwasser-Installationen – Anforderungen an Planung, Ausführung, Betrieb und Instandhaltung

6 Planung, Montage und Inbetriebnahme

6.9.2 Hygiene-Erstinspektion

Die Einhaltung der im Abschnitt 6 aufgelisteten Anforderungen muss vor der Befüllung der Trinkwasser-Installation geprüft werden. Diese Prüfung darf nur von fachkundigen Personen mit hygienisch/technischer Zusatzqualifikation durchgeführt werden. Diese Zusatzqualifikation kann insbesondere durch eine bestandene Prüfung nach VDI/DVGW 6023, Kategorie A, nachgewiesen werden. Dieser Nachweis darf nicht älter als fünf Jahre sein.

Um die Einhaltung der Anforderungen nach Punkt 6 der bisherigen VDI/DVGW 6023 (Planung, Montage und Inbetriebnahme) vor der Befüllung und vor der Verdeckung von Leitungsanlagen prüfen zu können, muss die Hygiene-Erstinspektion mindestens die nachfolgenden Punkte umfassen:

- Prüfung der erforderlichen Unterlagen auf Vollständigkeit, einschließlich Betriebsanweisungen, Instandhaltungsplan oder Hygieneplan

- Prüfung der Trinkwasser-Installation auf Einhaltung der Anforderungen des Raumbuchs und der Anforderungen nach Punkt 6 der VDI/DVGW 6023 bzw. der allgemein anerkannten Regeln der Technik
- Prüfung von Anschlüssen zu Feuerlöschleitungen und anderen Nichttrinkwasser-Installationen/Apparaten auf Zulässigkeit und geeignete Sicherungseinrichtungen zum Schutz des Trinkwassers.

Im Rahmen der Hygiene-Erstinspektion festgestellte Mängel müssen vor dem Befüllen der Trinkwasser-Installation behoben werden; die vorhandenen Unterlagen sind entsprechend zu aktualisieren. Der wesentliche Vorteil der Hygiene-Erstinspektion ist dabei auch, dass eventuelle Mängel zu diesem Zeitpunkt, solange noch kein Wasser in den Leitungen war und die Leitungen noch offen und erreichbar sind, mit verhältnismäßig geringem Aufwand beseitigt werden können.

Im Rahmen der Übertragung von Aufgaben ist es unter anderem die Aufgabe des Auftraggebers, die ordnungsgemäße Ausführung der Arbeiten zu überwachen. Auch hat der Auftraggeber bekanntlich eine Schadensminderungspflicht, d. h., er kann nicht eine erkennbar mangelhafte oder fehlerhafte Ausführung der Arbeiten „sehenden Auges" zulassen, um dann am Ende erst einen Mangel im Rahmen der Abnahme zu rügen. Zum Zeitpunkt der werkvertraglichen Abnahme wäre die Mangelbeseitigung dann wesentlich erschwert, weil die Leitungen bereits mit Wasser gefüllt und baulich verdeckt wurden. Eine Beseitigung eines Mangels zu diesem Zeitpunkt wäre nur noch durch eine zerstörende Bauteilöffnung von Wänden, Böden oder Decken möglich.

Auch wenn ein Auftraggeber im Schadensfall, z. B. durch eine unsachgemäß verlegte Leitung, nichts für das Schadensereignis an sich kann, hätte er doch ggf. dafür sorgen müssen, dass die Schadensfolgen so gering wie möglich sind. Die rechtliche Grundlage hierfür ist § 254 BGB, wonach einem UsI bereits eine Mitschuld an einem Schaden zugesprochen werden kann, wenn er es versäumt hat, verhältnismäßige Maßnahmen gegen vorhersehbare oder denkbare Schäden zu ergreifen (z. B. Inspektion des Leitungssystems vor der Verdeckung und Befüllung).

Um eine solche Situation und ggf. einen vermeidbaren Mehraufwand durch Folgeschäden bei der Schadensbeseitigung zu verhindern, sollte die Überprüfung der Installation zu einem Zeitpunkt erfolgen, zu dem der Anlagenerrichter noch angemessen reagieren kann, also der Zeitpunkt, an dem bei entsprechender Prüfung ein Mangel der Vorgaben etc. zu erkennen war oder hätte verhindert werden können.

Die Hygiene-Erstinspektion ist eine Aufgabe des Auftraggebers, allerdings sind wohl die wenigsten Bauherren in der Lage, selbst zu beurteilen, ob die Anforderungen z. B. der trockenen Dichtheitsprüfung oder der Werkstoff-, Hilfsstoff- und Produktauswahl fach- und sachgerecht eingehalten wurden. Es versteht sich von selbst, dass der ausführende Fachbetrieb keine Hygiene-Erstinspektion an der gerade selbst errichteten Anlage durchführen kann.

Diese Inspektion mit Prüfung auf Einhaltung der allgemein anerkannten Regeln der Technik, insbesondere natürlich Punkt 6 der bisherigen VDI/DVGW 6023, ist die Aufgabe eines hygienisch/technisch kompetenten und unbefangenen Fachmanns im Sinne einer (Teil-)Abnahmeprüfung als beauftragter Vertreter des Bauherrn. Der Sachverständige muss dazu auch unabhängig vom Anlagenerrichter sein (Unabhängigkeit und Unbefangenheit), d. h., auch die Beauftragung des Sachverständigen muss durch den Auftraggeber erfolgen und kann nicht im Rahmen einer Ausschreibungsposition auf den Anlagenerrichter abgewälzt werden.

Die Anforderungen an den Gutachter bei einer Hygiene-Erstinspektion sind die gleichen wie die Anforderungen an Sachverständige zur Gefährdungsanalyse (*zumindest einschlägiges Studium (Versorgungstechnik m. Schwerpunkt Sanitär, Umwelt- und Hygienetechnik ...) oder eine dem entsprechende Berufsausbildung (Meister SHK, Techniker HKLS) und fortlaufende spezielle berufsbegleitende Fortbildungen zu Hygiene in Trinkwasser-Installationen, z. B. Fortbildung nach VDI 6023 Zertifikat, Kategorie A*), allerdings darf in diesem Fall der Nachweis der erfolgreichen Schulung und Prüfung nach VDI 6023 Kat. A nicht älter sein als 5 Jahre, um zu gewährleisten, dass der jeweilige Fachmann auch nach der aktuellsten Ausgabe der VDI-Richtlinienreihe 6023 geschult und geprüft wurde.

Die Hygiene-Erstinspektion hat für den ausführenden Fachhandwerker einen wesentlichen Vorteil, da diese Inspektion als Teil-Abnahme verstanden werden kann und eventuelle nachträgliche Mängelansprüche so nicht mehr vorkommen können bzw. ggf. die Beweislast dann beim Auftraggeber liegt.

Inbetriebsetzung

Die Hausanschlussleitung wird gewöhnlich sehr früh im Bauprozess verlegt und dient während der Bauzeit als Bauwasseranschluss. Der Hausanschluss zum Bezug von Bauwasser muss beim Wasserversorgungsunternehmen vor Beginn der Bauarbeiten beauftragt werden. Er muss so betrieben und nach DIN EN 1717 umfassend abgesichert werden, dass die Beschaffenheit des Trinkwassers nicht beeinträchtigt oder gefährdet wird.

Oftmals wird die Bauwasserleitung jedoch bereits nach dem späteren Spitzenvolumenstrom Trinkwasser im erwarteten und geplanten bestimmungsgemäßen Betrieb der Liegenschaft dimensioniert. Soll der Bauwasseranschluss für die künftige Wasserversorgung des Gebäudes weiter benutzt werden, muss dies rechtzeitig mit dem Wasserversorgungsunternehmen abgestimmt werden. Dies gilt insbesondere für die Dimensionierung und Werkstoffauswahl der Anschlussleitung.

Während der Bauphase bis zum Normalbetrieb des Gebäudes vergehen jedoch üblicherweise Monate, nicht selten sogar Jahre. Während der Bauphase wird die groß ausgelegte Hausanschlussleitung allerdings nicht so genutzt, wie bei der Planung zu Grunde gelegt, die Bauwasserentnahme ist in der Regel weit geringer als der geplante Volumenstrom im späteren Betrieb des Gebäudes, was über einen langen Zeitraum zu Stagnationsbedingungen in einer neu verlegten Leitung führt. Nachteilige, mikrobiologische Veränderungen der Trinkwasserqualität in der Hausanschlussleitung sind vielfach vorprogrammiert.

Die Inbetriebsetzung einer Hausanschlussleitung umfasst die vorbereitenden Maßnahmen des Wasserversorgers und des Anlagenerrichters zur späteren Inbetriebnahme der Trinkwasser-Installation.

Zur Inbetriebsetzung der Kundenanlage vor der Inbetriebnahme der Hausinstallation gehört auch, dass der Hausanschluss vor der Erstbefüllung zumindest gespült wird. Zum Nachweis einwandfreier Trinkwasserqualität am Hausanschluss sollte vor der Erstbefüllung der neu errichteten Trinkwasser-Installation zunächst das Füllwasser am Hausanschluss beprobt und mikrobiologisch untersucht werden. Insbesondere in Gebäuden mit medizinischen Einrichtungen ist zu beachten, dass bereits im Füllwasser *Pseudomonas aeruginosa* in 100 ml nicht nachweisbar sind (< 1 KBE/100 ml).

Sind die Untersuchungsbefunde negativ und die Trinkwasserqualität am Hausanschluss einwandfrei, kann die Installation befüllt werden. Sind jedoch die Analysebefunde mikrobiologisch auffällig, ist es nicht zu empfehlen, die neue Installation mit Wasser zweifelhafter Qualität zu befüllen, um spätere hygienische Probleme zu vermeiden. In diesen Fällen muss der Hausanschluss zunächst durch Reinigungs- und ggf. Desinfektionsmaßnahmen saniert werden, bevor die Trinkwasser-Installation befüllt werden kann.

Eine Inbetriebsetzung kann z. B. folgende Aktivitäten an der Anlage beinhalten:

- Verlegung der Hausanschlussleitung nach den a.a.R.d.T.,
- Spülung und ggf. Desinfektion der Hausanschlussleitung vor der Erstbefüllung der neu errichteten Trinkwasser-Installation,

- mikrobiologische Beprobung und Analyse des Trinkwassers aus der Hausanschlussleitung, zum Nachweis hygienisch einwandfreier Beschaffenheit des Füllwassers unmittelbar vor der Erstbefüllung.

Das Befüllen von Trinkwasser-Installationen darf nur über einen ordnungsgemäß hergestellten und ausreichend gespülten Hausanschluss durch geeignete Trinkwasserleitungen mit einwandfreiem Trinkwasser erfolgen, das die Anforderungen der TrinkwV erfüllt.

Gem. DIN 1988-200 Pkt. 11.3 besteht der ordnungsgemäße Hausanschluss, über den die Anlage befüllt werden soll, – in Fließrichtung gesehen – aus:

- Absperrarmatur (ggf. Hauptabsperreinrichtung),
- Wasserzähleinrichtung,
- ggf. längenveränderliches Ein- und Ausbaustück,
- Absperrarmatur,
- prüfbarer Rückflussverhinderer Typ EA gem. DIN EN 1717 [6],
- Filter gem. DIN EN 13443-1 [11],
- ggf. Druckminderer.

DIN 1988-200 definiert weiter in Pkt. 12.3.1: *„Eine Trinkwasserbehandlung, wie mechanische Filterung, schützt gegen partikelinduzierte Lochkorrosion."* Mechanische Filter gem. DIN EN 13443-1 am Hauswassereingang sind bei allen Leitungswerkstoffen erforderlich (vgl. DIN 1988-200 [7] Pkt. 12.3.3). Die Trinkwasser-Installation darf dementsprechend und auch gem. DIN EN 806-4 nur mit Trinkwasser befüllt werden, das keine Partikel ≥ 150 µm (z. B. entfernt mit mechanisch wirkenden Filtern nach DIN EN 13443-1) enthält.

Inbetriebnahme

Eine Erstbefüllung der Trinkwasser-Installation mit einwandfreiem Trinkwasser ist erst dann zulässig, wenn der bestimmungsgemäße Betrieb spätestens 72 Stunden nach dem Befüllen beginnt (Inbetriebnahme). Die Erstbefüllung ist damit gleichzeitig die Inbetriebnahme der Installation.

Um Verunreinigungen, Staub und Installationsrückstände austragen zu können, muss die Installation zur Inbetriebnahme gespült werden. Schmutzpartikel und Ablagerungen können bei stagnierendem Wasser zur Ausbildung von örtlichen Korrosionselementen führen. Zur Inbetriebnahme eines Wasserverteilungs- und -speichersystems gehört daher gem. DIN EN 12502-1 die Reinigung durch intensive Spülung nach DVGW W 557 (A). Der Zweck der Spülung ist es, Fremdstoffe wie Sand und Schmutz, die bei der Ausführung der Installationsarbeiten in die Rohrleitung gelangen können, sowie überschüssiges Fluss- oder Schmiermittel zu entfernen.

Befüllung und Spülung der Trinkwasser-Installation sind zu protokollieren.

Das Spülen der Trinkwasser-Installation zum Austrag von Installations- und Fertigungsrückständen sollte im direkten Anschluss an die Erstbefüllung (bzw. unmittelbar nach einer Druckprüfung mit Trinkwasser) erfolgen. Kalt- und Warmwasserleitungen einschließlich Zirkulation sollten dabei separat gespült werden. Eine Spülung mit Trinkwasser sollte nach DVGW W 557 (A) mit Wasser oder als Wasser/Luft-Spülung erfolgen.

In diese Spülmaßnahme sind alle Entnahmestellen und sonstige Anschlüsse der Trinkwasser-Installation einzubeziehen. Empfindliche Bauteile wie Armaturen, Filter und Apparate sind vor dem Spülen durch geeignete Passstücke zu ersetzen, um diese vor Partikeln und Feststoffen zu schützen, welche bei dem Spülvorgang gelöst werden. Trinkwassererwärmer sollten jedoch nicht in den Spülvorgang eingeschlossen werden, da es ansonsten zum Eintrag von Fremd- und Schmutzpartikeln kommen kann. Um den Speicher zu umgehen und dennoch die PWH- und PWH-C-Leitungen spülen zu können, müssen Kalt- und Warmwasserleitungen unmittelbar verbunden werden.

Die Reihenfolge der zu spülenden Entnahmestellen und sonstigen Anschlüsse ist so zu wählen, dass Verunreinigungen auf möglichst kurzem Wege ausgespült werden. Filter, die in Fließrichtung vor Armaturen oder Apparaten eingebaut werden, sollten entfernt oder müssen nach dem Spülen rückgespült bzw. ersetzt werden und es müssen Maßnahmen zum Schutz empfindlicher Armaturen und Einrichtungen (z. B. WC-Druckspüler, thermostatische Mischer, Strangregulierventile usw.) gegen Fremdkörper getroffen werden, die während der Installation eingetragen wurden. Zur Erhöhung des Durchflusses und um ein Verstopfen während der Spülmaßnahme zu verhindern, sind eingebaute Strahlregler, Durchflussregler oder auch Brauseköpfe zu entfernen.

Hygiene-Erstuntersuchung des Trinkwassers

Zum Nachweis, dass sauber gearbeitet wurde und dass aus der neu errichteten Trinkwasser-Installation tatsächlich einwandfreie Trinkwasserqualität entnommen werden kann, muss unmittelbar nach der Befüllung (bei längeren Zeiträumen bis zur Abnahme ggf. unmittelbar vor der Abnahme nochmals) an repräsentativen endständigen Stellen eine Kontrolle der Wasserbeschaffenheit erfolgen.

Bild 16: Werden Leitungen nach der Inbetriebnahme nicht ordnungsgemäß gespült, können Installationsrückstände in neuen Systemen zu schwerwiegenden Verunreinigungen und mikrobiologischer Verkeimung führen

Bei der Erstuntersuchung sind mindestens die folgenden Parameter zu untersuchen:

Tabelle 4: Mit der Inbetriebnahme zu untersuchende Parameter nach VDI 6023 Blatt 1

Parameter	Grenzwert
Temperatur des kalten Trinkwassers	maximal 25 °C
Temperatur des erwärmten Trinkwassers	gemäß DVGW W 551
Koloniezahl bei 22 °C und 36 °C	gemäß TrinkwV, Anlage 3
Escherichia coli und coliforme Bakterien	nach TrinkwV, Anlage 1 und Anlage 3
Pseudomonas aeruginosa[a)]	nicht nachweisbar in 100 ml
a) gemäß UBA-Empfehlung v. 13.06.2017	

Sollte die mikrobiologische Untersuchung erst zu einem späteren Zeitpunkt durchgeführt werden, z. B. als Wiederholungsprüfung vor der Abnahme, sollte zusätzlich auch der Parameter *Legionella spec.* mit untersucht werden (Maßnahmenwert 100 KBE/100 ml gem. TrinkwV Anlage 3 Teil II). Nach TrinkwV § 14b Abs. 6 ist die erste Untersuchung auf den Parameter *Legionella spec.* bei einer ab dem 9. Januar 2018 neu in Betrieb genommenen Wasserversorgungsanlage erst innerhalb von drei bis zwölf Monaten nach der Inbetriebnahme durchzuführen. Je nach Bauablauf kann dieser Zeitraum durchaus noch im Verantwortungsbereich des Installationsunternehmens liegen.

Die Festlegung der repräsentativen Probenahmestellen hat hierbei ebenfalls ausschließlich durch hygienisch-technisch kompetentes Personal zu erfolgen und kann auch im Rahmen der Hygiene-Erstinspektion durch den beauftragten Sachverständigen stattfinden.

Im Rahmen dieser Untersuchung zur Inbetriebnahme soll die Probenahme nach Zweck b) der DIN EN ISO 19458 durchgeführt werden.

Gem. § 15 Abs. 4 TrinkwV dürfen die erforderlichen Untersuchungen des Trinkwassers einschließlich der Probenahmen nur von dafür zugelassenen Untersuchungsstellen durchgeführt werden. Selbst wenn Mitarbeiter des Installationsbetriebs eine Zertifizierung als Probenehmer besitzen, sollten diese Mitarbeiter trotzdem nicht die Proben in der eigenen Installation entnehmen, da die tatsächliche Herkunft der Proben sonst aus Gründen einer möglichen Abhängigkeit in Frage gestellt werden könnte.

Dichtheitskontrolle Feininstallation

Neben der Rohinstallation sind nach der Erstbefüllung auch Bauteile und Sanitärapparate, die nicht zur Rohinstallation gehören (Entnahmearmaturen, Eckventile, Zapfhähne, Sicherheitsgruppen von Geräten etc.) einer Dichtheitskontrolle zu unterziehen, bevor diese in Betrieb gehen.

Diese Dichtheitskontrolle wird mit dem anliegenden Betriebsdruck der Trinkwasser-Installation mittels einer Sichtprüfung durchgeführt und dokumentiert. Nach Fertigstellung der Feininstallation benötigt man keine nochmalige Druckprüfung der gesamten Trinkwasser-Installation bzw. der nun verdeckt liegenden Leitungen, da hier die Dichtheit bereits durch die trockene Dichtheitsprüfung nachgewiesen wurde und nach einer Fertigmontage nur wenige Gewindeverbindungen an Entnahmestellen zu prüfen sind.

Die Dichtheitskontrolle der Feininstallation wird gewertet als eine „Inbetriebnahme- und Funktionsprüfung".

Bestimmungsgemäßer Betrieb/Probebetrieb

Bis zum Vorliegen des Nachweises der einwandfreien Trinkwasserbeschaffenheit, längstens jedoch bis zum Zeitpunkt der werkvertraglichen Abnahme, hat der ausführende Installateur den bestimmungsgemäßen Betrieb sicherzustellen und zu dokumentieren, denn vor der Abnahme durch den Auftraggeber ist es noch „seine“ Trinkwasser-Installation.

Die Erstbefüllung einer Trinkwasser-Installation ist gleichbedeutend mit der Inbetriebnahme, daher muss spätestens drei Tage nach der Erstbefüllung der bestimmungsgemäße Betrieb der Installation beginnen, einschließlich der notwendigen Instandhaltungs- und ggf. Überwachungsmaßnahmen.

Grundsätzlich ist der Anlagenerrichter bis zur Abnahme und/oder Übergabe verpflichtet, z.B. für den vollständigen Wasseraustausch spätestens alle 72 Stunden zu sorgen, damit sich die Qualität des Trinkwassers nicht aufgrund von Stagnationsbedingungen nachteilig verändert. Es wird empfohlen, die Trinkwasser-Installation vor der Übergabe einem Probebetrieb zu unterziehen, der den späteren Normalbetrieb der Nutzer simuliert und bei dem festgestellt werden kann, ob die Anforderungen (z.B. Temperaturen) eingehalten werden.

Der Probebetrieb von Trinkwasser-Installationen ist dabei Teil der Inbetriebnahme und wird vom Auftragnehmer (Anlagenerrichter) vor dem Verantwortungsübergang (Übergabe und Abnahme) durchgeführt. Der Probebetrieb dient

- der Überprüfung von Funktionen (z.B. der vorgegebenen Temperaturen, des hydraulischen Abgleichs, der Trinkwassererwärmungsanlage) und
- Eigenschaften (Hygiene-Erstuntersuchung, Ablaufvolumen bis zum Erreichen der vorgegebenen Temperaturen an den Entnahmestellen) sowie
- der Erkennung und Beseitigung von Mängeln und dient gegenüber dem Auftraggeber zum Nachweis der vertraglich vereinbarten Leistungen und der Anforderungen nach den allgemein anerkannten Regeln der Technik.

Ein Probebetrieb sollte möglichst die realistische Nutzung nach der Übergabe an den späteren Nutzer widerspiegeln, da sich nur so spätere Mängel, die sich sonst erst im Normalbetrieb zeigen, ermitteln lassen. Ggf. können mit dem Auftraggeber für den Probebetrieb gesonderte Regelungen hinsichtlich der erforderlichen Temperaturen, Ausstoßzeiten und -mengen getroffen werden.

Der Probebetrieb einer Trinkwasser-Installation dient der Feststellung und Überprüfung notwendiger Eigenschaften und ist hier nicht zu verwechseln mit einer Erprobung z.B. von sicherheitstechnischen Anlagen und Notfalleinrichtungen wie einer Notstromversorgung (NEA Netz-Ersatz-Aggregat). Bei einer Erprobung werden bewusst Störfälle simuliert oder Notfallsysteme manuell zugeschaltet, um deren Funktion zu testen, bei einem Probebetrieb geht es um die Feststellung der Eigenschaften im Normalbetrieb, der in der Zeitspanne zwischen der Erstbefüllung (Inbetriebnahme) und der Übergabe ohnehin durch den Anlagenerrichter zu leisten ist.

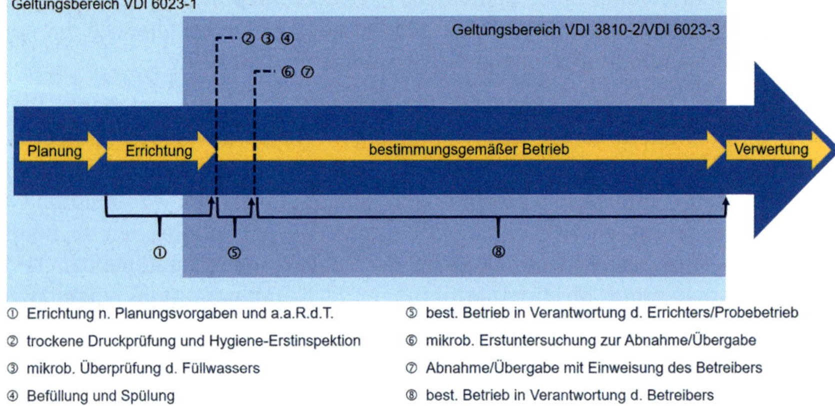

Bild 17: Inbetriebnahmeprozess – schematischer Ablauf einer Inbetriebnahme in Anlehnung an VDI 6023 Blatt 1

Werden die vorgenannten Rahmenbedingungen im Zuge der Inbetriebsetzung/Inbetriebnahme vernachlässigt, müssen häufig nachträglich Maßnahmen getroffen werden (z.B. Reinigung und Desinfektion), die zu Verzögerungen im Ablauf führen und zudem mit erhöhtem Aufwand und unnötigen Kosten verbunden sind.

Die Maßnahmen zur Sicherstellung des bestimmungsgemäßen Betriebs und des erfolgreichen Probebetriebs sind zu dokumentieren und bei der Übergabe mit dem Anlagenbuch an den Auftraggeber zu übergeben.

5.4 Übergabe/Abnahme

5.4 Übergabe/Abnahme

Das Anlagenbuch mit allen erforderlichen Unterlagen nach Bild 1 ist dem Auftraggeber zur Übergabe und/oder Abnahme auszuhändigen. Hierzu zählt gegebenenfalls auch die Dokumentation der Beseitigung etwaiger Mängel an der Trinkwasser-Installation aus der Hygiene-Erstinspektion oder aus dem Abnahmeprozess. Zur Erfüllung seiner Obliegenheiten und Sorgfaltspflichten ist der Auftraggeber durch den Anlagenersteller in die Bedienung der Trinkwasser-Installation einzuweisen.

Die notwendigen Unterlagen, die dem Auftraggeber bei der Abnahme der Werkleistung zu übergeben sind, wurden bereits unter Pkt. 5.1.2 ausführlich erläutert.

Ohne geeignete bzw. vollständige Dokumentation in Form von Raum-, Anlagen- und Betriebsbuch mit Revisionsplänen, Betriebsanleitung der Trinkwasser-Installation, Instandhaltungsplan sowie dokumentierten Instandhaltungsmaßnahmen sind der bestimmungsgemäße Betrieb und die Instandhaltung wesentlich erschwert. Eine Trinkwasser-Installation ist bekanntlich ständig wie bei der Planung zu Grunde gelegt zu betreiben und ein von der ursprünglichen Planung ggf. abweichender, nicht bestimmungsgemäßer Betrieb beinhaltet unmittelbar ein Risiko auf nachteilige Veränderungen der Trinkwasserqualität durch Stagnation, Aufwärmung im PWC oder Auskühlung im PWH, die ggf. durch Spülmaßnahmen (simulierte Entnahme) kompensiert werden müssen.

Sind die grundlegenden Informationen nicht verfügbar oder werden Nutzer bzw. Haustechniker nicht nachweislich eingewiesen (bei Arbeitsstätten vgl. § 12 ArbSchG), z. B. nach VDI 6023 Kat. C, Entnahmestellen nicht wie bei der Planung zu Grunde gelegt betrieben oder wenn eine vollständige Betriebsanleitung der Trinkwasser-Installation fehlt, ist ein bestimmungsgemäßer Betrieb der Anlage kaum möglich.

Bei fehlendem prozessorientiertem Instandhaltungsplan nach VDI 3810 Blatt 2/VDI 6023 Blatt 3 ergibt sich zwar keine unmittelbare Gefährdung für die Nutzer, jedoch besteht die Besorgnis, dass bei einem Betrieb ohne relevante und vorbeugende Instandhaltungsmaßnahmen (Inspektion, Wartung, Instandsetzung) ein eingetretener Verschleiß oder vermeidbarer Mangel zu nachteiligen Auswirkungen auf die Trinkwasserqualität, zu Nutzungseinschränkungen oder gar zu Gesundheitsgefährdungen der Nutzer führen kann.

Nach VOB Teil B § 3 Abs. 5 sind Zeichnungen, Berechnungen, Nachprüfungen von Berechnungen oder andere Unterlagen, die der Auftragnehmer nach dem Vertrag, besonders den Technischen Vertragsbedingungen, oder der gewerblichen Verkehrssitte oder auf besonderes Verlangen des Auftraggebers zu beschaffen hat, dem Auftraggeber nach Aufforderung rechtzeitig vorzulegen. Das Fehlen vertraglich vereinbarter Revisionsunterlagen stellt einen Mangel dar, der den Auftraggeber dazu berechtigt, einen Betrag in Höhe des Doppelten der für die Erstellung der Unterlagen erforderlichen tatsächlichen Kosten zurückzubehalten (Urteil Oberlandesgericht Brandenburg vom 4. Juli 2012, 13 U 63/08).

Der Auftraggeberseite und auch den involvierten Fachplanern ist daher dringend zu raten, im Vertrag möglichst genau zu regeln, welche Revisionsunterlagen wann zu übergeben sind. Anderenfalls läuft die Auftraggeberseite Gefahr, dass solche Unterlagen nicht ausgehändigt werden müssen. Wird allerdings eine entsprechende Vereinbarung getroffen, kann der Auftraggeber sogar die Abnahme verweigern, wenn die Revisionsunterlagen noch fehlen. So hat etwa das Oberlandesgericht Bamberg mit Urteil vom 8. Dezember 2010, 3 U 93/09, entschieden, dass eine Leistung nicht abnahmefähig ist, wenn der Werkunternehmer zu einer Dokumentation verpflichtet ist und diese Information nicht liefern kann. Auch das OLG Hamm hat mit Urteil vom 17. Juni 2008, 19 U 152/04, die Auffassung vertreten, dass die fehlende Übergabe von Revisionsplänen einen wesentlichen Mangel darstellen kann, der einer Abnahmereife entgegensteht.

5.5 Einweisung

5.5 Einweisung

Eine Einweisung des Auftraggebers durch den Anlagenersteller in den Betrieb der Anlagen und deren Übergabe in den Verantwortungsbereich des Auftraggebers hat z. B. gemäß VDI/DVGW 6023, Kategorie C zu erfolgen.

Der Unternehmer und sonstige Inhaber (Betreiber) ist – wie bereits unter Pkt. 3 ausführlich erläutert – spätestens zum Zeitpunkt der Übergabe auf seine bestehenden Pflichten zum bestimmungsgemäßen Betrieb der Anlage hinzuweisen, worüber ein Protokoll anzufertigen ist (Einweisung nach Kategorie C der VDI-Richtlinienreihe 6023).

Aus Gründen der Rechtssicherheit ist die Einweisung des Betreibers oder eines Vertreters des Betreibers zu protokollieren und auch die Übergabe der relevanten Unterlagen sollte durch den Empfänger schriftlich bestätigt werden. Handwerker sind verpflichtet, ein funktionsfähiges Werk herzustellen. Dies bedeutet, sie haben eine Leistung zu erbringen, die den vertraglichen Vereinbarungen und den gesetzlichen und technischen Normen entspricht. Gerade weil sie aber im Gegensatz zu ihren Auftraggebern Fachleute sind, müssen sie noch weitere Pflichten erfüllen, auch wenn diese weder im Gesetz noch im Vertrag ausdrücklich geregelt sind. Solche Pflichten sind beispielsweise Aufklärungs-, Einweisungs-, Prüfungs- und Beratungspflichten, auch Hinweispflichten genannt. Die Verletzung solcher Pflichten kann zu Nachbesserungs- und Schadensersatzansprüchen führen. Daher sollte man diese Pflichten immer im Blick haben.

Bei der Einweisung des Betreibers in die Trinkwasser-Installation sollen potenzielle Gefahren im Hinblick auf die Hygiene bei nicht bestimmungsgemäßem und nicht sachgerechtem Betrieb der Anlage erläutert werden. Die Anforderungen und Bestimmungen der TrinkwV und der AVBWasserV sind zu erklären.

Bild 18: Der Betreiber ist durch den Anlagenerrichter zum Zeitpunkt der Übergabe in den korrekten Anlagenbetrieb einzuweisen (Foto: Resideo Technologies Inc.)

Bei der Unterweisung sind auch Funktionen, Bedeutungen und hygienisch erforderliche Instandhaltungsmaßnahmen aller Komponenten der jeweiligen Trinkwasser-Installation zu erläutern. Voraussetzung dafür ist selbstverständlich die Übergabe einer vollständigen Dokumentation der zu betreibenden Trinkwasser-Installation. Auf dieser Grundlage ist ein vollständiges schriftliches Einweisungsprotokoll anzufertigen, das der Unterwiesene durch Unterschrift bestätigt. Insgesamt umfasst eine ordnungsgemäße Einweisung in eine Trinkwasser-Installation nach VDI-Richtlinienreihe 6023 mindestens 60 Minuten.

Die Durchführung der Einweisung obliegt dabei einem Fachmann des ausführenden Installationsunternehmens, der selbst mindestens nach Kat. A der Richtlinienreihe VDI 6023 geschult ist.

5.6 Zugänglichkeit

5.6. Zugänglichkeit

Zu allen Armaturen und Apparaten muss stets freier Zugang gewährleistet sein, damit jede Art von Bedienung und erforderlicher Instandhaltung ungehindert möglich ist.

Sämtliche Absperr-, Entleerungs- sowie Sicherheits- und Sicherungseinrichtungen müssen nach DIN 1988-200 Pkt. 7.1 so angebracht sein, dass sie jederzeit zugänglich und leicht bedienbar sind. Anlagenteile, die einer regelmäßigen Kontrolle und Instandhaltung bedürfen (z. B. Wasserzähler, Rückflussverhinderer, Filter, Rohrbelüfter, freie Ausläufe usw.) oder zur Funktionskontrolle und Instandhaltung vorgesehen sind (z. B. Temperaturanzeigen, Druckmessgeräte), sowie sämtliche Bedienungselemente (z. B. Absperrarmaturen) müssen auch gem. DIN EN 806-5 Pkt. 11 jederzeit zugänglich und ohne Schwierigkeiten zu kontrollieren, zu warten und zu betätigen sein. Der Zugang zu diesen Anlagenteilen darf nicht durch Lagergut, Möbel, Verkleidungen, Bodenbeläge usw. versperrt sein.

Bild 19: Beispiel für Hinweisschild zur Zugänglichkeit (Alexandra Bürschgens)

Durch die Installation unter der Decke in teilweise großer Höhe oder in beengten Verhältnissen können notwendige Wartungs- und Instandsetzungsarbeiten nur schwer durchgeführt werden. Im Schadensfall (z. B. Rohrbruch) könnten mit Lagergut verstellte Absperrventile nicht schnell genug bedient werden.

Die UBA-Empfehlung zur systemischen Untersuchung auf Legionellen aus Dezember 2018 fordert übrigens in Pkt. 4, dass auch bei Probenahmearmaturen auf einfache Zugänglichkeit zu achten ist. Dies gilt auch hinsichtlich Verbrühschutzarmaturen, da nach Pkt. 5 eine Beprobung von Mischwasser zu vermeiden ist.

5.7 Betreiberpersonal

5.7 Betreiberpersonal

Der Betreiber muss jederzeit in der Lage sein, die Fach- und Sachkunde seines Personals nachzuweisen. Dieses Personal muss mit den Aufgaben und Funktionen der Trinkwasser-Installationen und ihrer Einzelkomponenten, deren Funktionsweise und möglichen Auswirkungen bei Mängeln vertraut sein. Mit dem Fortschreiten der allgemein anerkannten Regeln der Technik ist auch eine ständige Weiterbildung des Personals sicherzustellen. Verfügt der Betreiber nicht über ausreichend qualifiziertes Personal, so ist durch Abschluss eines Vertrags mit einem eingetragenen Installationsunternehmen dafür Sorge zu tragen, dass die Anlagen bestimmungsgemäß betrieben und instandgehalten werden. Eine vollständige Delegation der Verantwortung für den Betrieb ist nicht möglich (siehe VDI 3810 Blatt 1).

Einfache betriebliche Tätigkeiten wie Kontroll-, Reinigungs- und bestimmte Instandhaltungsarbeiten (z. B. Tausch von Strahlreglern, Rückspülen, Betätigen von Absperreinrichtungen) können eingewiesenem Personal übertragen werden.

Nutzer im Allgemeinen (z. B. Bewohner, Mieter, Pächter, Arbeitnehmer) sollten z. B. mittels Arbeitsanweisung oder Nutzerinformation zum Mietvertrag (siehe Anhang B) auf ihre nutzerbezogenen Pflichten hingewiesen werden.

Aufgrund § 12 Abs. 2 der AVBWasserV dürfen Trinkwasser-Installationen nur nach den allgemein anerkannten Regeln der Technik errichtet, erweitert, geändert und unterhalten werden. Die Errichtung der Anlage und wesentliche Veränderungen mit möglichen Auswirkungen auf die Trinkwasserqualität dürfen nur durch das Wasserversorgungsunternehmen oder ein in ein

Installateurverzeichnis eines Wasserversorgungsunternehmens eingetragenes Installationsunternehmen erfolgen.

Baulich-funktionelle Anlagen in Einrichtungen, von denen ein infektionshygienisches Risiko ausgehen kann, z. B. Trinkwasser-Installationen, sollten grundsätzlich nur von entsprechend geschultem Personal betrieben und instandgehalten werden. Der Betreiber ist verpflichtet, die Nutzer von Trinkwasser-Installationen auch vor Gefahren durch Störungen zu schützen.

Ohne ausreichendes und entsprechend fachlich ausgebildetes und eingewiesenes Personal können notwendige Instandhaltungsmaßnahmen nicht durchgeführt werden und Änderungen/Abweichungen im Betrieb oder andere Mängel können nicht erkannt und deren Auswirkungen abgeschätzt werden.

Medizinische Einrichtungen

Da Mitarbeiter der Haustechnik bzw. externe Handwerker auch in hygienerelevanten Bereichen von medizinischen und pflegerischen Einrichtungen zum Einsatz kommen, gibt es nach der Empfehlung der Deutschen Gesellschaft für Krankenhaushygiene „Hygieneanforderungen an Mitarbeiter der Haustechnik und externe Handwerker in hygienerelevanten Bereichen von Krankenhäusern, Pflegeeinrichtungen und Reha-Einrichtungen/-Kliniken“ aus hygienischer Sicht einen zusätzlichen Informationsbedarf, um den erforderlichen Schutz von Patienten und allen übrigen Gebäudenutzern während der Arbeiten sicherzustellen.

Es muss in medizinischen Einrichtungen nach § 23 Infektionsschutzgesetz (IfSG) generell davon ausgegangen werden, dass ein mögliches Gefährdungspotenzial für Patienten und Beschäftigte o. Ä. besteht durch Schmutz-/Erregereinschleppung über Hände, Bekleidung, Arbeitsmittel sowie durch Verunreinigungen bei Arbeiten am Trinkwassernetz oder Störung der med. Technik, z. B. Sterilisation, Reinigungs- und Desinfektionsgerät (RDG).

Kritische Tätigkeiten sind demnach jegliche Handwerker-/Technikerarbeiten, bei denen es zur Freisetzung oder zum Eintrag infektiöser oder toxischer bzw. gesundheitsschädlicher Aerosole/Stäube/Verunreinigungen kommen kann. Hierzu zählen u. a. Reparaturen, Wartungen, Instandhaltungs-, Demontage- und Abbrucharbeiten, Umbau- und Neubauarbeiten, die z. B. verbunden sind mit Eingriffen in die Trinkwasser- und Abwasserinstallation oder Arbeiten an Raumlufttechnischen Anlagen. In der Gesamtverantwortung steht gem. der DGKH-Empfehlung hier die Betriebsleitung und Geschäftsführung, die alle nachgeordneten Stellen koordinieren muss.

Weiterbildung des Personals

Die detaillierte Kenntnis der Technik und der allgemeinen Anforderungen an eine Anlage oder Verfahrenstechnik – ihrer Stärken und auch ihrer Schwächen – ist Grundvoraussetzung für einen effizienten und professionellen Betrieb, denn Fachwissen und Lösungskompetenz der Mitarbeiter sind wichtige Betriebsfaktoren geworden. Gerade im vielschichtigen Bereich der Haustechnik, der sich zudem durch ständige Innovation und Weiterentwicklung kennzeichnet, ist der ständige Wissensausbau eine unbedingte Notwendigkeit, um den ständig steigenden Anforderungen gerecht werden zu können. Im Bereich der Haustechnik verfolgen neue Normen, Vorschriften und Richtlinien die Erhaltung unserer Umwelt und die Sicherung unserer Gesundheit. Dazu müssen eine Vielzahl von Neuerungen im Tagesgeschäft berücksichtigt werden. Das Wissen, das während der Ausbildung erlangt wurde, kann lediglich eine solide Grundlage sein. Man kann heute jedoch nicht mehr nach Abschluss der Gesellenprüfung, der Meisterschule oder des Studiums davon ausgehen, dass das erlangte Wissen ein ganzes (Arbeits-)Leben lang ausreichend ist.

Kompetenz bedeutet nicht, alle Normen und Richtlinien ständig abrufbar im Kopf zu haben. In der Praxis kommt es vielmehr darauf an, auf der Basis des vorhandenen Grundwissens wesentliche Neuerungen zu kennen und zeitgemäße Lösungsansätze anbieten zu können.

Auch aus Gründen der Haftung ist es unumgänglich, vorhandenes Fachpersonal ständig auf dem aktuellen Wissensstand zu halten. Die Anforderung, dass bei technischen Anlagen zwingend die jeweils aktuellen allgemein anerkannten Regeln der Technik einzuhalten sind, findet sich unter anderem auch im Strafgesetzbuch (StGB):

Strafgesetzbuch (StGB)

§ 319 Baugefährdung

(1) Wer bei der Planung, Leitung oder Ausführung eines Baues oder des Abbruchs eines Bauwerks gegen die allgemein anerkannten Regeln der Technik verstößt und dadurch Leib oder Leben eines anderen Menschen gefährdet, wird mit Freiheitsstrafe bis zu fünf Jahren oder mit Geldstrafe bestraft.

(2) Ebenso wird bestraft, wer in Ausübung eines Berufs oder Gewerbes bei der Planung, Leitung oder Ausführung eines Vorhabens, technische Einrichtungen in ein Bauwerk einzubauen oder eingebaute Einrichtungen dieser Art zu ändern, gegen die allgemein anerkannten Regeln der Technik verstößt und dadurch Leib oder Leben eines anderen Menschen gefährdet.

(3) Wer die Gefahr fahrlässig verursacht, wird mit Freiheitsstrafe bis zu drei Jahren oder mit Geldstrafe bestraft.

(4) Wer in den Fällen der Absätze 1 und 2 fahrlässig handelt und die Gefahr fahrlässig verursacht, wird mit Freiheitsstrafe bis zu zwei Jahren oder mit Geldstrafe bestraft.

Diese Strafandrohung im § 319 StGB trifft jedoch nicht nur den jeweils vorsätzlich oder fahrlässig handelnden Mitarbeiter, sondern eben auch dessen personalverantwortlichen Vorgesetzten:

Bürgerliches Gesetzbuch (BGB)

§ 278 Verantwortlichkeit des Schuldners für Dritte

Der Schuldner hat ein Verschulden seines gesetzlichen Vertreters und der Personen, deren er sich zur Erfüllung seiner Verbindlichkeit bedient, in gleichem Umfang zu vertreten wie eigenes Verschulden.

Wenn nun der (Vertrags-)Schuldner (z. B. Inhaber Installationsunternehmen) ein Verschulden der Personen, denen er sich zur Erfüllung bedient (z. B. Mitarbeiter, Gesellen), in gleichem Umfang zu vertreten hat, wie sein eigenes Verschulden, wird die regelmäßige Schulung von Mitarbeitern zur Grundpflicht des Betriebsinhabers, denn Unwissenheit (Fahrlässigkeit) schützt nicht vor Strafe. Die Weiterbildung von Mitarbeitern dient unmittelbar der Haftungsvermeidung durch (Fach-)Wissen.

Die Erfordernisse und Möglichkeiten, den jeweiligen Nutzer in die korrekte Handhabung der Installation einzuweisen, wurden bereits unter den Pkt. 4.2 und 4.3 ausführlich erläutert.

5.8 Verfügbarkeit relevanter Unterlagen

5.8 Verfügbarkeit relevanter Unterlagen

Bei komplexen Anlagen empfiehlt es sich, Unterlagen digital zu erfassen und zu speichern. Müssen beteiligte Personen Informationen aus den Unterlagen entnehmen, muss dies jederzeit vom Betreiber möglich gemacht werden.

Um die Nutzer und Betreiber einer Trinkwasser-Installation in die Lage zu versetzen, die Anlage sachgerecht und bestimmungsgemäß betreiben zu können, einschließlich der notwendigen Maßnahmen der Funktionskontrolle und der

Instandhaltung, müssen die relevanten Informationen über die vorgesehene Betriebsweise, über Grenzwerte und Parameter für die Nutzer auch verfügbar sein. Die Betreiber technischer Anlagen müssen jederzeit uneingeschränkten Zugriff haben z. B. auf den Instandhaltungsplan, auf Ersatzteillisten oder Spülpläne.

Allerdings ist diese Informationsbereitstellung keine Einbahnstraße, aus der sich der Nutzer lediglich bedient. Vielmehr muss umgekehrt auch durch den Betreiber jede Handlung an einer Trinkwasser-Installation im Betriebsbuch dokumentiert und abgelegt werden. Auch Änderungen an der Installation sind beispielsweise zeitnah in die jeweiligen Pläne und Schemata zu übernehmen (Änderungsdienst).

Hierzu empfiehlt es sich, die Unterlagen digital, z. B. im Rahmen eines CAFM-Systems (computer-aided facility management), bereitzustellen, um eine einfache Verfügbarkeit jederzeit zu gewährleisten. Dabei stehen die Bereitstellung von Informationen und die Unterstützung von Arbeitsprozessen im Vordergrund.

5.9 Zuordnung der Verantwortlichkeiten

5.9 Zuordnung der Verantwortlichkeiten

Die Verantwortungen für Betrieb, Instandhaltung und Nutzung sind vom Unternehmer oder sonstigen Inhaber einer Trinkwasser-Installation zu ermitteln und zu verteilen. Die Durchführung der Aufgaben ist angemessen zu überwachen.

Die Verteilung der Verantwortlichkeiten muss vom Unternehmer oder sonstigen Inhaber dokumentiert werden. Gegebenenfalls sind die Qualifikationen der Personen, an die Verantwortlichkeiten verteilt wurden, mit aufzunehmen.

Von besonderer Bedeutung für die Betreiberverantwortung ist die Übernahme der Verantwortung durch eine rechtswirksame Übertragung, wenn z. B. eine Eigentümergemeinschaft als Betreiber diese Verantwortung an eine Hausverwaltung oder ein Unternehmen im Facility-Management delegiert. Mit Abschluss des Verwaltervertrages wird der Verwalter verpflichtet, mögliche Gefahrenquellen zu erkennen.

Neben § 9 (Handeln für einen anderen) des Gesetzes über Ordnungswidrigkeiten (OWiG) sind insbesondere die einzelnen vertraglichen Regelungen zur Übernahme der Unternehmerverantwortung (Betreiberpflicht) hervorzuheben.

Eine in den Betrieben häufig anzutreffende Konstellation ist die, dass über den Lauf der Jahre diverse Aufgaben auf einzelne Mitarbeiter übertragen worden sind, beispielsweise Hausmeister.

Bei der Übertragung der Betreiberverantwortlichkeit müssen sich beide Parteien darüber im Klaren sein, dass eine wirksame Delegation nur dann erfolgt ist, wenn einerseits die Einhaltung der Pflichten ordnungsgemäß verfolgt und andererseits die Mittel für die Umsetzung der Einhaltung der Betreiberverantwortlichkeit auch bereitgestellt werden, d. h., die zur Erfüllung der Aufgabe erforderlichen Informationen und Unterlagen sind vollständig zu übergeben. Wirtschaftliche Mittel (Budget) müssen dem Delegationsempfänger im Rahmen seiner Aufgaben zur freien Verfügung übertragen sein.

Der Unternehmer und sonstige Inhaber muss ggf. den Nachweis führen können, dass die Anweisungspflicht, Auswahlpflicht und die Überwachungspflicht im Rahmen der Delegation erfüllt wurden:

Anweisungspflicht bedeutet, dass der Auftraggeber klare, vollständige und eindeutige Anweisungen an den Auftragnehmer erteilt hat, sodass keine Missverständnisse zu den erteilten Aufgaben entstehen können; es muss eine zweifelsfreie Bestimmung des Aufgabenbereichs stattfinden. Hierzu zählt auch die Koordinierung der Ausführungen unter Berücksichtigung der betrieblichen Besonderheiten.

Auswahlpflicht bedeutet, dass der Auftraggeber sich vor Erteilung eines Auftrags davon überzeugt hat, dass der Auftragnehmer berechtigt und in der Lage ist, die ihm übertragenen Aufgaben vollständig und korrekt auszuführen. Hierzu gehört, dass man Nachweise über die erforderliche fachliche Qualifikation des Auftragsempfängers erhält und dokumentiert.

Überwachungspflicht bedeutet, dass der Auftraggeber sich in geeigneter Art und Weise davon überzeugt, dass die übertragenen Aufgaben vollständig, korrekt und in dem zugestandenen Zeitrahmen erledigt werden.

Juristisch wird in der Regel alleine die Unmöglichkeit der Aufklärung, wer was konkret unterlassen hat, zu Lasten des Unternehmens/Auftraggebers gewertet.

5.10 Arbeitsschutz des Personals

5.10 Arbeitsschutz des Personals

Notwendige Arbeitsschutzmaßnahmen sind während der Einweisung zu vermitteln. Eventuell benötigte Schutzausrüstung ist durch den Arbeitgeber zur Verfügung zu stellen (siehe Abschnitt 7.2).

Unter den Begriff Arbeitssicherheit oder auch Arbeitsschutz fallen alle Maßnahmen und Möglichkeiten, Mitarbeiter im Unternehmen vor potentiellen Gefahren zu schützen. Die Grundlage hierfür bildet das Arbeitsschutzgesetz, kurz ArbSchG, welches den erklärenden Titel „Gesetz über die Durchführung von Maßnahmen des Arbeitsschutzes zur Verbesserung der Sicherheit und des Gesundheitsschutzes der Beschäftigten bei der Arbeit" trägt. Mit dem Gesetz wird gewährleistet, dass Arbeitgeber ihren Beschäftigten ein sicheres Arbeitsumfeld ermöglichen. Dabei ist der Arbeitsschutz von Mitarbeitern viel mehr als ein Gesetz:

„*Das Verhüten von Unfällen darf nicht als eine Vorschrift des Gesetzes aufgefasst werden, sondern als ein Gebot menschlicher Verpflichtung und wirtschaftlicher Vernunft.*" Werner von Siemens

Als Arbeitgeber ist man grundsätzlich verpflichtet, das Personal vor Gefahren am Arbeitsplatz zu schützen. Das Arbeitsschutzgesetz (ArbSchG) gilt für alle Tätigkeitsbereiche und sorgt für die Sicherheit und den Gesundheitsschutz aller Beschäftigten. Als Arbeitgeber ist man entsprechend auch zur Bereitstellung von Arbeitsschutzmitteln verpflichtet und muss dafür die Kosten tragen. Das Gesetz sieht vor, dass Arbeitgeber regelmäßig eine Gefährdungsbeurteilung durchführen und die Tätigkeitsfelder der Mitarbeiter individuell einbeziehen. Die Gestaltung und Einrichtung des Arbeitsplatzes kann potentielle Gefahren beinhalten und bei der Auswahl und dem Einsatz von Arbeitsstoffen, Maschinen und Anlagen ist jeweils das Gefahrenpotential zu beachten. Das gilt insbesondere auch bei Arbeitsstätten mit physikalischer, chemischer und biologischer Gefährdung (z. B. Umgang mit Desinfektionsmitteln, Tätigkeiten an Anlagen mit hohen Temperaturen usw.).

In besonders gefährlichen Arbeitsbereichen darf nur Personal eingesetzt werden, das ausreichend belehrt worden ist. Mitarbeiter, die einer unmittelbaren erheblichen Gefahr ausgesetzt sind, müssen in der Lage sein, selbst eine angemessene Gefährdungsbeurteilung vorzunehmen und die geeigneten Maßnahmen zur Gefahrenabwehr und Schadensbegrenzung zu treffen.

6 Anforderungen an den bestimmungsgemäßen Betrieb

6 Anforderungen an den bestimmungsgemäßen Betrieb

Eine Trinkwasser-Installation kann nur unter Berücksichtigung von Grundregeln (siehe Abschnitt 5) bestimmungsgemäß betrieben werden. Hierzu zählen insbesondere:

- Wasser muss bestimmungsgemäß fließen.
- Kaltwasser muss kalt sein.
- Erwärmtes Wasser muss ausreichend heiß sein.
- hygienebewusster Umgang mit der Trinkwasser-Installation
- Alle beteiligten Personen müssen ihre Pflichten kennen.
- Zugänglichkeiten müssen gewährleistet sein.
- Dokumentationen müssen vorhanden sein.

Der Betreiber hat die Trinkwasser-Installation bestimmungsgemäß zu betreiben, dies erfordert mindestens eine regelmäßige Kontrolle auf Funktion und Hygiene sowie die Durchführung der erforderlichen Instandhaltungsmaßnahmen unter Einhaltung der zur Planung und Errichtung zugrunde gelegten Betriebsbedingungen, die im Anlagenbuch dokumentiert sind.

Mit der Einweisung des Betreibers zum Zeitpunkt der Übergabe wird eine weitere Grundlage für den bestimmungsgemäßen Betrieb gelegt.

Weiterhin kann es auch notwendig sein, weitere Personengruppen mit bestimmten Teilen der Trinkwasser-Installation vertraut zu machen. Insbesondere ist der sonstige Inhaber einer Trinkwasser-Installation (z. B. Mieter oder Pächter) vom Anschlussnehmer auf die Einhaltung des bestimmungsgemäßen Betriebs der Trinkwasser-Installation zu verpflichten; dazu ist unter anderem ein regelmäßiger Wasseraustausch erforderlich (siehe auch Anhang B).

Wie bereits an anderer Stelle ausgeführt legt § 17 Trinkwasserverordnung fest, dass Anlagen für die Gewinnung, Aufbereitung oder Verteilung von Trinkwasser mindestens nach den allgemein anerkannten Regeln der Technik zu planen, zu bauen und zu betreiben sind.

Einleitend zu Pkt. 6 werden die grundlegenden Anforderungen an einen bestimmungsgemäßen Betrieb, die teilweise bereits in den vorhergehenden Kapiteln erwähnt wurden, zusammenfassend nochmals vorangestellt. Dabei handelt es sich überwiegend um die allgemeinverbindlichen Regeln, die bereits im 19. Jahrhundert im Umgang mit Trinkwasser als bekannt angesehen werden konnten:

1. Wasser muss fließen
2. Kaltwasser muss kalt sein
3. Warmwasser muss warm sein
4. kein Unrat ins Trinkwasser
5. Holz und Blei sind nicht geeignet.

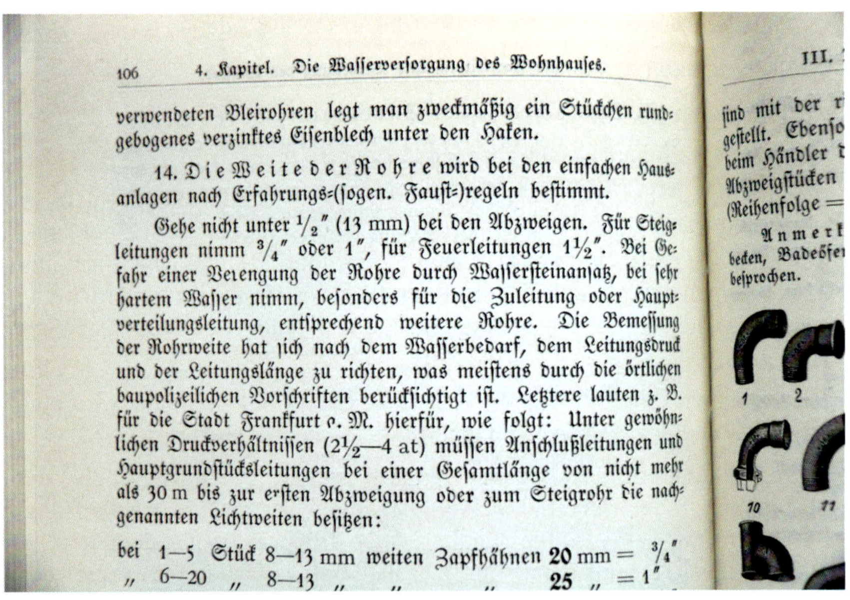

106 4. Kapitel. Die Wasserversorgung des Wohnhauses.

verwendeten Bleirohren legt man zweckmäßig ein Stückchen rundgebogenes verzinktes Eisenblech unter den Haken.

14. Die Weite der Rohre wird bei den einfachen Hausanlagen nach Erfahrungs-(sogen. Faust-)regeln bestimmt.

Gehe nicht unter 1/2" (13 mm) bei den Abzweigen. Für Steigleitungen nimm 3/4" oder 1", für Feuerleitungen 1½". Bei Gefahr einer Verengung der Rohre durch Wassersteinansatz, bei sehr hartem Wasser nimm, besonders für die Zuleitung oder Hauptverteilungsleitung, entsprechend weitere Rohre. Die Bemessung der Rohrweite hat sich nach dem Wasserbedarf, dem Leitungsdruck und der Leitungslänge zu richten, was meistens durch die örtlichen baupolizeilichen Vorschriften berücksichtigt ist. Letztere lauten z. B. für die Stadt Frankfurt a. M. hierfür, wie folgt: Unter gewöhnlichen Druckverhältnissen (2½—4 at) müssen Anschlußleitungen und Hauptgrundstücksleitungen bei einer Gesamtlänge von nicht mehr als 30 m bis zur ersten Abzweigung oder zum Steigrohr die nachgenannten Lichtweiten besitzen:

bei 1—5 Stück 8—13 mm weiten Zapfhähnen **20** mm = 3/4"
" 6—20 " 8—13 " " " **25** " = 1"

Bild 20: „Der kleine praktische Klempner und Installateur“, Kallenberg-Klett, 1937; Bereits Anfang des 20. Jahrhunderts waren Installationsregeln im Umgang mit Wasser zu beachten, auch wenn heute nicht mehr nach „Faustregeln“ dimensioniert wird

In den nachfolgenden Pkt. 6.1 bis 6.4 werden die jeweiligen Anforderungen nochmals detailliert erläutert.

6.1 Regelmäßige Wasserentnahme

6.1 regelmäßige Wasserentnahme

Wesentlicher Bestandteil des bestimmungsgemäßen Betriebs einer Trinkwasser-Installation ist die bedarfsgerechte Nutzung von Trinkwasser gemäß den im Raumbuch (siehe Anhang A) festgelegten Anforderungen. An jeder Stelle der Trinkwasser-Installation ist gemäß VDI/DVGW 6023 zum bestimmungsgemäßen Betrieb ein Wasseraustausch durch Entnahme zu gewährleisten (Wasserentnahme an allen Entnahmestellen).

Werden Trinkwasser-Installationen oder Teile der Installation für eine bestimmte Zeit nicht bestimmungsgemäß genutzt (z. B. Urlaub, Wohnungsleerstand), sind für den technisch und hygienisch einwandfreien Zustand vorbeugende und nachsorgende Maßnahmen zu organisieren. Empfohlene Maßnahmen sind Tabelle 2 zu entnehmen.

Tabelle 2. Maßnahmen bei Betriebsunterbrechung (Konsolidiert aus technischen Regeln und UBA-Veröffentlichungen)

Dauer der Betriebsunterbrechung	**Maßnahmen zu Beginn der Unterbrechung**	**Maßnahmen bei Rückkehr** (Ende der Unterbrechung)
≥ 4 Stunden bis 3 Tage	keine	Stagnationswasser ablaufen lassen bis zur Temperaturkonstanz
> 72 Stunden bis maximal 7 Tage	Betriebsunterbrechung	
	Schließen der Absperreinrichtung	Öffnen der Absperreinrichtung, Wasser mindestens fünf Minuten an mehreren Entnahmestellen gleichzeitig fließen lassen
	bei selten genutzten Anlagenteilen, z. B. Gästezimmer, Garagen- oder Kelleranschlüsse regelmäßige, mindestens wöchentliche Erneuerung des Wassers in der Einzelzuleitung durch Entnahme an voll geöffneter Entnahmestelle	
bis maximal 4 Wochen	Schließen der Absperreinrichtung	bei Wiederinbetriebnahme vollständiger Wasseraustausch an allen Entnahmestellen durch Spülung mit Wasser nach DVGW W 557 (A)

(Tabellen-Fortsetzung)

Dauer der Betriebsunterbrechung	**Maßnahmen zu Beginn der Unterbrechung**	**Maßnahmen bei Rückkehr** (Ende der Unterbrechung)
> 4 Wochen bis maximal 6 Monate	Schließen der Absperreinrichtung, in befülltem Zustand belassen (wenn keine Frostgefahr)	bei Wiederinbetriebnahme nach DVGW W 557 (A) spülen, mikrobiologische Kontrolluntersuchungen gemäß TrinkwV (Trinkwasser, warm und kalt) und auf Legionellen (Trinkwasser, warm und kalt) durchführen
> 6 Monate	Anschlussleitung von der Versorgungsleitung durch WVU oder Fachmann abtrennen lassen	Benachrichtigung des WVU, Wiederinbetriebnahme gemäß DIN EN 806-4 durch eingetragenes Installationsunternehmen; bei Wiederinbetriebnahme nach DVGW W 557 (A) spülen mikrobiologische Kontrolluntersuchungen gemäß TrinkwV (Trinkwasser, warm und kalt) und auf Legionellen (Trinkwasser, warm und kalt) durchführen

Der Mindestwasserwechsel muss so über alle Zapfstellen verteilt erfolgen, dass innerhalb von 72 Stunden der komplette Wasserinhalt in allen Teilen der Trinkwasser-Installation, auch in weit entfernten oder selten genutzten Leitungsteilen oder Zapfstellen, ausgetauscht wird.

Der Mindestwasserwechsel kann durch eine entsprechende Nutzung der Trinkwasser-Installation, über manuelle Spülungen (Spülprotokoll) oder automatische Spüleinrichtungen realisiert werden. Wenn die der Planung zugrunde liegende Nutzung durch simulierte Entnahme (automatische Spülarmaturen oder manuelle Öffnung der Absperreinrichtungen) sichergestellt werden soll, ist auf die Einhaltung der der Planung zugrunde liegenden Gleichzeitigkeiten zu achten. Die Funktion automatischer Spüleinrichtungen ist in regelmäßigen Abständen zu überprüfen oder (z. B. durch GA) dauerhaft zu überwachen.

Grundsätzlich sind zunächst nach DIN EN 806 Teil 2 Trinkwasser-Installationen so zu planen, dass stagnierendes Wasser vermieden wird. Entnahmestellen für geringe Entnahmen oder seltene Nutzung sollen daher nicht am Ende einer langen Leitung eingebaut werden und Einzelzuleitungen zu Entnahmearmaturen müssen so kurz wie möglich sein. Die Inhalte von Rohrleitungen sind so weit wie möglich zu minimieren, um einen möglichst hohen Wasseraustausch zu gewährleisten. Ein Leitungsvolumen von 3 l im Trinkwasser (warm) und (kalt) ist dabei als maximale Obergrenze einzuhalten. Die Planung der Trinkwasser-Installation hat bereits dementsprechend immer so zu erfolgen, dass bei bestimmungsgemäßem Betrieb ein für die Hygiene ausreichender Wasseraustausch stattfindet.

Um einen hygienisch sicheren Wasseraustausch in bestehenden Rohrleitungen zu gewährleisten, reicht es gewöhnlich nicht aus, nur das rechnerische Rohrleitungsvolumen ausfließen zu lassen. Überdimensionierte Trinkwasser-Installationen, wie man sie oft in Bestandsgebäuden findet, werden oft nicht mehr nach den zur Planung zu Grunde gelegten Betriebsbedingungen genutzt. Zwischen Stagnationsphasen kann zwar durchaus ein vollständiger Wasseraustausch stattfinden. Wenn allerdings der Spitzenvolumenstrom, z. B. durch wassersparende Armaturen oder den Rückbau von heute nicht verwendeten Leitungen und Entnahmestellen, einen gewissen Wert unterschreitet, wird sich nur noch eine laminare Strömung in den heute überdimensionierten Leitungen einstellen. Eine turbulente Strömung, die einen Wasseraustausch im vollen Querschnitt gewährleistet, ist dann nicht mehr möglich. Ein Wasseraustausch erfolgt ggf. zwar in der Mitte der Rohrleitungen, an den Rohrwandungen findet jedoch kein Wasseraustausch mehr statt. In solchen Fällen kann letztlich nur eine bauliche Sanierung der Anlage mit bedarfsgerechter Rohrdimensionierung dauerhaft hygienische Verhältnisse sicherstellen.

In der DIN EN 806 Teil 5 heißt es, dass Installationen, die nach ihrer Fertigstellung nicht innerhalb von 7 Tagen in Betrieb genommen oder die länger als 7 Tage stillgelegt werden, entweder an der Hauptabsperrarmatur abzusperren und zu entleeren sind oder das Wasser ist regelmäßig zu erneuern, was sich jedoch als folgenschwerer Fehler herausstellen kann. Das Entleeren der Trinkwasser-Installation sollte aus hygienischen Gründen und zur Vermeidung von Korrosionsschäden niemals erfolgen, solange eine Frostgefahr ausgeschlossen werden kann.

DIN EN 806 Teil 5 Betrieb und Wartung

Pkt. 7 Betriebsunterbrechungen und Außerbetriebnahme

Installationen, die nach ihrer Fertigstellung nicht innerhalb von 7 Tagen in Betrieb genommen oder die länger als 7 Tage stillgelegt werden, sind entweder an der Hauptabsperrarmatur abzusperren und zu entleeren oder das Wasser ist regelmäßig zu erneuern.

Die bisherige VDI/DVGW 6023 greift diese Vorgabe einer Nutzung innerhalb von spätestens 7 Tagen auf, differenziert dabei jedoch unterschiedliche Anlagen: solche, die hygienisch einwandfrei sind, und solche Anlagen, in denen sich das Trinkwasser durch unzureichende Temperaturen, Materialien usw. nachteilig verändern kann.

VDI/DVGW 6023 Hygiene in Trinkwasser-Installationen

7.2 Maßnahmen bei Betriebsunterbrechung

Eine Nichtnutzung von mehr als 72 Stunden stellt eine Betriebsunterbrechung dar und ist zu vermeiden. Soweit nachgewiesen werden kann, dass die Trinkwasserbeschaffenheit nach TrinkwV über längere Zeiten der Nichtnutzung erhalten bleibt und die Gebäude keinen besonderen Anforderungen unterliegen, darf diese Frist auf maximal sieben Tage verlängert werden.

Um einen bestimmungsgemäßen Betrieb zu Grunde zu legen, muss an jeder einzelnen Stelle der Trinkwasser-Installation, d. h. in ausnahmslos jeder Einzelzuleitung zu Entnahmestellen, ein Wasseraustausch durch Entnahme innerhalb von 72 Stunden stattfinden. Nach den Richtlinien der Reihe VDI 6023 stellt also bereits eine Nichtnutzung einzelner Leitungsteile von mehr als 72 Stunden ggf. eine Betriebsunterbrechung dar, die zu vermeiden ist. Nur soweit nachgewiesen werden kann, dass

a) eine einwandfreie Trinkwasserbeschaffenheit nach den Vorgaben der TrinkwV auch über längere Zeiten der Nichtnutzung erhalten bleibt und

b) die Gebäude keinen besonderen Anforderungen unterliegen,

darf diese Frist auf die maximal sieben Tage nach DIN EN 806 Teil 5 verlängert werden.

Diesen Nachweis zu erbringen ist beinahe unmöglich, da es hier zu wiederholter Probenahmen und Analysen des Trinkwassers bedarf, was mit entsprechendem Aufwand und Kosten verbunden ist. In der Regel ist es daher einfacher und effizienter, einen bestimmungsgemäßen Betrieb mit vollständigem Wasseraustausch in allen Leitungsteilen durch Entnahme spätestens alle 72 Stunden zu gewährleisten.

In besonderen Fällen (z.B. in Lebensmittelbetrieben, Krankenhäusern, Kindertagesstätten und Seniorenpflegeheimen oder wenn eine verstärkte Erwärmung des Kaltwassers bekannt ist) können durchaus verkürzte Intervalle erforderlich sein.

Es wird bereits durch die Begrifflichkeiten unterschieden, dass ein **Wasseraustausch** lediglich den vollständigen Wechsel des in dem jeweiligen Leitungsabschnitt enthaltenen Wasservolumens durch Entnahme oder Ablaufen lassen bedeutet, z. B. durch eine endständige, automatische Entnahmestelle. **Spülen** bedeutet dagegen die gleichzeitige Wasserentnahme an hinreichend vielen Entnahmestellen zur Sicherstellung einer turbulenten Strömung in den zu spülenden Teilen der Trinkwasser-Installation. Hierzu ist in der Regel die vollständige Öffnung mehrerer Entnahmestellen am selben Strang erforderlich.

Aus hygienischer Sicht ist die manuelle oder automatisierte Entnahme von Trinkwasser an den Entnahmestellen gleichwertig. Eine simulierte Stagnationsspülung sollte nur im Bedarfsfall so erfolgen, dass mindestens dieselben Gleichzeitigkeiten erreicht werden, die der Planer bei der Planung und Dimensionierung der Leitungen zugrunde gelegt hat. Dies kann z. B. durch die gleichzeitige, automatisiert oder manuell ausgelöste Spülung an mehreren Entnahmestellen erreicht werden.

Die Anforderung, jede Entnahmestelle innerhalb von 72 Stunden zu nutzen, gilt selbstverständlich auch für Gäste-WC, Außenzapfstellen oder andere Einrichtungen, die gewöhnlich nur selten genutzt werden.

Beispiel:

Die in öffentlichen Einrichtungen vorzuhaltenden Behinderten-Toiletten werden üblicherweise nur von Gehbehinderten genutzt, was eine eher seltene Nutzung bedeutet, speziell im Vergleich zur Frequenz, die ansonsten eine Toilette beispielsweise im Einkaufscenter oder sogar im Café um die Ecke hat. Das ergaben Messungen von Hygieneinstituten. Hier wurde bei den Untersuchungen festgestellt, dass die Kaltwasserzuleitungen zu solchen Toiletten deutlich häufiger signifikant verkeimt oder zumindest hygienekritisch kontaminiert sind, als dies bei „herkömmlichen" Sanitäranlagen im öffentlich-gewerblichen Raum der Fall ist.

Die Erklärung hierfür liegt nahe: Weniger Frequentierung bedeutet unzureichender Wasseraustausch und damit mehr Stagnation, was wiederum zur Erwärmung des Kaltwassers bis in den hygienekritischen Bereich (> 20 °C bzw. 25 °C) führt – und einmal mehr zu einer Vermehrung von Legionellen, die sich erst vermehren und dann beispielsweise auch in die vorgelagerte Trinkwasser-Installation geraten können.

Vermeiden lässt sich diese Entwicklung nur, indem der sogenannte „bestimmungsgemäße Betrieb“ (für den die Trinkwasser-Installation im Allgemeinen und das Behinderten-WC im Besonderen mal ausgelegt war) sichergestellt wird. Das geschieht am einfachsten durch häufigere Nutzung. Weil die sich nicht erzwingen lässt, muss dafür ein Spülplan erstellt werden: Spätestens alle 72 Stunden muss dann z. B. das Reinigungspersonal Trinkwasser aus den Entnahmestellen laufen lassen und so für den notwendigen Wasseraustausch sorgen.

In vielen öffentlichen oder gewerblichen Gebäuden bestehen Spülpläne für selten genutzte Entnahmestellen und (vorübergehend/dauerhaft) leerstehende Gäste- oder Patientenzimmer. In manchen Einrichtungen wurde mitunter Personal eingestellt („Spüler“), welches – mit Messbecher, Stoppuhr und Klemmbrett ausgestattet – einzig die Aufgabe hat, durch gezielte und koordinierte Spülmaßnahmen eine bestimmungsgemäße Nutzung zu simulieren.

Allerdings wird eine Trinkwasser-Installation nur in den seltensten Fällen kontinuierlich bestimmungsgemäß genutzt nach den Vorgaben der VDI 6023 genutzt und vorhersehbare Betriebsunterbrechungen sind nahezu unvermeidbar: Menschen fahren in Urlaub oder auf Geschäftsreise und viele Büros oder Arbeitsstätten werden an Wochenenden nicht genutzt. Schulen, Sportstätten und Kindergärten werden in Ferienzeiten oftmals nicht betrieben und insbesondere Ferienwohnanlagen und Hotels werden häufig auch nur saisonal mit Nutzern belegt. Auch in Wohnanlagen findet sich öfter ein Leerstand und Zeiten, in denen niemand das Trinkwasser nutzt.

Werden Trinkwasser-Installationen oder Teile der Installation vorübergehend nicht oder nicht bestimmungsgemäß genutzt, sind zur Vermeidung von nachteiligen Stagnationsbedingungen vorbeugende und nachsorgende Maßnahmen zu organisieren, die in der Tabelle 2 zusammengefasst wurden. Die Angaben der Tabelle 2 sind allerdings keine neuen Erkenntnisse. Im Rahmen der Richtlinienarbeit wurden durch die Ausschussmitglieder sämtliche einschlägigen a.a.R.d.T. sowie die Publikationen des Umweltbundesamts zu Planung, Bau und Betrieb von Trinkwasser-Installationen gesichtet und entsprechende Angaben zu erforderlichen Maßnahmen mit Bezug zu Betriebsunterbrechungen zusammengestellt. Anforderungen aus über 10 Regelwerken und Publikationen wurden gegenübergestellt und in dieser Tabelle konsolidiert und vereinheitlicht.

Bild 21: Werden Entnahmestellen nicht regelmäßig genutzt, kann in den Leitungen kein Wasseraustausch stattfinden und das Wasser in den Zuleitungen stagniert

6.1.1 Außerbetriebnahme

6.1.1 Außerbetriebnahme

Eine geplante Außerbetriebnahme, auch eine teilweise Außerbetriebnahme, ermöglicht Tätigkeiten an Rohrleitungen, Armaturen, Apparaten und Einrichtungen. Abhängig von der Dauer der Außerbetriebnahme sind die Maßnahmen nach Tabelle 2 zu ergreifen.

Es werden unterschieden:

- **unbefristete Außerbetriebnahme**

  Sie ist eine Anlagenstilllegung. Nicht mehr genutzte Anlagenteile sind rückstandfrei von der Trinkwasser-Installation abzutrennen. Hierbei sollte auch, sofern technisch oder wirtschaftlich sinnvoll, der Rückbau erfolgen.

Bei Stilllegung und Abtrennung von mehreren Entnahmestellen ist die verbleibende Verteilleitung gegebenenfalls auf Überdimensionierung zu prüfen und gegebenenfalls anzupassen.

Anmerkung: Hierbei muss geprüft werden, ob der Wasserversorger informiert werden muss, damit dieser die Trinkwasserinstallation vom Versorgungsnetz trennen kann.

- **befristete Außerbetriebnahme**

  z. B. bei Reparaturmaßnahmen, Anlagenänderungen, Anlagenerweiterungen oder Nutzungsunterbrechungen. Bei der befristeten Außerbetriebnahme sind geeignete Maßnahmen zum Schutz der Bestandsinstallation sowie zur Wiederinbetriebnahme zu treffen.

Zur fachgerechten Außerbetriebnahme und Wiederinbetriebnahme bzw. einer Änderung der Betriebsweise wurde aufgrund der Corona-Pandemie seit dem Jahr 2020 ergänzend die VDI/DVQST-Expertenempfehlung 3810 Blatt 2.1 verfasst, die ebenfalls nachfolgend erläutert und kommentiert wird.

Bei einer unbefristeten Außerbetriebnahme handelt es sich um eine ggf. vollständige und endgültige Stilllegung der Trinkwasser-Installation. Nicht mehr genutzte Anlagenteile und Leitungen sind möglichst mitsamt dem T-Stück vollständig und so nah wie möglich von der weiterhin durchströmten Verteilleitung (stagnationsfrei) abzutrennen.

Maßnahmen zur befristeten Außerbetriebnahme mit dem Ziel, die Installation zu einem späteren Zeitpunkt wieder in Betrieb zu nehmen, richten sich dann wieder nach den Vorgaben der Tabelle 2 bzw. der VDI/DVQST-EE 3810 Blatt 2.1.

6.1.2 Änderung der Betriebsbedingungen

6.1.2 Änderung der Betriebsbedingungen

Kommt es zu einer Änderung z. B. der

- Anzahl der Entnahmestellen,
- Entnahmehäufigkeiten,
- Gleichzeitigkeiten,
- Spitzenvolumenströme,

sind die entsprechenden Teile des Anlagenbuchs (z. B. Raumbuch, Strangschemata, Bestandsdokumentation, Instandhaltungsplan) anzupassen.

Bei einer Änderung der Betriebsbedingungen oder der Nutzung ist die vorhandene Trinkwasser-Installation durch bauliche, organisatorische oder betriebstechnische Maßnahmen an die geänderten Betriebsbedingungen anzupassen. Hierbei sind auch die vorhandenen Hygiene- oder Spülpläne, insbesondere auch hinsichtlich Gleichzeitigkeiten, anzupassen und die Änderungen zu dokumentieren (siehe Abschnitt 4.1).

Ändern sich in einer Trinkwasser-Installation die Betriebsbedingungen, sodass die Installation nicht mehr wie ursprünglich zur Planung zu Grunde gelegt genutzt werden kann, z. B. durch eine Nutzungsänderung oder durch die Stilllegung von Abteilungen und Gebäudeteilen, kann es zu Stagnationsbedingungen und damit zu nachteiligen Veränderungen der Trinkwasserqualität kommen.

In der Folge müssen dann andere Möglichkeiten gefunden werden, um diese Stagnation zu vermeiden oder nachteilige Veränderungen zu verhindern. Das kann beispielsweise durch bauliche Maßnahmen passieren, d. h. die verbliebenen, weiterhin genutzten Verteilleitungen, die plötzlich durch den Wegfall von Entnahmestellen überdimensioniert sind, müssen ggf. ausgetauscht und in einer kleineren, dem Bedarf angepassten Dimension neu verlegt werden. Das gilt im Übrigen auch für Bauteile und Apparate, z. B. Wasserbehandlungs- oder Trinkwassererwärmungsanlagen.

Organisatorisch könnte man ggf. auch auf die bereits beschriebenen „Spüler“ zurückgreifen, d. h., man simuliert eine bestimmungsgemäße Nutzung durch manuelle (und dokumentierte) Entnahme.

Betriebstechnische Maßnahmen können dagegen die Installation von automatisierten Entnahmestellen sein, sog. „Spülstationen“ (die tatsächlich „Wasseraustauschstationen“ heißen müssten) oder selbstspülende Armaturen wie unter Pkt. 6.1 bereits beschrieben.

6.2 Temperaturen

6.2 Temperaturen

Es gelten die Voraussetzungen nach Abschnitt 5. Bei erhöhten Temperaturen am Hauswasseranschluss wird ein beschleunigtes Wachstum auch pathogener Keime im Rohrsystem wahrscheinlicher. Je nach Betriebsbedingungen im Gebäude können daher zusätzliche Maßnahmen nötig sein, um den bestimmungsgemäßen Betrieb zu ermöglichen.

Zusätzlich zu den bereits ausführlich erläuterten Anforderungen an die notwendigen Betriebstemperaturen (PWC ≤ 25 °C, PWH/PWH-C ≥ 60/55 °C) wird unter Pkt. 6.2 explizit auf den besonderen Umstand hingewiesen, dass sich das Trinkwasser bereits in der Hausanschlussleitung soweit erwärmen kann, dass bereits an der Übergabestelle am Hausanschluss eine Kaltwassertemperatur von mehr als 20 °C vorkommen kann.

Da sich das Trinkwasser in den Kaltwasserleitungen innerhalb des Gebäudes beinahe zwangsweise noch um einige Grad erwärmt, sind die Möglichkeiten, an den Entnahmestellen 20–25 °C nicht zu überschreiten, für den Planer oder Installateur begrenzt. Die Möglichkeit, dass die Temperatur des Trinkwassers z. B. aufgrund von hohen Außentemperaturen bereits am Hauswassereingang entgegen den Anforderungen der DIN 2000 und des DVGW Arbeitsblattes W 400 Teil 1 mehr als 20 °C beträgt, ist ggf. planerisch zu bewerten und zu berücksichtigen.

Im Rahmen der Bedarfsermittlung sollte die Information über bekannte Temperaturprobleme seitens des Wasserversorgers durch den Planer erfragt werden. Für solche Fälle müssen dann objektbezogen andere Lösungen gefunden werden, um das Risiko der Vermehrung von Mikroorganismen zu reduzieren (z. B. durch Verfahrenskombinationen aus Wasseraustausch und event. aktiver Kühlung am Hauswassereingang).

6.3 Anschlüsse an die Trinkwasser-Installation

6.3 Anschlüsse an die Trinkwasser-Installation

Alle Leitungen unterschiedlicher Versorgungssysteme in einem Gebäude müssen dauerhaft nach DIN 2403 unterschiedlich gekennzeichnet werden.

Die unmittelbare Verbindung einer öffentlichen Wasserversorgungsanlage mit einer anderen Wasserversorgungsanlage, z. B. nach DIN 2001-1, ist grundsätzlich nicht zulässig.

Anlagen und Apparate, aus denen Wasser abgegeben wird, das nicht für den menschlichen Gebrauch geeignet ist, dürfen nach TrinkwV nicht ohne eine den allgemein anerkannten Regeln der Technik entsprechende Sicherungseinrichtung mit einer Trinkwasser-Installation verbunden werden. Das sind alle benötigten Bauteile, die in Kombination mit einer Sicherungsarmatur den Schutz des Trinkwassers nach DIN EN 1717 in Verbindung mit DIN 1988-100 gewährleisten.

Die Entnahmestellen von Nichttrinkwasseranlagen sind zu kennzeichnen und erforderlichenfalls gegen nicht bestimmungsgemäßen Gebrauch zu sichern. Hinweise zu möglichen Gefährdungen und zu entsprechenden Sicherungseinrichtungen sind der DIN EN 1717 in Verbindung mit DIN 1988-100 zu entnehmen.

Sind Feuerlösch- und Brandschutzanlagen ohne geeignete Löschwasserübergabestelle mit der Trinkwasserversorgungsanlage verbunden, stellen sie eine Gefahr für die Beschaffenheit des Trinkwassers dar. Bei Planung, Bau, Betrieb, Änderung und Instandhaltung von Feuerlösch- und Brandschutzanlagen im Anschluss an Trinkwasser-Installationen muss darauf geachtet werden, dass das Löschwasser nach DIN 1988-600 an der Löschwasserübergabestelle sicher von der Trinkwasserversorgungsanlage ferngehalten wird.

Die Anforderungen an den Schutz des Trinkwassers wurden bereits unter Pkt. 5 ausführlich dargestellt.

§ 17 Abs. 6 TrinkwV legt hierzu generell fest, dass Wasserversorgungsanlagen, aus denen Trinkwasser abgegeben wird, nicht ohne eine jeweils den allgemein anerkannten Regeln der Technik entsprechende Sicherungseinrichtung mit Wasser führenden Teilen verbunden werden dürfen, in denen sich Wasser befindet oder fortgeleitet wird, das nicht für den menschlichen Gebrauch im Sinne des § 3 Nummer 1 bestimmt ist.

Jede Einrichtung besteht hierbei aus der Sicherungsarmatur und den Zubehörteilen, die für ihre ordnungsgemäße Funktion und für die Inspektion und Wartung (z. B. Ventile, Siebe usw.) benötigt werden. Die in diesem Zusammenhang anzuwendende a.a.R.d.T. ist DIN EN 1717 als europäisch einheitliche Grundlage und gilt in Deutschland zusammen mit den ergänzenden, nationalen Festlegungen der DIN 1988 Teil 100.

Der Grad der Sicherung und die Wirksamkeit der Sicherungseinrichtung, z. B. freier Auslauf, Belüftungsöffnungen oder eine mechanische Vorrichtung, hängen von der Kategorie des das Trinkwasser gefährdenden Fluids ab. Alle Anschlüsse an die Trinkwasser-Installation werden gem. DIN EN 1717 als ständige Anschlüsse angesehen.

Die Qualität des Trinkwassers ist gegen Verunreinigungen durch hydraulische Vermischung (Rückfließen, Rücksaugen und Rückdrück oder Rückwachsen von Mikroorganismen) mit Wasser aus angeschlossenen Apparaten und Systemen, in denen sich Nicht-Trinkwasser befindet, zu schützen.

Stoffe aus einem defekten Apparat können bei Störungen (z. B. Druckmangel, Rohrbruch) zurückfließen und nach Behebung dieser Störung in dem Trinkwasser, das der Verbraucher entnimmt, enthalten sein (z. B. ein Apparat, in dem Chemikalien mit Trinkwasser gelöst werden).

Ist die Trinkwasser-Installation mit Systemen zum Transport oder zur Ableitung von Flüssigkeiten unmittelbar verbunden, in denen die Anwesenheit von mikrobiellen oder viruellen Erregern übertragbarer Krankheiten nicht ausgeschlossen werden kann (Flüssigkeitskategorie 5, z. B. Abwasser, WC-Becken, Urinal), kann es durch Verunreinigungen und mikrobiologisches Wachstum zu einer Rückverkeimung der zuführenden Trinkwasser-Installation kommen.

Bild 22: Werden Spülleitungen von Filtern oder Entlastungsleitungen von Sicherheitsventilen in die Abwasserleitung eingeführt, kann es zu mikrobiologischem Wachstum aus der Abwasserleitung rückwärts in die Trinkwasser-Installation kommen

Die Einleitung von Spülwasseranschluss und/oder Entlastungsleitungen usw. in das Abwassersystem ohne freie Fallstrecke von mindesten 20 mm stellt beispielsweise eine unmittelbare Verbindung zwischen Trinkwasser und einem Nicht-Trinkwassersystem der Flüssigkeitskategorie 5 her. Abwasseranschlüsse dürfen nur mittelbar über einen „freien Ablauf über einem

Entwässerungsgegenstand“ fortgeleitet werden, da es ansonsten bei Verstopfung oder Rückstau in der Abwasserleitung zu einer retrograden Verunreinigung der Trinkwasser-Installation mit Mikroorganismen aus dem Abwasser-System kommen kann.

Entnahmearmaturen müssen eigensicher sein (zwei integrierte Rückflussverhinderer Typ EC). Bei nicht eigensicheren Entnahmearmaturen besteht z. B. das Risiko, dass es bei Druckunterschieden zu einem Überströmen von Trinkwasser (warm) in die Leitung für Trinkwasser (kalt) kommt (oder umgekehrt). In der Folge erwärmt sich das Kaltwasser bzw. kühlt das Warmwasser aus, was jeweils die Besorgnis einer Legionellenkontamination in sich trägt.

Feuerlösch- und Brandschutzanlagen

Feuerlösch- und Brandschutzanlagen auf Grundstücken und in Gebäuden dienen dem Objektschutz im Sinne des DVGW W 405 (A). Die Anwendungstabelle A.1 der DIN 1988 Teil 100 verweist hinsichtlich der Absicherung von Feuerlösch- und Brandschutzanlagen in Zeile 19 auf den Teil 600 der aktuellen DIN 1988. Der Anschluss von Feuerlösch- und Brandschutzanlagen an Trinkwasser richtet sich demnach ausschließlich nach den Festlegungen der DIN 1988 Teil 600.

Gemäß der Definition Pkt. 3.5 der DIN 1988-600 ist eine *„Löschwasseranlage ‚nass‘ eine vom Trinkwasser getrennte Löschwasserleitung mit angeschlossenen Wandhydranten, die ständig mit Wasser gefüllt sind und unter Druck stehen und somit jederzeit einsatzbereit sind“*. Folgerichtig definiert die DIN 1988-600 weiter unter Pkt. 3.4.3.1, dass ein ‚Wandhydrant Typ F‘ *„ein für die Nutzung als Selbsthilfe und als Nutzung durch die Feuerwehr vorgesehener Wandhydrant ist, der nicht in einer Trinkwasser-Installation eingebunden ist“*.

Ohne eine den allgemein anerkannten Regeln der Technik entsprechende Trennung handelt es sich gem. § 3 Nr. 3 TrinkwV bei einer Anlage mit Feuerlöscheinrichtungen insgesamt um eine Trinkwasser-Installation mit angeschlossenen Wandhydranten.

In bestimmten Fällen kann gem. DIN 1988-600 der Löschwasserbedarf für den Objektschutz aus der Trinkwasserversorgung gedeckt werden. Für die Bereitstellung von Löschwasser aus dem Trinkwassernetz ist in jedem Einzelfall die Zustimmung des Wasserversorgungsunternehmens einzuholen. Abstriche bei der Aufrechterhaltung der Trinkwasserhygiene können dabei nicht akzeptiert werden; in diesen Fällen müssen andere Lösungen für die Löschwasserversorgung gefunden werden.

Die Tabelle 1 der DIN 1988-600 legt die zulässigen Anschlussarten an der Löschwasserübergabestelle (LWÜ) fest. Anlagen mit Wandhydranten Typ F oder S können demnach entweder

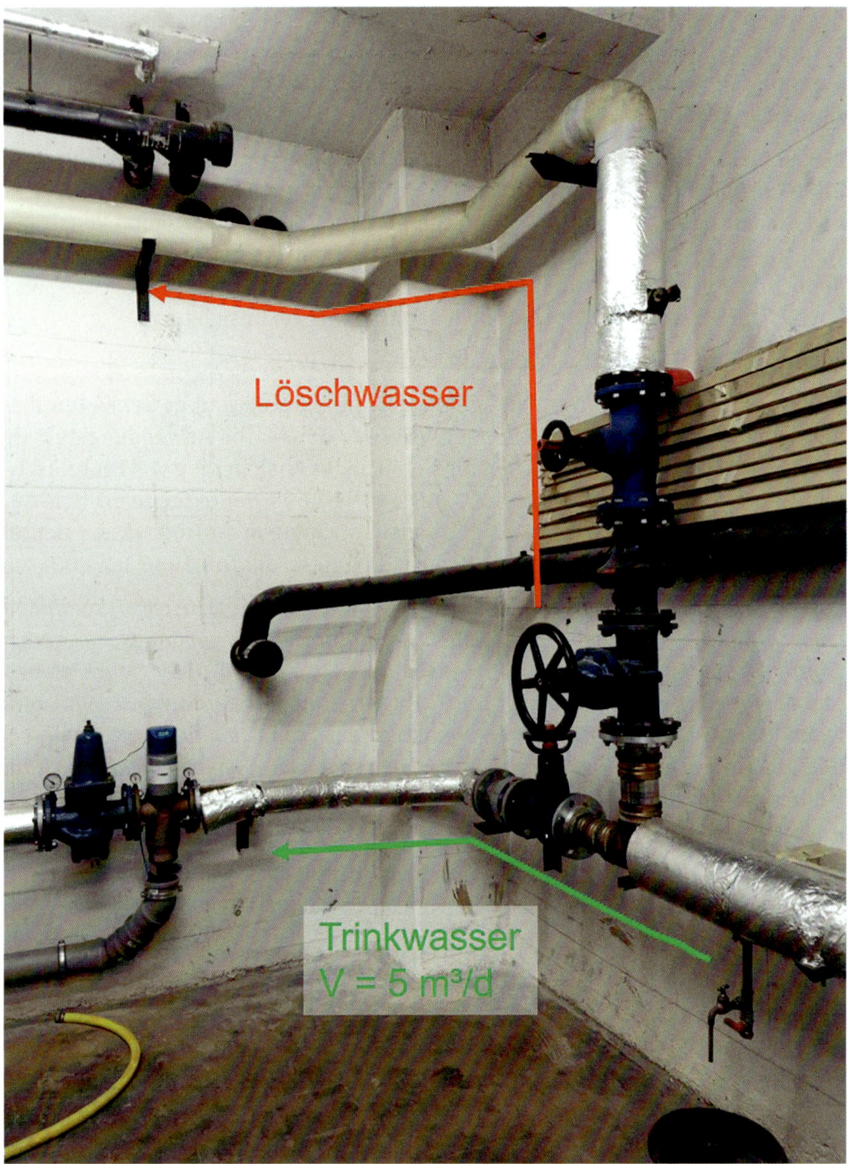

Bild 23: Werden Trinkwasserleitungen nach dem Löschwasser-Volumenstrom dimensioniert, kann es zu erheblichen Stagnationsproblemen in der überdimensionierten Leitung kommen

- mittels eines freien Auslaufs Typ AA oder AB oder
- als Nass-/Trocken-Anlagen mit einer Füll- und Entleerungsstation

als Löschwasserübergabestelle (LWÜ) an die Trinkwasser-Installation angeschlossen werden.

Die Einzelzuleitungen zur LWÜ dürfen nach DIN 1988-600 sowohl eine Länge von 10x DN als auch ein Volumen von 1,5 l nicht überschreiten. Anderenfalls sind geeignete automatische Spüleinrichtungen in der LWÜ vorzusehen, um eine ausreichende Wassererneuerung sicherzustellen.

Wird Trinkwasser als Löschwasser für ein Grundstück zur Verfügung gestellt, müssen die Löschwasser- und die Verbrauchsleitung durch eine gemeinsame Anschlussleitung versorgt werden. Die Dimensionierung der gemeinsamen Zuleitung soll hierbei nach dem Trinkwasser-Spitzenvolumenstrom erfolgen. Stellt das Wasserversorgungsunternehmen nur Teilmengen des Löschwasserbedarfs zur Verfügung, ist die Differenz ggf. zu bevorraten.

Mechanisch wirkende Filter dürfen nicht in der gemeinsamen Zuleitung von Trinkwasser-Installation und Feuerlösch- und Brandschutzanlage eingebaut werden, sondern sind im Abzweig zur Trinkwasser-Installation einzusetzen. In der Leitung zur LWÜ dürfen ggf. nur Steinfänger mit einer Maschenweite von mindestens 1,0 mm verwendet und betrieben werden.

Ist in der Trinkwasser-Zuleitung zu Brandschutzeinrichtungen (LWÜ) die Installation von Armaturen vorgesehen, so müssen diese so beschaffen sein, dass von ihnen keine Beeinträchtigung der Brandschutzeinrichtung ausgehen kann, im Leitungsweg des Löschwassers sind alle Absperreinrichtungen und Leitungen nach DIN 2403 zu kennzeichnen und gegen unbefugtes Schließen zu sichern.

Kennzeichnung

Bereits nach § 17 Abs. 6 TrinkwV sind Leitungen innerhalb von Gebäuden farblich dauerhaft zu kennzeichnen:

Verordnung über die Qualität von Wasser für den menschlichen Gebrauch (TrinkwV)

§ 17 Anforderungen an Anlagen für die Gewinnung, Aufbereitung oder Verteilung von Trinkwasser

(6) (...) Der Unternehmer und der sonstige Inhaber einer Wasserversorgungsanlage nach § 3 Nummer 2 haben die Leitungen unterschiedlicher Versorgungssysteme beim Einbau dauerhaft farblich unterschiedlich zu

kennzeichnen oder kennzeichnen zu lassen. Sie haben Entnahmestellen von Wasser, das nicht für den menschlichen Gebrauch nach § 3 Nummer 1 bestimmt ist, bei der Errichtung dauerhaft als solche zu kennzeichnen oder kennzeichnen zu lassen und erforderlichenfalls gegen nicht bestimmungsgemäßen Gebrauch zu sichern.

Die Kennzeichnung der Rohrleitungen soll entsprechend DIN 1988-200 Pkt. 8.2 nach DIN 2403 mit einer grün-weiß-grünen Farbmarkierung und der Verwendung der Kurzzeichen nach DIN EN 806 Teil 1 (PWC für Kaltwasser, PWH für Warmwasser, PWH-C für Wasser der Zirkulation) erfolgen. Die Fließrichtung ist mit einem weißen Pfeil anzugeben. Die Kennzeichnung ist verpflichtend

- in gewerblichen Gebäuden
- in Gebäuden, in denen verschiedene Medien rohrleitungsgebunden geführt werden, auch wenn es sich hierbei um eine häusliche Nutzung handelt.

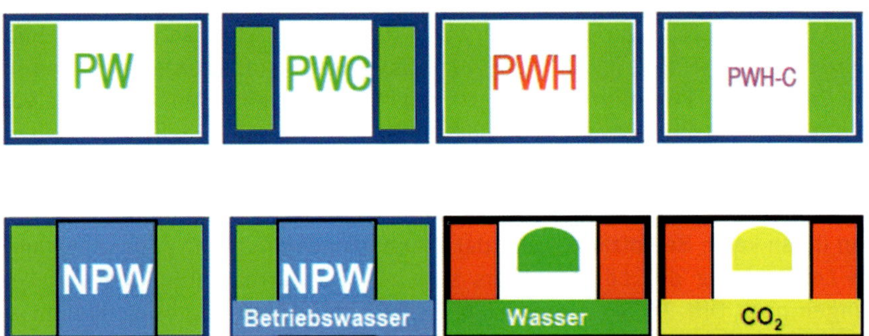

Bild 24: Leitungskennzeichnung nach DIN 2403

Eine zweifelsfreie, konsistente Beschriftung der Rohrleitungen und Installationen ist notwendig, um im Bedarfsfall eine korrekte Bedienung der Armaturen und Bauteile gewährleisten zu können und bei Umbauten die jeweiligen Leitungen verwechslungssicher zuordnen zu können.

Sind Entnahmestellen von Wasser, das nicht für den menschlichen Gebrauch bestimmt ist, unzureichend gekennzeichnet oder gegen nicht bestimmungsgemäßen Gebrauch gesichert, besteht das Risiko, dass Nutzer unwissentlich Nichttrinkwasser nutzen, was zu gesundheitlichen Schäden führen kann.

6.4 Hochwasser

6.4 Hochwasser

Empfehlung für die Instandsetzung der Trinkwasser-Installation nach einer Überflutung

- Eine Beprobung des Trinkwassers gibt Aufschluss über eine mögliche chemische oder mikrobiologische Kontamination der Trinkwasserinstallation. Der Sanierungsplan auf Grundlage der allgemein anerkannten Regeln der Technik richtet sich u.a. nach den Analyseergebnissen oder nach den Ergebnissen einer Gefährdungsanalyse nach VDI/BTGA/ZVSHK 6023 Blatt 2.
- Alle zur Atmosphäre hin offenen Komponenten, z.B. Sicherheitsventile, System- und Rohrtrenner vom Typ BA und CA, Duschköpfe und Hahnventilbaugruppen, die überflutet wurden, sind auszutauschen.
- Bauteile, die keine Öffnung zur Atmosphäre besitzen, sind auf Schäden zu inspizieren.
- Die gesamte Anlage ist unmittelbar nach der Instandsetzung ordnungsgemäß wieder in Betrieb zu nehmen.

Werkstoffe und Materialien, die für die Neuerrichtung oder Instandhaltung von Anlagen für die Gewinnung, Aufbereitung oder Verteilung von Trinkwasser verwendet werden und Kontakt mit Trinkwasser haben, dürfen nach § 17 Abs. 2 TrinkwV nicht

1. den nach dieser Verordnung vorgesehenen Schutz der menschlichen Gesundheit unmittelbar oder mittelbar mindern,
2. den Geruch oder den Geschmack des Wassers nachteilig verändern oder
3. Stoffe in Mengen ins Trinkwasser abgeben, die größer sind, als dies bei Einhaltung der allgemein anerkannten Regeln der Technik unvermeidbar ist.

Der vorgenannte Absatz 2 zielt sinngemäß in erster Linie auf Materialien zur Herstellung von Bauteilen und Produkten ab, die in Kontakt mit Trinkwasser kommen. Bestimmte Ereignisse und Einflüsse können dazu führen, dass die zum Zeitpunkt der Installation ehemals geeigneten Materialien und Werkstoffe durch diese äußeren Einflüsse verändert oder belastet werden. Die grundsätzlichen Anforderungen zum Schutz der Gesundheit nach § 17 Abs. 2 TrinkwV sind damit auch bei Bauteilen, Werkstoffen und Materialien zur Anwendung zu bringen, die ggf. gegenüber ihrem Herstellungs- und Auslieferungszustand verändert wurden. Trinkwasserbehälter, Leitungen und Apparate müssen daher vor externen Verunreinigungen geschützt werden.

Entnahmearmaturen für Trinkwasser an Waschtischen, Duschen und Badewannen verfügen an der Auslaufstelle über einen freien Ablauf über einem Entwässerungsgegenstand im Sinne von Pkt. 3.1 der DIN EN 1717.

Außer Trinkwasser dürfen keine anderen Fluide in einer Trinkwasser-Installation befördert werden oder in diese eindringen (Gas, Pressluft, Ventilationsableitung, Dampf, Chemikalien, Wasser aus Heizungsanlagen, wiederverwendetes Wasser, Drainage- oder Überlaufwasser, Abwasser usw.).

Jedes Eindringen von anderen Flüssigkeiten und Verunreinigungen in die Trinkwasser-Installation über die Auslaufstelle von Armaturen oder den Entleerungs-/Entlastungsanschlüssen von Bauteilen, die zur Atmosphäre öffnen, kann eine Beeinträchtigung der Wasserbeschaffenheit hervorrufen.

Bauteile und Armaturen in Kontakt mit Trinkwasser, die über eine Belüftungsöffnung verfügen oder anderweitig in Kontakt mit der Atmosphäre stehen (Entnahmearmaturen, Sicherheitsventile, rückspülbare Filter, Sicherungseinrichtungen usw.), dürfen nicht in Räumen und Umgebungen installiert werden, in denen Dämpfe, Gase, Aerosole, Staub oder das Eindringen von Flüssigkeit möglich sind. Wenn anzunehmen ist, dass im Betrieb eine Verunreinigung über die Sicherungseinrichtung oder die Belüftungsöffnung ins Trinkwasser möglich ist (z. B. Freier Ablauf), sind gem. DIN EN 1717 geeignete Sicherungsmaßnahmen vorzusehen.

Bei einer Überflutung drohen gesundheitliche Risiken, da verkeimtes Schmutzwasser über die Versorgungsleitung oder unmittelbar über Bauteile, die zur Atmosphäre öffnen, mit der Trinkwasser-Installation in Berührung gekommen sein könnte. Nach einer Überflutung sollte die komplette Dämmung der betroffenen Bereiche entfernt werden, da es aufgrund von Durchfeuchtung auch zu äußerer Korrosion kommen kann. Die gesamte Installation ist zudem möglichst schnell äußerlich zu reinigen, denn Oberflächen können mit Mikroorganismen kontaminiert sein.

Das Installationssystem ist unverzüglich zu spülen (gem. DVGW W 557 (A)), sobald der Wasserversorger wieder einwandfreie Trinkwasserqualität über den Hausanschluss zur Verfügung stellen kann.

In Gebäuden mit Risikopatienten wie beispielsweise Alten- und Pflegeheimen oder Krankenhäusern und bei Verdacht einer Keimbelastung ist das Wasser außerdem repräsentativ mikrobiologisch zu untersuchen.

Ist bereits das Trinkwasser der Versorgungs- und Hausanschlussleitung verschmutzt, muss mit der Spülung der häuslichen Trinkwasser-Installation gewartet werden, bis der Versorger wieder einwandfreies Trinkwasser bereitstellt. Die Hausanschlussleitung ist dann zu reinigen und ggf. zu desinfizieren, bevor die Installation mit einwandfreiem Trinkwasser gespült und gereinigt wird.

Ist jedoch Schmutzwasser in Trinkwasserleitungen oder Bauteile eingedrungen, sollten diese Bauteile und Armaturen sehr sorgfältig gereinigt oder ggf. ausgetauscht werden. Entnahmearmaturen für Trinkwasser verfügen konstruktiv oftmals über komplexe innere Kammern, Leitungen und Kanäle, in denen das Wasser gemischt und geführt wird. Zur Betätigung der Armaturen, insbesondere bei Einhebelmischern oder Armaturen mit Druck- oder Sensorbetätigung, werden mechanische, hydraulische und teilweise elektronische Komponenten und Bauteile verwendet, um den Wasseraustritt aus der Armatur zu regeln und die gewünschte Temperatur einzustellen. Werden solche Entnahmearmaturen nach der Inbetriebnahme und Befüllung mit Wasser wieder demontiert, ist eine vollständige Entleerung, Reinigung und Trocknung der Armaturen in der Regel nicht möglich.

In den meisten Fällen ist die fachgerechte Spülung bestehender Trinkwasser-Installationen möglichst mit einem Wasser-/Luftgemisch völlig ausreichend, um nach dem Hochwasser die Trinkwassergüte wiederherzustellen. Bestehen allerdings Restzweifel oder ein erhöhtes Schutzziel wie in Kindergärten, Altenheimen und ähnlichen Einrichtungen, sollte eine Beprobung durchgeführt werden. Als Orientierung gelten dabei die mikrobiologischen Grenzwerte für allgemeine Keimzahl 22 °C und 36 °C *E. coli* und *Enterokokken*, für coliforme Keime als Indikator einer fäkalen Verunreinigung und *Pseudomonas aeruginosa*. Erst wenn trotz fachgerechter Reinigungs- und Spülmaßnahmen eine Keimbelastung immer noch über den Grenzwerten liegt, kann eine Desinfektion der Trinkwasser-Installation notwendig sein.

7 Voraussetzungen für die Instandhaltung

7 Voraussetzungen für die Instandhaltung

Die Maßnahmen der Instandhaltung von Trinkwasser-Installationen sind

- Wartung,
- Inspektion,
- Instandsetzung und
- Verbesserung.

Sie sind bei eingetretenem Mangel (Instandsetzung), im definierten Zeitintervall (Inspektion und Wartung) oder aus besonderem Anlass (Verbesserung) durchzuführen. Bereits in der Planung einer Trinkwasser-Installation ist es notwendig, die erforderlichen Instandhaltungsmaßnahmen aller Bauteile für den Betrieb festzulegen.

Der Abschluss eines Instandhaltungsvertrags wird empfohlen.

Die Grundlagen des Betreibens und Instandhaltens von Gebäuden und gebäudetechnischen Anlagen nach VDI 3810 Blatt 1 sind zu beachten. Grundlage der Instandhaltung ist der Instandhaltungs-/Hygieneplan und gegebenenfalls ein Investitionsplan. Informationen zu den notwendigen Prozessen und Maßnahmen sind zu sammeln und in der Instandhaltungsplanung zusammenzufassen.

Die Instandhaltungsplanung ist fortlaufend zu validieren.

Die Betreiberpflichten und die allgemeinen Grundlagen zu Betrieb und Instandhaltung von Gebäuden und gebäudetechnischen Anlagen werden im Blatt 1 der VDI-Richtlinienreihe 3810 beschrieben. Dort finden sich die Anforderungen an den Betreiber definiert, die Grundsätze des Betreibens auch aus rechtlicher Sicht, die Voraussetzungen zum Betreiben, hilfreiche vertragliche Regelungen und Vorgaben zum Betreiben und Instandhalten, Hinweise zur Betreiberorganisation und Dokumentation, Maßnahmen zur Umsetzung sowie Checklisten zur Anlagensicherheit, zur Betriebsorganisation und zur Dokumentation.

Mit Fokus auf die Trinkwasser-Installation war bereits in der alten DIN 1988 Teil 8 „Betrieb der Anlagen“ aus dem Jahr 1988 zu lesen „Zur Erfüllung seiner Obliegenheiten und Sorgfaltspflichten ist der Betreiber durch den Anlagenersteller in die Bedienung der Anlage einzuweisen und mit ihrer Betriebsweise vertraut zu machen“ und auch „Dem Betreiber wird empfohlen, für die

Trinkwasseranlagen einen Wartungsvertrag mit einem Installationsunternehmen abzuschließen". Diese Vorgaben, die heute an eine moderne Trinkwasser-Installation hinsichtlich des Betriebs und der Instandhaltung gestellt werden, sind nicht wirklich neu und gelten heute als allgemein bekannt.

Die Anforderungen an die Instandhaltung richten sich nach der DIN 31051 (Stand 2019). Zusätzlich zu den Festlegungen und Definitionen der europäischen DIN EN 13306 zum Thema Instandhaltung werden in dieser Norm Strukturierungen der Instandhaltung in Grundmaßnahmen festgelegt, die den Anforderungen der DIN EN 13306 nicht entgegenstehen. Ferner wird der Begriff des „Abnutzungsvorrats" definiert, der maßgeblich für viele weitere Begriffe und Strategien der Instandhaltung ist. Es ist geplant, diese Inhalte in die DIN EN 13306 zu integrieren, damit die DIN 31051 danach zurückgezogen werden kann.

Unter den Grundmaßnahmen ist die **Instandhaltung** als „*Kombination aller technischen und administrativen Maßnahmen sowie Maßnahmen des Managements während des Lebenszyklus eines Objekts, die dem Erhalt oder der Wiederherstellung ihres funktionsfähigen Zustands dient, sodass es die geforderte Funktion erfüllen kann*", definiert. Die weiteren Maßnahmen der Instandhaltung gliedern sich dann auf in die nachfolgend erläuterten Begriffe der Inspektion, der Instandsetzung, der Wartung und der technischen Verbesserung.

Die Instandhaltung einer Trinkwasser-Installation ist, wie bereits erwähnt, die Grundlage für den nach § 17 Abs. 1 TrinkwV geforderten bestimmungsgemäßen Betrieb, was sich auch im Bezug unter § 9 widerspiegelt:

Verordnung über die Qualität von Wasser für den menschlichen Gebrauch (TrinkwV)

§ 9 Maßnahmen im Falle der Nichteinhaltung von Grenzwerten, der Nichterfüllung von Anforderungen, der Überschreitung von technischen Maßnahmenwerten sowie der Überschreitung von Parameterwerten für radioaktive Stoffe

(7) Werden Tatsachen bekannt, wonach eine Nichteinhaltung oder Nichterfüllung der in den §§ 5 bis 7 festgelegten Grenzwerte oder Anforderungen auf die Trinkwasser-Installation oder deren unzulängliche Instandhaltung zurückzuführen ist, so ordnet das Gesundheitsamt an, dass

1. geeignete Maßnahmen zu ergreifen sind, um die aus der Nichteinhaltung oder Nichterfüllung möglicherweise resultierenden gesundheitlichen Gefahren zu beseitigen oder zu verringern, und

2. die betroffenen Verbraucher über mögliche, in ihrer eigenen Verantwortung liegende zusätzliche Maßnahmen oder Verwendungseinschränkungen des Trinkwassers, die sie vornehmen sollten, angemessen zu informieren und zu beraten sind.

Bei Wasserversorgungsanlagen nach § 3 Nummer 2 Buchstabe e, die nicht im Rahmen einer öffentlichen Tätigkeit betrieben werden, kann das Gesundheitsamt dies anordnen. Zu Zwecken des Satzes 1 hat das Gesundheitsamt den Unternehmer oder den sonstigen Inhaber der Anlage der Trinkwasser-Installation über mögliche Maßnahmen zu beraten.

Insbesondere Satz 2 des vorgenannten Paragrafen der Trinkwasserverordnung ist interessant, da nicht nur die generelle Pflicht zur Instandhaltung wieder betont wird und die Verantwortung des Gesundheitsamtes zu Überwachung und Anordnung, sondern auch die Nutzer der Trinkwasser-Installation, also zum Beispiel auch Mieter, klar in diese Verpflichtungen mit einbezogen werden.

In der vorliegenden Richtlinie VDI 3810 Blatt 2/VDI 6023 Blatt 3 heißt es: „*Die Pflicht zur Instandhaltung von Trinkwasser-Installationen besteht grundsätzlich. Sie setzt nicht erst dann ein, wenn mit Verschleißerscheinungen zu rechnen ist. Der verantwortliche Unternehmer oder sonstige Inhaber ist verpflichtet, die erforderliche Instandhaltung der Trinkwasser-Installation zu gewährleisten.*“

Eine technische Anlage permanent funktionstüchtig zu halten, ist in vielen Bereichen unserer Gesellschaft eine Selbstverständlichkeit. Niemand stellt in Frage, dass Kraftfahrzeuge in regelmäßigen Abständen zur Inspektion müssen, dass Fahrstühle wiederkehrend gewartet werden oder dass Flugzeuge permanent inspiziert und vorbeugend gewartet werden. Im Bereich der technischen Gebäudeausstattung ist auch nahezu jedem Verbraucher klar, dass die Heizungsanlage mindestens einmal im Jahr gereinigt und instandgesetzt werden sollte.

Ein ähnliches Verständnis findet sich für Instandhaltungen in der Trinkwasser-Installation jedoch eher selten, obgleich aus einer unzureichenden Instandhaltung gravierende Mängel und Risiken für die menschliche Gesundheit entstehen können. Werden beispielsweise Sicherungseinrichtungen zum Schutz gegen Rückfließen nicht in einem ordnungsgemäßen Zustand gehalten, sodass sie ihrer Funktion nicht mehr gerecht werden können, besteht das Risiko einer Verunreinigung des Trinkwassers durch das angeschlossene Nicht-Trinkwasser aus Apparaten oder anderen Systemen. Auch Filter am Hauswassereingang zu Einfamilienhäusern müssen durch den Tausch der Filterelemente oder regelmäßige Rückspülung instandgehalten werden, da ansonsten aus dem Belag auf dem Filterelement ein Biofilm entstehen kann, der wiederum zu unerwünschten Verkeimungen führt.

Eine mangelhafte Instandhaltung ist einer der häufigsten Punkte, die in Gefährdungsanalysen zu bemängeln sind. Die Pflicht zur Instandhaltung von Trinkwasser-Installationen setzt aber nicht erst dann ein, wenn aufgrund der Betriebszeit mit Verschleißerscheinungen zu rechnen ist, sondern sie besteht grundsätzlich ab dem Tag der Inbetriebnahme ...

Durch einen fachkundigen Installateur oder Planer ist für die jeweilige Trinkwasser-Installation ein Instandhaltungs- oder Hygieneplan erstellen zu lassen, um all diese Bedingungen und Voraussetzungen erfüllen zu können. In einem Instandhaltungsplan werden über die Systematik nach DIN 31051 die erforderlichen Maßnahmen der Instandhaltung aufgelistet und individuell für die jeweilige Installation festgelegt.

Die begriffliche Definition zur Instandhaltung aus der DIN 31051 erklärt damit die Kombination aller technischen und administrativen Maßnahmen während des gesamten Lebenszyklus einer Installation zur Erhaltung oder Wiederherstellung des funktionsfähigen Zustandes, sodass die Installation ihre geforderte Funktion erfüllen kann. Dies meint also alle Maßnahmen, die für den zweckgerichteten ordnungsgemäßen Betrieb der Trinkwasseranlage erforderlich sind.

Maßnahmen sind durchzuführen bei eingetretenem Mangel (Instandsetzung, Verbesserung), im definierten Zeitintervall (Inspektion und Wartung) oder aus besonderem Anlass (Verbesserung).

Interessant ist, dass nur im Bereich der Haustechnik von „Wartungsverträgen" gesprochen wird. Diese umgangssprachliche Bezeichnung birgt, gerade in Auftrags-Verträgen verwendet, eine gewisse Brisanz in sich, wenn man genauer betrachtet, wie die vier Begriffe der Instandhaltung unter Pkt. 7.2 erklärt sind.

7.1 Instandhaltungsplanung

7.1 Instandhaltungsplanung

Jedes einzelne Bauteil ist während seines gesamten Lebenszyklus unter Beachtung des jeweiligen Einsatzzwecks sowie der sich aus einem Mangel möglicherweise ergebenden Folgen zu bewerten (siehe Tabelle 3). Vorgaben und Intervalle sind den jeweiligen Herstellerunterlagen und Abschnitt 8 zu entnehmen. Aus der individuellen Bauteilbewertung ergeben sich die notwendigen Maßnahmen.

Bewertungsgruppe 1

Die Bewertungsgruppe 1 umfasst sämtliche Bauteile, Apparate und Leitungen, bei deren Ausfall oder Funktionsstörung nicht mit Sach- oder Personenschäden zu rechnen ist (z.B. Entnahmearmatur ohne Verbrühschutz). Die regelmäßige Inspektion kann durch unterwiesenes Personal des Betreibers ausgeführt werden. Inspektionen sind zu dokumentieren und im Betriebsbuch abzulegen. Instandsetzungsarbeiten sind gegebenenfalls durch ein eingetragenes Installationsunternehmen durchzuführen.

Tabelle 3. Bewertung von möglichen Folgen bei Mängeln an Bauteilen

Bewertungs-gruppe	Mögliche Folgen bei Mängeln	Maßnahme
1	Schönheitsfehler, keine Sach- oder Personenschäden	Inspektion durch unterwiesenes Betreiberpersonal
2	kann zu Sachschäden und/oder erheblichen erhöhten Betriebskosten oder Verbrauchswerte führen	Inspektion durch eingetragenes Installationsunternehmen
3	kann zu Personenschäden führen	Erhöhung der Ausfallsicherheit durch regelmäßige Inspektion und Wartung durch eingetragenes Installationsunternehmen

Bewertungsgruppe 2

Bauteile, deren Ausfall oder Funktionsstörung zu Sachschäden oder zu erhöhten Betriebskosten oder Verbrauchswerten führen können, sind in der Bewertungsgruppe 2 zusammengefasst. Die regelmäßige Inspektion mit Funktionsprüfung sowie die daraus resultierenden Instandsetzungsarbeiten müssen durch ein eingetragenes Installationsunternehmen ausgeführt werden.

Bewertungsgruppe 3

Bauteile, Apparate und Anlagen, deren Ausfall oder Funktionsstörung zu Personenschäden führen kann (z.B. Sicherungseinrichtungen zum Schutz gegen Flüssigkeitskategorie 3 bis Flüssigkeitskategorie 5 gemäß DIN EN 1717) sind zum Erhalt des Sollzustands regelmäßig durch ein eingetragenes Installationsunternehmen zu inspizieren und mindestens im vorgegebenen Zeitabstand zu warten. Inspektionen und Wartungen sind im Betriebsbuch zu dokumentieren. Der Wartungszyklus ist so zu wählen, dass Mängel nicht zu erwarten sind.

Bereits vor Baubeginn, mit der Ausführungsplanung, sind auf Basis des Raumbuchs durch den planenden Fachmann Betriebsanweisungen sowie Instandhaltungs- und Hygienepläne zu erstellen. Die Betriebsanweisung, in der die erforderlichen Maßnahmen zum bestimmungsgemäßen Gebrauch für den Betreiber aufgelistet werden, muss auch Angaben hinsichtlich Ablauf und Intervall einer ausreichenden Funktionskontrolle enthalten. Für Gebäude mit erhöhten Anforderungen an die Hygiene (zum Beispiel Lebensmittelbetriebe, Krankenhäuser, Seniorenpflegeheime) muss ein Hygieneplan mit dem Bauherrn, einem Hygieniker, ggf. dem zuständigen Gesundheitsamt und möglichst mit dem späteren Betreiber abgestimmt werden.

Die bislang angebotene Einteilung in drei Instandhaltungsklassen A, B und C nach der bisherigen VDI/DVGW 6023 erwies sich in der Praxis als schwierig umsetzbar, daher wurde die Erstellung eines Instandhaltungsplans durch den Richtlinienausschuss der VDI 3810 Blatt 2/VDI 6023 Blatt 3 neu erarbeitet und wesentlich vereinfacht. Die aktuellen Anforderungen an die Erstellung eines Instandhaltungsplans sind praxistauglich und auch in Bestandsinstallationen nachträglich problemlos umsetzbar.

Art und Umfang aller erforderlichen Instandhaltungsmaßnahmen sind unter Berücksichtigung der Gefährdungsmöglichkeiten und der Angaben der Hersteller der Anlagen, Armaturen oder Apparate im Instandhaltungsplan festzulegen. Über die durchgeführten Instandhaltungsmaßnahmen ist ein Betriebsbuch zu führen, in das auch die aus den Instandhaltungsmaßnahmen abgeleiteten Folgerungen und weiteren erforderlichen Maßnahmen fortlaufend einzutragen sind. Das Betriebsbuch ist über den Gebäudelebenszyklus dauerhaft zu führen und aufzubewahren.

Die für den hygienisch einwandfreien Betrieb erforderlichen Maßnahmen für die Instandhaltung müssen für alle in einem Objekt vorgesehenen und installierten Armaturen, Apparate und Trinkwasserleitungen in der Instandhaltungsplanung berücksichtigt werden und es sind erforderliche bauliche Voraussetzungen zu schaffen.

Heute differenzieren sich die Einteilung und die definierten Maßnahmen zur Instandhaltung in drei Bewertungsgruppen, die jeweils von der Betrachtung ausgehen, was in einem Schadensfall oder bei Funktionsausfall eines Bauteils schlimmstenfalls passieren könnte (FMEA – failure mode and effect analysis). Für jede Anlage und jeden Apparat ist individuell die Bewertungsgruppe 1, 2 oder 3 nach Tabelle 3 der VDI 3810 Blatt 2/ VDI 6023 Blatt 3 festzulegen, oberstes Bewertungskriterium ist die Gefährdungsbeurteilung bei einem Mangel. In Abhängigkeit von der Zuordnung zu der Bewertungsgruppe ergeben sich aus Tabelle 3 die notwendigen Maßnahmen der Instandhaltung.

Bewertungsgruppe 1

Die Bewertungsgruppe 1 umfasst sämtliche Bauteile, Apparate und Leitungen, bei deren Ausfall oder Funktionsstörung nicht mit erheblichen Sach- oder Personenschäden, jedoch eventuell mit Funktionsstörungen oder sogenannten „Schönheitsfehlern" zu rechnen ist (z. B. Entnahmearmaturen).

Die regelmäßige Inspektion solcher Bauteile, deren Ausfall kein Risikopotenzial in sich trägt, kann durch unterwiesenes Personal des Betreibers selbst ausgeführt werden. Inspektionen, wozu auch das Ablesen von Thermometern oder Druckanzeigen gehört, sind zu dokumentieren und im Betriebsbuch abzulegen. Instandsetzungsarbeiten bei einer festgestellten Abweichung vom Sollzustand sind dann gegebenenfalls durch ein eingetragenes Installationsunternehmen durchzuführen, da nur ausgebildete Fachleute an Trinkwasser-Installationen arbeiten dürfen.

Bewertungsgruppe 2

In der Bewertungsgruppe 2 sind alle Bauteile zusammengefasst, deren Ausfall oder Funktionsstörung zu Sachschäden oder zu erhöhten Betriebskosten oder Verbrauchswerten führen können. Die regelmäßige Inspektion mit Funktionsprüfung sowie die daraus ggf. resultierenden Instandsetzungsarbeiten müssen durch ein eingetragenes Installationsunternehmen ausgeführt werden.

Bewertungsgruppe 3

Sämtliche Bauteile, Apparate oder Anlagen, deren Ausfall oder Funktionsstörung sogar zu Personenschäden führen können (z. B. Sicherungseinrichtungen zum Schutz gegen Flüssigkeitskategorie 3 bis Flüssigkeitskategorie 5 gemäß DIN EN 1717), sind zum ständigen Erhalt des Sollzustands regelmäßig durch ein eingetragenes Installationsunternehmen zu inspizieren und mindestens im vorgegebenen Zeitabstand zu warten. An solchen Bauteilen wäre ein Mangel oder ein Funktionsausfall nicht zulässig.

Inspektionen und präventive Maßnahmen zum Schutz gegen Funktionsbeeinträchtigungen (Wartungen) sind im Betriebsbuch zu dokumentieren. Der Wartungszyklus ist so zu wählen, dass Mängel nicht zu erwarten sind.

Auf dieser Grundlage wird dann ein umfassender Instandhaltungsplan festgelegt, der ausschließlich das Gefährdungspotenzial eines Mangels berücksichtigt. Hierbei sind alle denkbaren Gefährdungsmöglichkeiten, die einen Mangel an einem Bauteil verursachen können, zu bestimmen (Bild 25). Auf dieser Basis muss dann der für die jeweilige Trinkwasser-Installation individuelle Instandhaltungsplan erstellt werden.

Viele Installationen verfügen heute über eine überwachende Gebäudeautomation. Unter Gebäudeautomation versteht man eine Gebäudeleittechnik zur Visualisierung, Bedienung und Überwachung betriebstechnischer Parameter in der Trinkwasser-Installation, wie zum Beispiel Temperaturüberwachung, Volumenströme, Druckverhältnisse, Spülzyklen oder Pumpenüberwachung.

Die Erkennbarkeit eines Mangels, z. B. durch eine unterstützende Gebäudeautomation, spielt bei der Erstellung eines Instandhaltungsplans entsprechend nur eine unterstützende Rolle, hat jedoch keine Auswirkung auf die Eingruppierung nach Tabelle 3.

Die durchgeführten Instandhaltungsmaßnahmen sind im Betriebsbuch zu dokumentieren, in das auch die aus den Instandhaltungsmaßnahmen abgeleiteten Folgerungen und weiteren erforderlichen Maßnahmen einzutragen sind:

Erstellung eines Instandhaltungsplans:

1. Alle Komponenten bzw. Anlagenteile der Trinkwasser-Installation sind aufzulisten.
2. Alle denkbaren Gefährdungsmöglichkeiten, die einen Mangel an einer Komponente bzw. an der Trinkwasser-Installation verursachen können, sind zu bestimmen. Alle beschriebenen Gefährdungsmöglichkeiten sind nach den Bewertungsgruppen der Tabelle 3 zuzuordnen (FMEA).
3. Erstellen des für die Trinkwasser-Installation erforderlichen individuellen Instandhaltungsplans gemäß Kapitel 7.

Art und Umfang aller erforderlichen Instandhaltungsmaßnahmen sind unter Berücksichtigung der Gefährdungsmöglichkeiten und der Angaben der Hersteller der Anlagen, Armaturen oder Apparate im Instandhaltungsplan festzulegen, Zeitintervalle für die verschiedenen Bauteile einer Trinkwasser-Installation finden sich beispielsweise in Tabelle 4.

Beispiel 1:

Ein Systemtrenner Typ BA zum Schutz des Trinkwassers gegen eine Gefährdung der Flüssigkeitskategorie 4 (erhebliche Gesundheitsgefährdung) ist in einem Krankenhaus zur Absicherung eines Röntgengeräts installiert.

Ein Mangel an diesem Gerät kann zu Personenschäden führen, wenn Flüssigkeiten aus dem angeschlossenen Apparat in die Trinkwasser-Installation gelangen, d. h. eine Zuordnung zu Bewertungsgruppe 3.

Ein Mangel an diesem Gerät kann zu Personenschäden führen, wenn Flüssigkeiten aus dem angeschlossenen Apparat in die Trinkwasser-Installation gelangen, d. h. eine Zuordnung zu Bewertungsgruppe 3, d. h., dieses Gerät ist vorbeugend im festgelegten Zeitrahmen (halbjährlich nach Tabelle 4 VDI 3810 Blatt 2/VDI 6023 Blatt 3) zu warten – ein Mangel am Gerät darf auf keinen Fall eintreten.

Beispiel 2:

Ein Druckminderer ist am Hauswassereingang eines Mehrfamilien-Wohnhauses installiert. Das Gebäude verfügt über eine automatische Beregnungsanlage im Garten, die an die Trinkwasser-Installation angeschlossen ist.

Ein Mangel an diesem Gerät könnte zu erhöhten Betriebskosten führen, falls der Druckminderer nicht korrekt schließt (höherer Wasserverbrauch durch erhöhten Druck im nachgeschalteten System; tropfen von Sicherheitsventilen), oder auch zu Nutzungsbeeinträchtigungen, wenn der Druckminderer nicht korrekt öffnet (zu geringer Volumenstrom/Druck).

Die Zuordnung ist in diesem Fall zur Bewertungsgruppe 2 vorzunehmen, da eine Nutzungseinschränkung (egal ob unter der Dusche oder in der Beregnungsanlage) schwerer wiegt als erhöhte Betriebskosten, d. h., dieses Gerät ist im festgelegten Zeitrahmen (jährlich nach Tabelle 4 VDI 3810 Blatt 2/VDI 6023 Blatt 3 oder davon abweichend nach Herstellerangaben) zu inspizieren und ggf. instand zu setzen.

Ist ein Hygieneplan erforderlich (zum Beispiel in Krankenhäusern), so sind die Instandhaltungspläne um die zusätzlichen Angaben und Anforderungen zu ergänzen bzw. zu modifizieren, z. B. Anforderungen nach den jeweiligen Medizin- und Hygieneverordnungen der Bundesländer (MedHygV), der RKI-Richtlinie zur Krankenhaushygiene und Infektionsprävention (KRINKO), Empfehlungen der Deutschen Gesellschaft für Krankenhaushygiene (DGKH) oder spezifische Probenahmeplanungen. Der Hygieneplan ist der auf diese Weise erweiterte Instandhaltungsplan.

Komponente		Bewertungs-gruppe *	Intervall	
			Inspektion	Wartung/Instandsetzung
Pos. 3: Bestimmungsgemäßer Betrieb (Grundanforderungen nach DVGW W 557 bzw. VDI/DVGW 6023)				
Kalt- und Warmwasser				
Durchfluss	Selten genutzte Leitungen, Leitungen in warmen Bereichen, endständige Leitungen		Wasseraustausch alle 72 Stunden	
	Nicht mehr verwendete Leitungen oder Installationsbereiche		Rückbau	
Temperatur	Trinkwasser kalt (PWC) möglichst kalt, jedoch ≤ 25°C		Keine Vorgabe, Empf.: wöchentlich bzw. kontinuierlich	
	Trinkwasser warm (PWH) am Ausgang des Trinkwassererwärmers ≥ 60°C. Zur Legionellenvermeidung auch bei dezentralen Trinkwassererwärmern empfohlen.		Keine Vorgabe. Empf.: wöchentlich bzw. kontinuierlich	
Instandhaltung	Alle Komponenten der Wasseraufbereitung und Wasserverteilung, warm und kalt, einschließlich der Auslaufarmaturen		siehe genannte Komponenten	
Pos. 4: Übergabe Stadtwasser an Trinkwasserverteilnetz (ausschließlich Trinkwasser, kein Betriebswasser)				
Aufbau: Absperrschieber / Wasserzähleinrichtung / Rückflussverhinderer Bauart EA / Absperrsc				
Absperrschieber		2	jährlich	-
Zähler	Geeicht, Eigentum Stadtwerke		jährlich	alle 6 Jahre
Rückflussverhinderer, Bauart EA	Bauart EA gegen Flüssigkeitskategorie 2	2	jährlich	jährlich
Pos. 5: Übergabe Stadtwasser an Betriebswassersystem				
Aufbau: gem. DIN EN 1717 i.V.m. DIN 1988-100 Freier Auslauf Typ AF				
Absperreinrichtung (Kugelhahn)		2	jährlich	bei Bedarf
gem. DIN EN 1717 Freier Auslauf AF		3	halbjährlich	halbjährlich
Nachspeiseeinrichtung/Füllventile		2	halbjährlich	halbjährlich
Übergabebecken oder -tank		2	keine Vorgabe. Empf.: jährlich	bei Bedarf
Füllstands- oder Messeinrichtungen		2	Herstellerangabe	Herstellerangaben
Pos. 6: Trinkwassereinführung vom eigenen Verteilnetz in einzelne Gebäude (Hauseinführung, Trinkwasser)				
Aufbau: Absperrschieber / rückspülbarer Filter				
Absperrschieber		2	jährlich	-
Filter	rückspülbarer Filter oder Kartuschenfilter	3	alle 6 Monate	min. alle 6 Monate, empf. alle 2 Monate
Pos. 7: Verteiler für Trinkwasser kalt				
Aufbau: Zuführung von der Hauseinführung / Verteiler mit Abzweigen für einzelne Verteilstränge und Entleerungsventilen				
Schrägsitzventil		2	jährlich	bei Bedarf
Entleerungsventile		1	jährlich	bei Bedarf

Bild 25: beispielhafter Auszug aus einem Instandhaltungsplan nach der Systematik der VDI 3810 Blatt 2/VDI 6023 Blatt 3

Inspektion	Wartung/Instandsetzung	Technische Regel / Prüfvorschrift
Öffnen der Entnahmearmatur, Spülung bis zur Temperaturkonstanz (kalt und warm)		VDI 6023-1
Abtrennung der Leitung(en) möglichst nah (max. 2x DN) an der dauerhaft durchflossenen Hauptleitung		VDI 6023-1 CEN/TR 16355
Temperaturmessung am Auslaufventil oder über Sensor im Leitungsverlauf. Bei Überschreiten der Maximaltemperaturen Wasseraustausch		VDI 6023-1 und VDI 3810-2/VDI 6023-3
Ablesung Thermometer Speicherausgang	Kontrolle mit manueller Messung der Warmwassertemperatur am Probenentnahmeventil	DIN EN 806-5 / DVGW W 551
siehe genannte Komponenten		§§ 4 (1), 17 (1) TrinkwV, VDI 3810-2/VDI 6023-3
Prüfung Gangbarkeit, Sichtprüfung Dichtheit	bei Bedarf	VDI 3810-2/VDI 6023-3 Tab. 4
Dichtheit, Korrosion, Sichtkontrolle	Austausch nach Eichrecht	DIN EN 806-5, VDI 3810-2/VDI 6023-3
Prüfung Einsatzbereich, Sauberkeit, Sichtkontrolle	Zulauf öffnen, Ablauf schließen: Es darf kein Wasser aus der geöffneten Prüföffnung fließen	DIN EN 806-5, VDI 3810-2/VDI 6023-3
Prüfung Gangbarkeit, Sichtprüfung Dichtheit	Nach Herstellerangaben	VDI 3810-2/VDI 6023-3 Tab. 4
Sichtkontrolle Überlauf (Wasserstandseinstellung) / Kontrolle des Abstands des freien Auslaufs / Kontrolle Sauberkeit und Durchlässigkeit der Überlaufauslässe / Kontrolle Dichtheit und Sauberkeit Auslass Zulauf		DIN EN 806-5, VDI 3810-2/VDI 6023-3
Funktions-/Dichtheitsprüfung		DIN EN 806-5
Sichtkontrolle Dichtheit und Ablagerungen. Ggf. Reinigung/Absaugung Ablagerungen		
Herstellerangaben		
Prüfung Gangbarkeit, Sichtprüfung Dichtheit	bei Bedarf	VDI 3810-2/VDI 6023-3 Tab. 4
Sichtkontrolle, Sauberkeit	Rückspülung bzw. Austausch Filterelement	DIN EN 806-5, DIN EN 13443-1, VDI 3810-2/VDI 6023-3 Tab. 4
Prüfung Gangbarkeit, Sichtprüfung Dichtheit	-	-
Prüfung Einsatzbereich, Sauberkeit, Sichtkontrolle	-	-

7.2 Instandhaltungsmaßnahmen

7.2 Instandhaltungsmaßnahmen

Art und Umfang aller erforderlichen Instandhaltungsmaßnahmen sind unter Berücksichtigung der Gefährdungsmöglichkeiten und der Angaben der Hersteller der Anlagen, Armaturen oder Apparate individuell im Instandhaltungsplan festzulegen. Dieser ist im Betriebsbuch zu dokumentieren und zugänglich zu halten.

Die **Wartung** von Komponenten oder Anlagenteilen im Sinne der Instandhaltungsplanung umfasst alle Maßnahmen (Austauschen, Ersetzen, Reinigen usw.), die den Sollzustand eines Bauteils erhalten und damit vorbeugend einen Mangel ausschließen sowie Gefahrenmöglichkeiten vermeiden.

Wartungsmaßnahmen sind auf folgender Grundlage festzulegen:

- Instandhaltungsplanung
- Wartungsumfang und Wartungshäufigkeit unter Berücksichtigung der gesetzlichen und behördlichen Vorgaben, allgemein anerkannten Regeln der Technik und/oder des Stands der Technik
- Vorgaben der Komponentenhersteller und Anlagenerrichter

Die **Inspektion** von Komponenten im Sinne der Instandhaltungsplanung umfasst alle Maßnahmen (Prüfen, Messen, Besichtigen, Testen usw.), die zur Feststellung und Beurteilung des Istzustands eines Bauteils sowie den daraus abzuleitenden Maßnahmen führen.

Die **Instandsetzung** von Komponenten im Sinne der Instandhaltungsplanung umfasst alle Maßnahmen (Tauschen, Reparieren, Erneuern, Reinigen, Ersetzen usw.), die zur Wiederherstellung des Sollzustands der betrachteten Einheit nach einer Inspektion führen.

Eine **technische Verbesserung** der Trinkwasser-Installation ist notwendig, wenn sich die in den allgemein anerkannten Regeln der Technik festgelegten Anforderungen ändern und die Besorgnis einer Gefährdung gegeben ist (siehe § 17 Absatz 1 TrinkwV).

Die hier verwendeten Begriffe richten sich nach der Definition der DIN 31051. Die Instandhaltung gliedert sich auf in:

Inspektion

Inspektion der Trinkwasser-Installation oder von deren relevanten Komponenten sind alle Maßnahmen (Prüfen, Messen, Besichtigen, Testen usw.), die zur Feststellung und Beurteilung des Istzustands der betrachteten Einheit einschließlich der Bestimmung der Ursachen für einen etwaigen Mangel sowie die daraus abzuleitenden erforderlichen Folgemaßnahmen führen.

Im Rahmen einer Inspektion wird ausschließlich geguckt, gemessen, geprüft; es werden keinerlei Reparaturen oder andere Arbeiten vorgenommen.

Instandsetzung

Instandsetzung der Trinkwasser-Installation oder von Komponenten sind alle Maßnahmen (Tauschen, Reparieren, Erneuern, Reinigen, Ersetzen usw.), die zur Wiederherstellung des Sollzustands der betrachteten Einheit führen. Hierzu gehören das Spülen eines rückspülbaren Filters, der Austausch von abgenutzten, undichten Dichtungen oder auch die Reinigung eines Speicher-Trinkwassererwärmers.

Im Rahmen einer Instandsetzung wird ein eingetretener Mangel (Abweichung vom Sollzustand) behoben. Wenn ein Defekt, ein Mangel oder eine Abweichung vom Sollzustand aufgetreten ist, der im Rahmen der Inspektion oder durch einen Ausfall entdeckt wurde, sind die Ursachen hierfür zu beseitigen, d. h., man stellt den Soll-Zustand wieder her (umgangssprachlich Reparatur genannt).

Wartung

Die Wartung von Komponenten oder Anlagenteilen umfasst alle vorsorglichen Maßnahmen (wie Austauschen, Ersetzen, Reinigen usw.), die den Sollzustand einer betrachteten Einheit bewahren sollen und damit vorbeugend einen Mangel ausschließen und Gefährdungen vermeiden. Wartungsmaßnahmen müssen insbesondere die vorhandenen Sicherheits- und Sicherungseinrichtungen umfassen. Im Rahmen einer Wartung darf ein Mangel an einem Bauteil gar nicht erst eintreten, sodass ggf. präventive Maßnahmen notwendig sind.

Zu einer Wartung gehört zudem auch das Nachstellen, Schmieren, Konservieren, Nachfüllen, Ergänzen oder Ersetzen von Betriebsstoffen oder Verbrauchsmitteln (z. B. Ionentauscher-Salz, Dosiermittel, Kraftstoff, Schmierstoff oder Wasser) sowie planmäßiges Austauschen von Verschleißteilen (z. B. Filter oder Dichtungen). Diese Teilmaßnahmen der Wartung führen zu einer Abbauverlangsamung des Abnutzungsvorrats ab dem Zeitpunkt der Wartung.

Schließt ein Installateur nun einen „Wartungsvertrag“ für eine Heizungsanlage ab, dann geht er damit per Definition die Verpflichtung ein, dass die Anlage niemals ausfällt, denn der Begriff „Wartung“ beinhaltet die Bewahrung des Sollzustands. Geht die Anlage dennoch auf Störung, so ist der Installateur unter Umständen für entstehende Kosten schadenersatzpflichtig.

Beispiel:

Ein Installateur schließt mit seinem Kunden einen Wartungsvertrag ab. Trotz jährlicher Kundendienst-Termine erlebt die Anlage des Kunden den Störfall um 22:30 am 24. Dezember. Ein kooperativer Kunde meldet die Störung nun dem Installateurbetrieb, damit dieser unzulässige Zustand (Funktionsausfall) behoben wird. Ist jedoch an Heiligabend spätabends niemand mehr auf dem Notdienst-Handy zu erreichen, hat der Kunde jedes Recht, mit seiner Familie die Feiertage bis zur Behebung des Mangels an der Heizung in einem Hotel zu verbringen, selbstverständlich auf Kosten des Installateurs, der für den Funktionsausfall und dessen Folgen einzustehen hat. Der Mangel hätte im Rahmen eines Wartungsvertrags schließlich nicht eintreten dürfen, sodass der Installateur für den aus der unzulässigen Störung entstandenen Schaden (die Hotelrechnung) haftbar ist. Es empfiehlt sich also aus haftungsrechtlicher Sicht immer, „Instandhaltungsverträge“ abzuschließen. Instandhaltung als Überbegriff umfasst schließlich auch die Instandsetzung, also die Beseitigung einer Brennerstörung.

Technische Verbesserung

Unter einer Verbesserung werden nur Maßnahmen verstanden, die den hygienischen Zustand oder die Sicherheit einer Trinkwasser-Installation verbessern, nicht aber Maßnahmen, die zu einer Verbesserung des Komforts führen. Maßnahmen, die den Hygienezustand einer Trinkwasser-Installation verbessern, sind z.B. Rückbau/Austausch von Rohrleitungen, verbesserte Sicherungseinrichtungen, Einrichtungen zur Parametererfassung (Gebäudeleittechnik), Optimierung der Leitungsführung, verbesserte Dämmung von Leitungen.

Eine technische Verbesserung der Trinkwasser-Installation ist auch grundsätzlich regelmäßig notwendig, wenn sich der in den allgemein anerkannten Regeln der Technik niedergelegte Wissensstand weiterentwickelt und sich damit die festgelegten Anforderungen ändern (siehe §§ 4 Abs. 1, 17 Abs. 1 TrinkwV). Die Anlagen der Trinkwasser-Installation sind dann an den neuen Wissensstand anzupassen, um jede Besorgnis einer (mittlerweile erkannten) Gefährdung für Nutzer auszuschließen.

In den 1910er-Jahren war beispielsweise die Verwendung von Rohren aus Blei noch in weiten Teilen Deutschlands als Regel der Technik bekannt. Heute käme aufgrund des aktuellen Wissens niemand mehr auf die Idee, Bleileitungen in einer Trinkwasser-Installation zu verwenden, und noch vorhandene Leitungen aus Blei sind unverzüglich zu entfernen. Der Austausch der Leitungen gegen geeignete Materialien stellt hierbei die technische Verbesserung dar, da sich das Wissen weiterentwickelt hat. So verhält es sich auch mit allen anderen Festlegungen in den allgemein anerkannten Regeln der Technik.

Wartung und Inspektion sind als präventive Vorsorgemaßnahmen zu sehen, um vorbeugend einen Mangel ausschließen und Gefährdungen abwenden zu können. Inspektionen dienen zur Feststellung und Beurteilung des derzeitigen Zustandes der Trinkwasser-Installation. Aufgrund dessen können ggf. Maßnahmen zur vorbeugenden Abwendung von Mängeln gezielt ergriffen werden. Bei eingetretenen Mängeln ist eine Instandsetzung oder eine Sanierung durchzuführen.

Bild 26: Systematik der Instandhaltung nach DIN 31051

Tatsächlich verwendet die DIN EN 806 Teil 5 generell den Begriff „Wartung“, auch wenn „Instandsetzung“ gemeint ist. Hierbei handelt es sich um einen bekannten Übersetzungsfehler, da die ursprüngliche europäische Grundlagennorm in englischer Sprache verfasst und anschließend ins Deutsche übersetzt wurde. Die Begriffe „Instandhaltung“ und „Wartung“ werden im Englischen beide mit „maintenance“ bzw. „preventive maintenance“ übersetzt und dem beauftragten Übersetzer war die Unterscheidung im Deutschen offenbar nicht bewusst.

Oft sind sich Unternehmer über ihre Verpflichtungen jedoch gar nicht im Klaren, da es sich in der Regel ja um (installations-)technische Laien handelt. Hier hat der Planer oder Installateur eine Aufklärungs- und Hinweispflicht gegenüber seinen Kunden. Zur Erfüllung seiner Verpflichtungen nach TrinkwV und seiner allgemeinen Sorgfaltspflichten ist der Betreiber durch den Anlagenersteller in die Bedienung der Anlage einzuweisen und mit der Betriebsweise vertraut zu machen (Einweisung nach VDI-Richtlinienreihe 6023 Kat. C). Insbesondere ist auf Anlagen hinzuweisen, bei denen die dauerhafte Funktion und Sicherheit nur sichergestellt ist, wenn regelmäßige Inspektionen bzw. Instandhaltungen oder Wartungen durchgeführt werden, wie z. B. bei Filtern, Wasserbehandlungsanlagen oder Trinkwassererwärmungsanlagen.

Im Bereich des Facility-Managements (FM) kennt man unterschiedliche Instandhaltungsstrategien der Betreiber. Nur in seltenen Fällen wird eine vorbeugende Instandhaltung an einer Trinkwasser-Installation durchgeführt, d. h., auch ohne ersichtliche Verschleiß- und Ausfallerscheinungen werden die vorgenannten Maßnahmen der Instandhaltung durchgeführt. Häufiger trifft man auf die Strategie der zustandsorientierten Instandhaltung, wenn Bauteile bereits geschädigt und Verschleißerscheinungen offensichtlich sind, die Bauteile und Apparate noch weitgehend ihre Funktion erfüllen. Die mit Abstand am häufigsten anzutreffende Instandhaltungsstrategie ist die ausfallorientierte Instandhaltung (das Prinzip „Hoffnung“ als Strategie), bei der eine Anlage bis zum völligen Funktionsausfall von Armaturen und Bauteilen betrieben wird und eine oftmals wesentlich kostenintensivere Instandsetzung unausweichlich ist.

Der verantwortliche Unternehmer oder sonstige Inhaber ist, wie bereits mehrfach ausgeführt, verpflichtet, die erforderliche Instandhaltung der Trinkwasser-Installation jederzeit zu gewährleisten. Der dauerhaft sichere und hygienisch einwandfreie Betrieb der Trinkwasser-Installation sollte durch ein risikoorientiertes und prozessorientiertes Management der Anlage sichergestellt werden. Dadurch lassen sich Auffälligkeiten frühzeitig entdecken und bewerten sowie notwendige Maßnahmen einleiten. Dabei liegt das Hauptaugenmerk nicht nur auf der „Endproduktkontrolle“ (Trinkwasseruntersuchung an der Entnahmestelle des Verbrauchers), sondern auf der aktiven Beherrschung von Risiken und Gefährdungen in einem Versorgungssystem (hier Trinkwasser-Installation) durch eine enge Eigenkontrolle der Prozesse (Einhaltung der Wartungsintervalle, Inspektion, Aufstellung eines Hygieneplans, Aufstellung eines Instandhaltungsplans).

Das Landgericht Mainz hat in seinem Urteil Az. 3 L 1009/08 festgelegt, dass die Untersagung der Nutzung eines Hauses zu Wohnzwecken durch ein Gesundheitsamt rechtmäßig ist, wenn sie der Abwendung von Gefahren für Leib und

Leben dient. Die Nutzung der beiden verfahrensgegenständlichen Häuser zu Wohnzwecken sei baurechtlich illegal, weil neben erheblichen Schäden und Mängeln beim Brandschutz auch keine dauerhafte Versorgung mit Trinkwasser gewährleistet war. Eine ordnungsgemäße Instandsetzung der Trinkwasser-Installation war trotz entsprechender Auflagen unterblieben, woraufhin die Behörden die Häuser insgesamt absperrten. Anträge auf Einstweilige Anordnungen der Immobilienbesitzerin auf (Wieder-)Anschluss der Häuser ohne vorherige Instandsetzung hatte das Gericht abgelehnt: Verfügt ein Wohnhaus nicht über die vorgeschriebene Wasserversorgung, dürfen es die örtlichen Behörden mit sofortiger Wirkung räumen lassen.

Ein baulicher Bestandsschutz ist wie zuvor erläutert immer nachrangig zum Gesundheitsschutz und ein Betreiber verletzt seine Verkehrssicherungspflicht, wenn er die Trinkwasserinstallation nicht regelmäßig instandhalten lässt und die Temperaturhaltung nicht den a.a.R.d.T. entspricht.

7.3 Durchführung durch Fachpersonal

7.3 Durchführung durch Fachpersonal

Alle Verantwortlichkeiten und Festlegungen, z. B. Durchführung der Instandhaltung durch eigenes Fachpersonal oder ein eingetragenes Installationsunternehmen, sind im Betriebsbuch zu dokumentieren.

Es sind geeignete Arbeitsschutzmaßnahmen zu berücksichtigen und gegebenenfalls -ausrüstungen vorzuhalten.

Fachpersonal ist in der Lage, die notwendigen Instandhaltungsmaßnahmen durchzuführen und gegebenenfalls Änderungen im Betrieb oder andere Mängel zu erkennen und deren Auswirkungen abzuschätzen. Die nötige Fachkunde wird erworben durch einschlägige Berufsausbildung und zeitnahe berufliche Erfahrung sowie fortlaufende Weiterbildung, z. B. Schulungen nach VDI/DVGW 6023.

Dass Arbeiten an einer Trinkwasser-Installation ausschließlich nur durch ausgebildetes Fachpersonal durchgeführt werden dürfen (eigenes Personal oder Mitarbeiter eines Installationsunternehmens), wurde bereits mehrfach erläutert.

An dieser Stelle ist es wichtig, aus Gründen einer lückenlosen, prozessorientierten Dokumentation auch die Verantwortlichkeiten im Sinne der VDI 3810 Blatt 1 festzuschreiben und im Betriebsbuch zu dokumentieren. Hier geht es konkret um Fragen (und Festlegungen) wie z. B.:

- Wer ist wofür zuständig?
- Wer hat welche Zugangsberechtigungen und -möglichkeiten (z. B. wer besitzt welche Schlüssel/Zugangskarten)?
- Wer vertritt bei Abwesenheit wen und wie ist die Übergabe von z. B. Schlüsseln geregelt?
- Wer darf welche Entscheidungen treffen, Bestellung von Material und Ersatzteilen oder Dienstleitungen auslösen und bis zu welcher Summe?
- Wer ist für welche Arbeiten gesondert qualifiziert (z. B. Einweisung in gesonderte Schutzausrüstung, Schulung nach VDI-Richtlinienreihe 6023)?

Auch ein Prozess über die Einweisung in die Handhabung, die Verfügbarkeit von und die Zugriffsmöglichkeiten auf gesonderte Schutzausrüstung sollte dokumentiert werden, damit im Anwendungsfall für die jeweiligen Mitarbeiter jede notwendige Ausrüstung vorhanden und funktionstauglich ist.

7.4 Zugänglichkeit für Fachpersonal

7.4 Zugänglichkeit für Fachpersonal

Grundstücke, Gebäude und Räume, in denen sich Bauteile der Trinkwasser-Installation befinden, die betroffenen Bauteile sowie das Anlagenbuch mit allen notwendigen Dokumenten sind für das Fachpersonal jederzeit zugänglich zu halten. Die Zugänglichkeiten sind mit dem jeweiligen Fachpersonal abzustimmen und zu dokumentieren.

Ein Technikraum ist bekanntlich kein Abstellplatz für Lagergut, nicht verwendete Möbel oder Vorratskartons. Alle Bauteile, Armaturen, Apparate und Geräte, die regelmäßig oder im Bedarfsfall bedient, kontrolliert oder instandgehalten werden müssen, sind jederzeit frei zugänglich zu halten. Der vielfach vorhandene Platz in Technikräumen dient einem notwendigen Bewegungsraum, um Arbeiten sicher durchführen zu können und ist keine „unnötige Platzverschwendung".

Unter Pkt. 7.4 der Richtlinie ist zu verstehen, dass die Mitarbeiter, die Arbeiten an der Trinkwasser-Installation durchführen sollen, auch jederzeit die Möglichkeit haben, Gebäude und Räume betreten zu können. Zutrittsrechte müssen klar geregelt und dokumentiert sein und Schlüssel oder Zugangskarten sind für die Mitarbeiter zugänglich zu halten. Wie unter Pkt. 7.3 bereits erläutert, muss geregelt sein wer wie wann welchen Bereich betreten kann.

Das Gleiche gilt für die Verfügbarkeit von Unterlagen und Informationen. Wenn ein Mitarbeiter Instandhaltungsaufgaben an einem Apparat oder Gerät ausführen soll, müssen ihm die wesentlichen Herstellerunterlagen (z. B. Einbau- und Bedienungsanleitung, ggf. Instandhaltungsanweisungen des Herstellers, Ersatzteillisten etc.) zur Verfügung stehen.

7.5 Werkzeug und Material

7.5 Werkzeug und Material

Die einzusetzenden Werkzeuge und Materialien dürfen während ihres Einsatzes keine nachteiligen Auswirkungen auf die Qualität des Trinkwassers verursachen. Die benötigten Werkzeuge sollten desinfizierbar sein und sind sauber zu halten, um Kontaminationen vorzubeugen.

Für Instandhaltungsarbeiten an Bauteilen der Bewertungsgruppe 2 und Bewertungsgruppe 3 empfiehlt es sich, Ersatzteile zu bevorraten. Der Lagerort muss dem Fachpersonal bekannt und zugänglich sein.

Die verwendeten Materialien, Austausch- oder Ersatzteile sind hygienisch einwandfrei in unbeschädigter Verpackung zu lagern und zu transportieren; Verschmutzungen sind auszuschließen.

Voraussetzung für die Einhaltung der Hygieneanforderungen der TrinkwV ist grundsätzlich ein hygienisch einwandfreier Anlieferungszustand aller Komponenten der Trinkwasser-Installation. Die Verantwortung hierfür liegt gleichermaßen bei den Herstellern, beim Großhandel und dem Anlagenerrichter.

Es dürfen ausschließlich Stoffe und Materialien in Kontakt mit Trinkwasser verwendet und nur physikalische und chemische Verfahren angewendet werden, die bestimmungsgemäß der Trinkwasserversorgung dienen und die das Trinkwasser nicht nachteilig verändern (siehe § 17 TrinkwV).

Davon abgesehen, dürfen von Arbeiten an der Trinkwasser-Installation selbst auch keine nachteiligen Veränderungen oder Verunreinigungen ausgehen, was bedeutet, dass die verwendeten Werkzeuge sauber und ggf. desinfizierbar sein sollen. Es dürfen keine Werkzeuge (z. B. Biegefedern für Heizungsrohre) in die Trinkwasserleitungen eingeführt werden.

Bei Betrieb und Instandhaltung dürfen ausschließlich risikofreie Werkstoffe und Bauteile verwendet werden. Der Fachmann darf im Rahmen der Instandhaltung nur solche Bauteile und Systeme einplanen, bei denen er sicher sein kann, dass sie den zu stellenden Anforderungen genügen. Daher muss

Fachpersonal oder das Installationsunternehmen grundsätzlich über die neuesten a.a.R.d.T. informiert sein und den Betreiber ggf. darauf hinweisen. Ändern sich Anforderungen während der Betriebszeit, machen sich die Verantwortlichen schadenersatzpflichtig. Es sind auch in der Instandhaltung alle Maßnahmen vorzusehen, die ein umsichtiger und technisch versierter, in vernünftigen Grenzen vorsichtiger und ökonomisch denkender Fachmann für notwendig und ausreichend hält, um Andere vor Schäden zu bewahren.

Ebenso wie der Planer und der Installateur hat auch ein Mitarbeiter zum Beispiel eine Aufklärungspflicht, die beinhaltet, dass ein Fachmann Anweisungen, Vorgaben und Wünsche des Vorgesetzten nicht einfach (blind) befolgen darf, sondern den Verantwortlichen bei Bedenken gegen die Ausführungswünsche informieren muss. Eine Hinweispflicht besteht dann, wenn der Verantwortliche um bestimmte Umstände nicht weiß, diese aber bei seiner Entscheidung beispielsweise für eine Instandsetzung von Bedeutung sind. Der Rahmen und die Grenzen für die Pflichten ergeben sich aus dem Grundsatz der Zumutbarkeit, wie sie sich nach den besonderen Umständen des Einzelfalls darstellen. Im Zweifel sollten Fachleute auf „Nummer sicher“ und mit offenen Augen durch die Installation gehen. Fällt beispielsweise ein verschmutzter Trinkwasserfilter bei Wartungsarbeiten an der Heizungsanlage auf, empfiehlt es sich, hierauf hinzuweisen, auch wenn die Trinkwasser-Installation nicht im Zusammenhang mit den beauftragten Arbeiten steht.

Sind in einer Trinkwasser-Installation Bauteile vorhanden, deren Ausfall oder Funktionsstörung zu Sachschäden, zu erhöhten Betriebskosten oder Verbrauchswerten oder sogar zu Personenschäden führen können, sollten notwendige Ersatzteile vor Ort in vernünftigem Umfang bevorratet werden, um ein Bauteil bei einer trotz sorgsamer Instandhaltung eingetretenen Störung unverzüglich instandsetzen zu können.

Zu einer Wartung gehört zudem auch das Nachstellen, Schmieren, Konservieren, Nachfüllen, Ergänzen oder Ersetzen von Betriebsstoffen oder Verbrauchsmitteln (z. B. Ionentauscher-Salz, Dosiermittel, Kraftstoff, Schmierstoff oder Wasser) sowie planmäßiges Austauschen von Verschleißteilen (z. B. Filter oder Dichtungen). Auch Verbrauchsmaterial und Verschleißteile sind ggf. für mindestens einen Betriebszyklus bis zum nächsten turnusmäßigen Nachfüllen zu bevorraten.

Es versteht sich von selbst, dass Verbrauchsmaterial, Ersatz- und Bauteile für Trinkwasser-Installationen sauber und vor Verunreinigungen geschützt zu lagern sind. Für die mit der Instandhaltung beauftragten Mitarbeiter müssen diese Materialien und Bauteile jederzeit zugänglich sein.

8 Anforderungen an die Instandhaltung

8 Anforderungen an die Instandhaltung

Für sämtliche Anlagenteile sowie für die verwendeten Werkstoffe und Gegenstände sind die Pflege-, Instandhaltungs- und Wartungs- sowie Bedienungsanleitungen der jeweiligen Hersteller zu beachten.

Der Umfang der erforderlichen Instandhaltungsmaßnahmen sowie die Intervalle, in denen diese durchzuführen sind, ergeben sich insbesondere aus der Instandhaltungsplanung in Verbindung mit Tabelle 3 und den jeweiligen Herstellerunterlagen.

Für die Beschaffung von Bauteilen und Arbeitsmitteln sind anlagenbezogene Listen mit den wesentlichen Ersatzteilen, Betriebsstoffen und Hilfsmitteln sowie deren Bezugsquellen zu führen (siehe VDI 3810 Blatt 1).

Je nach Einsatzbereich können besondere Maßnahmen für die Entsorgung der ersetzten Teile, Betriebsstoffe und Hilfsmittel erforderlich sein. Hier sind die entsprechenden Entsorgungsvorgaben (regelmäßig Bestandteil der Herstellerangaben, z. B. Sicherheitsdatenblatt) zu beachten.

Die verwendeten Materialien, Austausch- oder Ersatzteile sind hygienisch einwandfrei in unbeschädigter Verpackung zu lagern und zu transportieren; Verschmutzungen sind auszuschließen.

Für Armaturen, Apparate und Geräte gilt üblicherweise eine festgelegte Garantie und Gewährleistung, für die der Hersteller einstehen muss. Damit ein Hersteller z. B. eine Gewährleistung übernehmen kann, sind oftmals bestimmte Voraussetzungen zu erfüllen, z. B. das regelmäßige Nachfüllen von Verbrauchsmaterial oder die Durchführung bestimmter Instandhaltungs- oder insbesondere Wartungsmaßnahmen. Die von den Herstellern vorgegebenen Anforderungen an Betrieb und Instandhaltung gewährleisten also eine einwandfreie Funktion, die sog. zugesicherten Eigenschaften eines Produkts. Daher sind die Anweisungen der Hersteller, wie das jeweilige Bauteil verwendet und instandgehalten werden muss, zwingend einzuhalten, wenn man beispielsweise nicht den Verlust eines Gewährleistungsanspruchs oder einer Garantie in Kauf nehmen möchte bzw. um die zugesicherte Eigenschaft der Funktion sicherzustellen.

Die Herstellerunterlagen sind hierzu im Anlagenbuch als Teil der Betriebsanleitung abzulegen und für Instandhaltungspersonal zugänglich zu halten, wie unter Pkt. 7 erläutert.

Wurden durch den Hersteller keine spezifischen Anforderungen an eine Instandhaltung gestellt oder wird in den Unterlagen der Hersteller lediglich auf die übliche Instandhaltung im Rahmen der allgemein anerkannten Regeln der Technik verwiesen, sind die Bauteile im Instandhaltungsplan nach der Eingruppierung nach Tabelle 3 in Verbindung mit den Instandhaltungszyklen nach Tabelle 4 aufzunehmen.

Wie unter Pkt. 7.3 bereits angedeutet, sollte auch der Beschaffungsprozess für notwendige Werkzeuge, Ersatzteile, Verbrauchsmaterial und Hilfsstoffe festgelegt und dokumentiert werden, um eine vorbeugende Instandhaltung jederzeit zu ermöglichen.

8.1 Entnahmevorgänge

8.1 Entnahmevorgänge

Manuelle oder automatische Entnahmevorgänge und die hier beschriebenen Spülmaßnahmen sind keine Wasserverschwendung, sondern dienen der bestimmungsgemäßen Nutzung (siehe VDI/DVGW 6023) und können zur Aufrechterhaltung der Hygiene notwendig sein (z.B. Vermeidung von Aufwärmung des Kaltwassers).

In Anlehnung an den Entwurf der neuen VDI 6023 Blatt 1 wurde hier bereits klargestellt, dass es sich bei notwendigen Spülmaßnahmen eben nicht um eine vielfach angeprangerte Wasserverschwendung handelt, sondern ggf. lediglich um die Simulation einer bestimmungsgemäßen Nutzung, wie bei der Planung zu Grunde gelegt.

Insbesondere Nutzern ist der Unterschied häufig nicht bewusst, weil ihnen die Problemstellungen der Trinkwasserhygiene und Folgen einer unzureichenden Betriebsweise eher suspekt sind. Um hier eine Aufklärung zu unterstützen und ggf. als Argumentationshilfe gegenüber fachlichen Laien, wurde diese Aussage im Regelwerk fest verankert.

8.2 Maßnahmen zur Reinigung und Desinfektion

8.2 Maßnahmen zur Reinigung und Desinfektion

Maßnahmen zur Reinigung oder Desinfektion von Trinkwasser-Installationen dürfen nur durch fachkundiges Personal vorgenommen werden. Hierbei sind die Herstellerangaben und die allgemein anerkannten Regeln der Technik (insbesondere DIN EN 806, DIN 1988, DVGW W 556 (A), DVGW W 557 (A), DVGW W 558 (A)) zu beachten.

Wichtiger Hinweis

Eine kontinuierliche Desinfektion der Trinkwasserinstallation ist in einer bestimmungsgemäß betriebenen Trinkwasser-Installation nicht notwendig und widerspricht dem Minimierungsgebot der Trinkwasserverordnung.

Grundsätzlich dienen Desinfektionsmaßnahmen niemals als geeignete Sofortmaßnahme, da hierzu grundlegende Informationen über die Konstruktionsweise der Installation, über die verwendeten Materialien und etwaige Totleitungen vorhanden sein müssen.

Aus Gründen des unmittelbaren Gesundheitsschutzes kann es in seltenen Ausnahmefällen notwendig sein, vor und/oder während einer technischen Sanierung eine zeitlich befristete kontinuierliche Desinfektion des Trinkwassers vorzunehmen. In keinem Fall ersetzt jedoch eine Desinfektion die Sanierung einer Trinkwasser-Installation.

Das Ziel einer Desinfektionsmaßnahme (egal ob thermisch oder chemisch) ist die Minimierung der Vermehrung von Krankheitserregern, bis eine Sanierung erfolgt ist. Bei einem Ausfall, einer Störung oder einer Unterbrechung der Desinfektion oder bei einer nicht fachgerechten Durchführung ist mit einem umgehenden Anstieg der mikrobiellen Belastung zu rechnen. Daher ist vor dem Einsatz einer Desinfektion im Trinkwasser immer zu überprüfen, ob nicht andere Maßnahmen (z.B. endständige Filter) besser geeignet sind.

Nach §6 Abs. 3 TrinkwV sollen die Konzentrationen von chemischen Stoffen, die das Trinkwasser verunreinigen oder seine Beschaffenheit nachteilig beeinflussen können, so niedrig gehalten werden, wie dies nach den allgemein anerkannten Regeln der Technik mit vertretbarem Aufwand unter Berücksichtigung von Einzelfällen möglich ist. Grundsätzlich dürfen nach § 11 TrinkwV während der Gewinnung, Aufbereitung und Verteilung von Trinkwasser nur Aufbereitungsstoffe verwendet werden, die in einer Liste des Bundesministeriums für Gesundheit enthalten sind. Auch zur Desinfektion dürfen nur Verfahren zur Anwendung kommen, die einschl. den Einsatzbedingungen, die ihre hinreichende Wirksamkeit sicherstellen, in die Liste aufgenommen wurden. Die Liste wird vom Umweltbundesamt geführt und im elektronischen Bundesanzeiger sowie im Internet veröffentlicht.

Ein Verstoß gegen diese Anforderungen kann als Straftat nach § 75 Absatz 2 und 4 des Infektionsschutzgesetzes bestraft werden.

Das DVGW W 551 (A) sagt hierzu aus:

DVGW Arbeitsblatt W 551 Trinkwassererwärmungs- und Trinkwasserleitungsanlagen; Technische Maßnahmen zur Verminderung des Legionellenwachstums; Planung, Errichtung, Betrieb und Sanierung von Trinkwasser-Installationen

8.2.2 Chemische Trinkwasser-Desinfektion (kontinuierlich)

Im Fall einer kontinuierlichen Zugabe von chemischen Desinfektionsmitteln muss diese im Einklang mit der gültigen Trinkwasserverordnung erfolgen.

Nach derzeitigem Kenntnisstand werden Legionellen dadurch nicht ausreichend beseitigt. Eine kontinuierliche Zugabe von desinfizierenden Chemikalien ist demnach nicht zweckmäßig.

Auch das DVGW W 557 (A) vertritt hierzu eine eindeutige Position mit der Aussage unter Pkt. 7.1, dass *„eine permanente, prophylaktische, chemische/elektrochemische Desinfektion von Trinkwasser-Installationen weder notwendig noch sinnvoll ist. Eine permanente chemische Desinfektion des Trinkwassers bei gleichzeitiger Absenkung der Warmwassertemperatur mit dem Ziel einer Energieeinsparung entspricht nicht den allgemein anerkannten Regeln der Technik. Sie widerspricht außerdem dem Minimierungsgebot der TrinkwV“*.

Ein erster vorbereitender Schritt bei Sanierungen muss die Reinigung, insbesondere die Spülung der auffälligen Bereiche einer Trinkwasser-Installation sein. Reinigung und Desinfektion sind nur wirksam, wenn gleichzeitig bauliche Ursachen beseitigt werden, die eine Vermehrung bislang begünstigt haben. Die Reinigung ist nur vorbereitende Maßnahme, um die Wirksamkeit einer thermischen oder chemischen (Anlagen-)Desinfektion zu erhöhen bzw. sicherzustellen.

Die Maßnahmen zur Reinigung und Desinfektion von Trinkwasser-Installationen sind im DVGW W 557 (A) ausführlich beschrieben.

8.3 Häufigkeiten der Instandhaltung

8.3 Häufigkeiten der Instandhaltung

Tabelle 4 enthält Beispiele zur Häufigkeit für Inspektionen, Instandsetzungen und Wartungen von verschiedenen Bauteilen einer Trinkwasser-Installation.

Diese Tabelle ist nicht erschöpfend. Andere Bauteile können ebenfalls Instandhaltungsmaßnahmen erfordern.

Tabelle 4. Beispiele Häufigkeit Instandhaltungsintervalle

Nr.	Anlagenbauteil und Einheit	Inspektion	Instand-setzung/ Wartung
1	Ungehinderter freier Auslauf (AA)	halbjährlich	
2	Freier Auslauf mit nicht kreisförmigem Überlauf (uneingeschränkt) (AB)	halbjährlich	
3	Freier Auslauf mit Injektor (AD)	halbjährlich	
4	Systemtrenner mit kontrollierbarer druckreduzierter Zone (BA)	halbjährlich	jährlich
5	Systemtrenner mit unterschiedlichen nicht kontrollierbaren Druckzonen (CA)	halbjährlich	jährlich
6	Rohrbelüfter in Durchgangsform (DA)	jährlich	
7	Rohrunterbrecher mit Lufteintrittsöffnung und beweglichem Teil (DB)	jährlich	
8	Rohrunterbrecher mit ständig geöffneten Lufteintrittsöffnungen (DC)	halbjährlich	
9	Kontrollierbarer Rückflussverhinderer (EA)	jährlich	
10	Nicht kontrollierbarer Rückflussverhinderer (EB)	jährlich	Austausch alle 10 Jahre

Nr.	Anlagenbauteil und Einheit	Inspektion	Instandsetzung/ Wartung
11	Rohrtrenner, nicht durchflussgesteuert (GA)	halbjährlich	jährlich
12	Rohrtrenner, durchflussgesteuert (GB)	halbjährlich	jährlich
13	Schlauchanschluss mit Rückflussverhinderer (HA)	jährlich	
14	Brauseschlauchanschluss mit Rohrbelüfter (HB)	jährlich	
15	Automatischer Umsteller (HC)	jährlich	
16	Rohrbelüfter für Schlauchanschlüsse, kombiniert mit Rückflussverhinderer (HD)	jährlich	
17	Hydraulische Sicherheitsgruppe	halbjährlich	jährlich
18	Sicherheitsgruppe für Expansionswasser	halbjährlich	jährlich
19	Sicherheitsventil	halbjährlich	
20	Kombiniertes Druck-Temperaturventil	halbjährlich	
21	Sicherheitsventil für Expansionswasser	halbjährlich	
22	Druckminderer	jährlich	
23	Thermostatischer Mischer für Warmwasserbereiter	halbjährlich	jährlich
24	Druckerhöhungspumpe	jährlich	
25	Filter, rückspülbar (80 µm bis 150 µm)	alle 2 Monate	jährlich
26	Filter, nicht rückspülbar (80 µm bis 150 µm)		halbjährlich
27	Filter (< 80 µm)		alle 2 Monate
28	Dosiersystem	alle 2 Monate	halbjährlich

Nr.	Anlagenbauteil und Einheit	Inspektion	Instandsetzung/ Wartung
29	Enthärter	alle 2 Monate	halbjährlich
30	Filter mit aktiven Substanzen	alle 2 Monate	halbjährlich
31	Membranfilteranlage	alle 2 Monate	halbjährlich
32	Gerät mit Quecksilberdampf-Niederdruckstrahlern	alle 2 Monate	halbjährlich
33	Nitratentfernungsanlage	alle 2 Monate	halbjährlich
34	Trinkwassererwärmer	alle 2 Monate	jährlich
35	Wasserbehandlungsanlage (Ionentauscher)	alle 2 Monate	jährlich
36	Opferanode	jährlich	
37	Leitungsanlage	jährlich	
38	Leitungsfestpunkte	jährlich	
39	Anschlüsse Potenzialausgleich	jährlich	
40	Dämmung	jährlich	
41	Automatische Spüleinrichtungen	jährlich	
42	Strömungsteiler mit beweglichen Teilen	jährlich	
43	Strömungsteiler ohne bewegliche Teile oder Venturi-Düsen	jährlich	
44	Wasserzähler, kalt	jährlich	Austausch alle 6 Jahre
45	Wasserzähler, warm	jährlich	Austausch alle 5 Jahre
46	Passive Brandschutzeinrichtungen (z. B. Mauerwerksdurchführungen)	jährlich	
47	Schläuche (z. B. Brauseschlauch)	jährlich	Austausch nach Bedarf

Nr.	Anlagenbauteil und Einheit	Inspektion	Instandsetzung/ Wartung
47	Schläuche (z. B. Brauseschlauch)	jährlich	Austausch nach Bedarf
48	Handbrausen	jährlich	Austausch nach Bedarf
49	Flexible Leitungsteile (z. B. Panzerschläuche)	jährlich	Austausch nach Bedarf
50	Kompensatoren	jährlich	Austausch alle 10 Jahre
51	Absperrorgane	jährlich	
52	Entnahmearmaturen	jährlich	
53	Strahlregler an Entnahmearmaturen	alle 2 Monate	Austausch nach Bedarf
54	Probenahmearmaturen	jährlich	
55	Membranausdehnungsgefäße	jährlich	
56	Zirkulationspumpen	halbjährlich	
57	Thermometer	jährlich	
58	Zirkulationsregulierventile (statisch)	jährlich	
59	Zirkulationsregulierventile (thermisch)	halbjährlich	
60	Bauteile Monitoring/Gebäudeleittechnik (Messinstrumente, Software, Sensoren)	jährlich	
61	Löschwasserübergabestellen	halbjährlich	

Die vorstehende Tabelle 4 bietet eine Auswahl an Bauteilen der Trinkwasser-Installation in Anlehnung an die Tabelle A.1 der DIN EN 806 Teil 5. In Ergänzung der Tabelle A.1 der DIN EN 806 Teil 5 wurden hier Fehler korrigiert und die Liste der Bauteile wurde erweitert, da im Laufe der letzten 10 Jahre Bauteile auf den Markt gekommen sind, die in der Tabelle A.1 der DIN EN 806 Teil 5 bislang noch nicht enthalten waren. Auch zeigte sich die Notwendigkeit, bestimmte Bauteile wie Strahlregler, Brauseschläuche und Handbrausen mit vorgegebenen

Instandhaltungsintervallen zu versehen, um z. B. wieder eine Argumentationshilfe gegenüber Betreibern zu haben.

In der Tabelle 4 werden den Bauteilen jeweils geeignete Inspektions- und/oder Instandsetzungs- bzw. Wartungsintervalle zugeordnet, die sich in der Praxis als Mindestanforderungen bewährt haben. Soweit keine individuellen Herstellervorgaben für ein konkretes Bauteil existieren, sind die dort aufgelisteten Instandhaltungsintervalle im Rahmen der Instandhaltungsplanung anzusetzen.

Die Liste versteht sich nur als beispielhaft und ist weder erschöpfend noch endgültig, d. h., in der Praxis können vielfach weitere Bauteile vorkommen, die zwar instandhaltungsrelevant, aber noch nicht in der Liste aufgeführt sind.

8.4 Anhang A: Raumbuch „Trinkwasser“

Anhang A Raumbuch „Trinkwasser“

Tabelle A1. Raumanforderungen und Ausstattung für die Trinkwasser-Installation für die Baumaßnahme/das Gebäude

Raumanforderungen und Ausstattung für die Trinkwasser-Installation für die Baumaßnahme/das Gebäude		
Raumbezeichnung:	Raum-Nr.:	Lokalisierung des Raums (z. B. Gebäudeteil, Geschoss):
Übliche Nutzungszeit von __:__ bis __:__ Uhr	übliche Nutzungstage ❑ alle Wochentage ❑ Mo ❑ Di ❑ Mi ❑ Do ❑ Fr ❑ Sa ❑ So	
Periodische Nutzung (z. B. Ferienhaus, Schule) ❑ ja ❑ nein	Nutzungszeiträume angeben:	
Raumnutzung durch ___ Personen	❑ besondere Anforderungen an die Nutzung (z. B. barrierefrei):	
❑ Raumtemperatur nach DIN EN 12831-1	❑ abweichende Raumtemperatur ❑ Sommer _°C ❑ Winter _ °C	

Ausstattung	**Stück**	**Volumenstrom (in ℓ/s)**		**Allgemeine Hinweise (z. B. Sicherungseinrichtung)**
		nach Norm	**abweichend nach Herstellerangabe**	
❑ Zapfstelle PWC		❑		
❑ Zapfstelle PWH		❑		
❑ Waschtischarmatur		❑		
❑ Duscharmatur		❑		
❑ Wannenfüll- und Brausearmatur		❑		
❑ Urinal/WC		❑		
❑ Spültischarmatur		❑		
❑ Bidetarmatur		❑		
❑ WC-Druckspüler		❑		
❑ Geschirrspülmaschine		❑		
❑ Waschmaschine		❑		
Sonderausstattung	**Stück**	**Volumenstrom**	**Typ**	**Besondere Hinweise**
❑ Absperreinrichtung				
❑ Maschinenanschlüsse				
❑ Probenahmeventil				
❑ Sicherheitseinrichtung (z. B. Sicherheitsventil, thermische Ablaufsicherung)				
❑ Löschwasserübergabestelle				
❑ Wandhydrant Typ S				
❑ Sicherungseinrichtung				
Weitere (z. B. fest angeschlossene Getränkeautomaten)				
❑				
❑				
❑				

Das Raumbuch beinhaltet die Beschreibung jedes Raumes mit seiner Grundausstattung im Kontext eines Gebäudes. Hierzu gehören neben einer Identifikationsmöglichkeit (Raumnummer) bestimmte Angaben zur Lokalisierung des Raumes (Zugehörigkeit zu Gebäude, Geschossnummer), zur vorgesehenen Nutzung (vorgesehene Nutzungsart, Ausstattungsmerkmale wie z. B. fest eingebaute Anschlüsse für Strom, EDV/Kommunikation, Wasser, Gas) sowie die Größe der Grundfläche des Raumes.

Es sind mit Blick auf die Trinkwasser-Installation im Raumbuch insbesondere festzulegen:

- Entnahmestellen nach Art, Nutzungshäufigkeit, Ort und Anzahl
- Anforderungen an die Rohrleitungsführung einschließlich erforderlicher Probenahmestellen und Löschwasserübergabestellen
- Schutz des Trinkwassers nach DIN EN 1717 und DIN 1988-100 (insbesondere keine unmittelbare Verbindung zwischen Trinkwasser- und Nichttrinkwasser-Installationen)
- Instandhaltungsmaßnahmen (Inspektion, Wartung, Instandsetzung, techn. Verbesserung)
- Einhaltung sowie regelmäßige Prüfung und Dokumentation der Temperaturgrenzen:
  - Trinkwasser, kalt: möglichst kalt, maximal 25 °C
  - Trinkwasser, warm: nach DVGW W 551
- erforderliche Qualifikation des Betreibers zur Wahrnehmung seiner Verantwortung.

Die Richtlinie VDI 6028 Blatt 2 „Bewertungskriterien für die Technische Gebäudeausrüstung – Anforderungsprofile und Wertungskriterien für die Sanitärtechnik“ bot hier in der Vergangenheit bereits Formblätter für Planungsdaten, aufgelistet nach der Hauptgliederung der DIN 276, und war damit z. B. für eine nachträgliche Bestandsaufnahme unpraktikabel und aufwendig. Auch die Informationen der VDI 6026 „Dokumentation in der Technischen Gebäudeausrüstung – Inhalte und Beschaffenheit von Planungs-, Ausführungs- und Revisionsunterlagen“ waren hier nur bedingt hilfreich.

Dem Ausschuss stellte sich also die Aufgabe, ein einfaches und praktikables Formblatt zu erstellen, mit dem alle wesentlichen Informationen sowohl für die Bedarfsermittlung im Rahmen einer Planung als auch im Rahmen einer Bestandserfassung vollständig zu erfassen sein sollten.

Das Raumbuch Trinkwasser im Anhang A der VDI 3810 Blatt 2/VDI 6023 Blatt 3 wurde von den beteiligten Fachleuten gemeinsam nach diesen ambitionierten Vorgaben erarbeitet und gilt heute als der Standard für ein Raumbuch zur Datenermittlung einer Trinkwasser-Installation. Als grundlegendes Muster wurde die Struktur des Raumbuchs Trinkwasser auch in die zukünftige VDI 6070 „Raumbuch" übernommen.

8.5 Anhang B: Nutzerinformation zum bestimmungsgemäßen Betrieb einer Trinkwasser-Installation

Anhang B Nutzerinformation zum bestimmungsgemäßen Betrieb einer Trinkwasser-Installation

Werden Trinkwasserleitungen nur selten oder gar nicht durchflossen, ist durch die langen Stagnationszeiten damit zu rechnen, dass das Wasser in diesen Leitungen hygienisch bedenklich wird oder die Stagnationsbedingungen die Vermehrung pathogener Mikroorganismen ermöglichen (z. B. Legionellen).

Als Nutzer sind Sie verpflichtet, das Objekt – zu dem auch die Trinkwasser-Installation gehört – sorgfältig und pfleglich zu behandeln. Es ist alles zu unterlassen, was einen Schaden verursachen könnte (z. B. übermäßiges Wassersparen oder Nichtnutzung von Teilen der Trinkwasser-Installation). Zudem sind Vorkehrungen zu treffen, um voraussehbare Schäden zu verhindern (hierzu zählt beispielsweise, Frostschäden durch entsprechendes Beheizen zu verhindern oder mikrobiologische Vermehrung durch einen regelmäßigen Wasseraustausch zu verhindern). Auch die Mängelanzeige gehört zu den Obhutspflichten des Nutzers.

Notwendige Maßnahmen zum Erhalt der Trinkwasserhygiene bei längerer Abwesenheit

- Bei einer Abwesenheit von vier Stunden bis zu zwei Tagen genügt es, das Stagnationswasser ablaufen zu lassen (bis das Wasser spürbar kühler/heißer wird).
- Bei Abwesenheit von mehr als zwei Tagen lassen Sie das Trinkwasser warm und kalt nach Ihrer Rückkehr an allen Entnahmestellen jeweils fünf Minuten fließen.
- Tauschen Sie das Wasser bei selten genutzten Entnahmestellen (z. B. Armaturen oder/und Toilette, Gästetoilette) regelmäßig aus (mindestens alle 72 Stunden), indem Sie das Trinkwasser warm und kalt jeweils fünf Minuten fließen lassen.
- Bei einer Abwesenheit von mehr als sieben Tagen (z. B. Urlaub) informieren Sie bitte z. B. einen Nachbarn oder den Eigentümer, damit auch in Ihrer Abwesenheit die Entnahmestellen gespült werden können.

Informieren Sie den Eigentümer unverzüglich, wenn

- nach spätestens drei Litern Auslaufvolumen kein kaltes Trinkwasser kommt (< 25 °C),
- nach spätestens drei Litern Auslaufvolumen kein heißes Trinkwasser kommt (> 55 °C),
- das Trinkwasser einen wahrnehmbaren Geruch oder Geschmack hat,
- das Trinkwasser deutliche Verfärbungen zeigt.

Bitte beachten Sie, dass

- Trinkwasser, das mehr als vier Stunden in der Leitung gestanden hat, nicht zur Zubereitung von Speisen und Getränken, insbesondere Säuglingsnahrung verwendet werden sollte; bitte nutzen Sie ausschließlich das nachfließende Wasser.
- Sie regelmäßig Teile der Entnahmearmaturen in Bad und Küche (Strahlregler, Brauseschläuche und Duschköpfe) reinigen und entkalken oder austauschen,
- Arbeiten an der Trinkwasser-Installation, z. B. Austausch von Armaturen in Bad oder Küche, nur durch ein vom Eigentümer beauftragtes eingetragenes Installationsunternehmen durchgeführt werden dürfen,
- je regelmäßiger und öfter Sie an allen Entnahmestellen Trinkwasser entnehmen, desto zuverlässiger erhalten Sie ein reines und genusstaugliches Trinkwasser.

Der § 535 BGB belegt, dass aus der Sicht des Gesetzgebers der Vermieter dafür verantwortlich ist, dass der Mietgegenstand – zu dem ohne Zweifel bei der Immobilienvermietung auch die Trinkwasser-Installation gehört – sich in einem ordnungsgemäßen und dem Vertragszweck dienenden Zustand befinden muss und in diesem auch erhalten bleiben muss.

Bürgerliches Gesetzbuch

§ 535 Inhalt und Hauptpflichten des Mietvertrags

(1) Durch den Mietvertrag wird der Vermieter verpflichtet, dem Mieter den Gebrauch der Mietsache während der Mietzeit zu gewähren. Der Vermieter hat die Mietsache dem Mieter in einem zum vertragsgemäßen Gebrauch geeigneten Zustand zu überlassen und sie während der Mietzeit in diesem Zustand zu erhalten.

Der Betreiber hat gemäß § 12 Abs. 1 AVBWasserV auch das Nutzerverhalten (z. B. Mieter, Arbeitnehmer) mit diesem zusammen zu verantworten. Der Nutzer kann nur dann mit in die Verantwortung genommen werden, wenn er in die bestimmungsgemäße Nutzung eingewiesen wurde.

Will der Vermieter nun, dass auch der Mieter als Nutzer seiner Verantwortung zur Nutzung der Trinkwasser-Installation entspricht, muss er den Mieter darüber aufklären, was er in diesem Zusammenhang zu tun (oder zu lassen) hat, und den Mieter insoweit durch eine vertragliche Regelung darauf verpflichten.

Will der Vermieter, dass der Mieter eigene Instandhaltungspflichten übernimmt, hat er diese spezifiziert im Mietvertrag zu regeln. Im Anhang B findet sich ein Beispiel für eine mögliche, einzubeziehende Regelung zwischen dem Vermieter und dem Mieter hinsichtlich der Anforderungen an die Aufrechterhaltung der Trinkwasserhygiene im Zusammenhang mit dem Nutzerverhalten. Die rechtlichen Aspekte zu den Obliegenheiten der Mieter sind der verdienstvollen Zuarbeit des Rechtsanwalts Hartmut Hardt (VDI) zu verdanken.

Das vorliegende Merkblatt eignet sich sowohl als Nutzerinformation sowie auch zur Ergänzung eines Mietvertrags, um einen Nutzer auf den bestimmungsgemäßen Gebrauch der Trinkwasser-Installation in seinem Verantwortungsbereich zu verpflichten.

Kommentar zur Expertenempfehlung VDI/DVQST-EE 3810 Blatt 2.1

Als eine Vereinigung von qualifizierten Sachverständigen im Bereich der Trinkwasserhygiene hat sich der Deutsche Verein der qualifizierten Sachverständigen für Trinkwasserhygiene (DVQST e.V.) das Ziel gesetzt, die Hygiene in Trinkwasser-Installationen stärker in den Fokus der Fachwelt und der Öffentlichkeit zu rücken. Zu den Zielen des DVQST e.V. gehört es u.a., die wesentlichen hygienischen, technischen und betriebstechnischen Anforderungen zum Erhalt der Trinkwasserqualität nachvollziehbar zu vermitteln, Regelwerke und Verordnungen praxisorientiert und neutral zu gestalten sowie dazu beizutragen, Streitigkeiten oder Folgeschäden zu vermeiden.

Der DVQST e.V. ist keine Vertretung der Sachverständigen, vielmehr sind die ordentlichen Mitglieder, überwiegend aus den Reihen der öffentlich bestellten und vereidigten bzw. zertifizierten Sachverständigen für das Fachgebiet Trinkwasser/Trinkwasserhygiene, ausschließlich ehrenamtlich und in öffentlichem Interesse tätig.

Mit Beginn der Einschränkungen des öffentlichen Lebens aufgrund der Pandemie mit dem Virus SARS-CoV-2 informierte der DVQST e.V. als erste Organisation überhaupt die Verbraucher und die Fachwelt über die besonderen Anforderungen der Trinkwasserhygiene im Zusammenhang mit der Nicht-Nutzung von Gebäuden und über die Anforderungen an eine fachgerechte Wiederinbetriebnahme mit dem Beginn der Lockerungen.

Die beiden entsprechenden Fachpublikationen FP-01-2020 „Fachgerechte Außerbetriebnahme von Trinkwasser-Installationen“ und FP-02-2020 „Wiederinbetriebnahme von Trinkwasser-Installationen“ des DVQST e.V. wurden zur fachlichen Grundlage der neuen Expertenempfehlung, die der DVQST e.V. hierfür unentgeltlich zur Verfügung gestellt hat.

Mit der Überführung der DVQST-FP01 und -FP02 in eine VDI-Expertenempfehlung wurde der DVQST e.V. zum offiziellen Mitträger der Empfehlung, die als „VDI/DVQST-EE...“ im Dezember 2020 erschienen ist.

Insbesondere da auch sämtliche ehrenamtlichen Experten des VDI-Gremiums (mit einer einzigen Ausnahme) gleichzeitig ordentliche oder Fördermitglieder des DVQST e.V. waren, würdigt die Benennung als „VDI/DVQST-EE...“ zum Ausdruck der ideellen Mitträgerschaft sowohl die Bemühungen der Mitglieder im Gremium als auch der Mitglieder des DVQST e.V., die ursprünglich an der Erarbeitung der beiden Fachpublikationen beteiligt waren.

Aspekte des Betriebs einer Trinkwasser-Installation bei einer Änderung der Betriebsweise, bei zeitweiliger oder dauerhafter Außerbetriebnahme, wurden bereits in der eigentlichen Richtlinie rudimentär behandelt. Da eine längerfristige Außerbetriebnahme (> 4–6 Wochen) jedoch vormals nicht üblich war und anlagenspezifisch behandelt werden konnte, wurde hier kein Fokus auf die technischen Maßnahmen und Zusammenhänge bei der Außer- und Wiederinbetriebnahme gelegt.

Anlässlich der Corona-Pandemie seit dem Jahr 2020 bekamen diese spezifischen Aspekte eine erhöhte Gewichtung, da eine Vielzahl von Trinkwasser-Installationen aufgrund des sog. „Lockdown“ als Maßnahme der Pandemiebekämpfung teilweise sehr spontan ohne eine bestimmungsgemäße Nutzung waren.

Der Intention der VDI-Expertenempfehlungen folgend ist geplant, die empfehlenden Inhalte der aktuell vorliegenden Expertenempfehlung im Rahmen einer nächsten Überarbeitung der Richtlinie in die VDI 3810 Blatt 2/VDI 6023 Blatt 3 normativ einfließen zu lassen.

Einleitung

Einleitung

Die Richtlinienreihe VDI 3810 ist eine Reihe von technischen Regelwerken zum Betreiben und Instandhalten von Gebäuden und gebäude-technischen Anlagen. Sie enthält auch Festlegungen hinsichtlich Änderungen der Betriebsweise und Betriebsunterbrechungen.

Vorhersehbare, befristete Änderungen der Betriebsweise und Außerbetriebnahmen von Trinkwasser-Installationen treten insbesondere bei saisonalem Betrieb auf, z.B. bei Kindertagesstätten, Bildungseinrichtungen, Sportstätten, Ferienanlagen, Hotels. Auch in Betriebsstätten oder medizinischen Einrichtungen sowie in Wohngebäuden kann es zu einer befristeten Änderung der Betriebsweise einzelner Bereiche der Trinkwasser-Installation kommen. Daneben kann durch unabsehbare Ereignisse, wie eine Pandemie, die Situation entstehen, dass Trinkwasser-Installationen eingeschränkt oder gar nicht genutzt werden. Auch in diesem Fall müssen schädliche Rückwirkungen auf das Netz des Wasserversorgers verhindert werden sowie die Trinkwasser-Installation in geeigneter Weise vor Schaden, z.B. durch Verkeimung, geschützt werden.

Es ist unabdingbar, dass Trinkwasser-Installationen von den hierfür Verantwortlichen in technisch und hygienisch einwandfreiem Zustand gehalten werden. Zum bestimmungsgemäßen Betrieb gehört auch die fachgerechte Außerbetriebnahme und Wiederinbetriebnahme von Trinkwasser-Installationen oder Teilen der Installation bei vorhersehbaren oder geplanten Betriebsunterbrechungen (siehe auch VDI 3810 Blatt 2/VDI 6023 Blatt 3).

Für Installationen, bei denen eine vorhersehbare Betriebsunterbrechung im normalen Betriebsablauf vorkommen kann (z.B. Schulen und Kindergärten, Sportstätten, Ferienwohnanlagen und alle weiteren Liegenschaften, die ggf. planmäßig nur saisonal oder mit Unterbrechungen betrieben werden), wurden in der ergänzenden Expertenempfehlung zur Richtlinie VDI 3810 Blatt 2/VDI 6023 Blatt 3 in Abhängigkeit von der Dauer der Betriebsunterbrechung abgestufte, spezifische Anforderungen an die Maßnahmen vor der Außerbetriebnahme sowie zur und nach der Wiederinbetriebnahme definiert. Hierbei wurden die Systeme ganzheitlich betrachtet, einschließlich Hausanschlussleitungen, Trinkwassererwärmungs- und Leitungsanlagen. Für Trinkwasser-Installationen, die üblicherweise nur saisonal oder mit vorhersehbaren Unterbrechungen genutzt werden, sind entsprechende Anforderungen im Raumbuch zu erfassen (Bedarfsermittlung) und die hygienisch/technischen Maßnahmen zur wiederholten Außer- und Wiederinbetriebnahme nach dieser Expertenempfehlung bereits bei der Planung zu berücksichtigen.

Bild 27: Auch Sanitärausstattungen in Schulen oder Kindergärten sind trotz seltener Nutzung bestimmungsgemäß zu betreiben

Die detaillierten Hinweise und Vorgehensweisen nach dieser Expertenempfehlung sind dazu geeignet, um bei nicht vorhersehbaren Betriebsunterbrechungen oder wesentlichen Änderungen der Betriebsweise, z.B. im Havariefall oder im Rahmen einer kurzfristigen Betriebsunterbrechung, den hygienisch/technischen Funktionserhalt der Installation und den Schutz der Nutzer im Sinne des § 1 TrinkwV nach der Wiederinbetriebnahme zu gewährleisten.

Eine fehlende Gewissheit bezüglich einer konkreten Gefahr darf keine Begründung oder Entschuldigung für die Unterlassung von risikominimierenden Maßnahmen sein (vgl. Schadensminderungspflicht unter Pkt. 5.1.3 der Richtlinie). Beim Betrieb einer Anlage, von der ein infektionshygienisches Risiko ausgehen kann (z.B. Trinkwasser-Installationen), müssen nach dem bereits erläuterten Vorsorgeprinzip auch solche Schadensmöglichkeiten in Betracht gezogen werden, für die noch keine Gefahr, sondern nur ein Gefahrenverdacht oder ein Besorgnispotential besteht. Wenn es also denkbar ist, dass bestimmte, schadensträchtige Umstände eintreten könnten (z.B. eine Betriebsunterbrechung mit den bekannten Stagnationsfolgen und daraus resultierende Folgeschäden wie eine mögliche mikrobiologische Verkeimung oder auch eine chemische Beeinträchtigung der Trinkwasserqualität), ist der verantwortliche Betreiber verpflichtet, bereits im Vorfeld ein Konzept zu erstellen, wie mit einem solchen Ereignis ggf. umgegangen werden muss (Maßnahmenplan). Die Gesundheit der von einer Trinkwasseranlage versorgten Menschen ist, wie es das Verwaltungsgericht Würzburg ausdrückte, ein besonders hohes Gut, sodass eine Gefährdung jederzeit ausgeschlossen werden muss. Eine Schädigung der menschlichen Gesundheit ist entsprechend dem Präventionsgedanken des Infektionsschutzgesetzes nur dann nicht i.S.d. § 4 Satz 1 TrinkwV zu besorgen, wenn hierfür keine, auch noch so wenig naheliegende Wahrscheinlichkeit besteht, eine Gesundheitsschädigung also nach menschlicher Erfahrung unwahrscheinlich ist.

Es sind somit nicht nur die naheliegenden Wahrscheinlichkeiten zu bedenken, sondern auch mögliche – wenn auch unwahrscheinliche – Mängel sind zu beachten. Unwissenheit schützt bekanntlich nicht vor entsprechenden Strafen, sollte es doch zu einem Schaden kommen. Die Gerichte lassen die häufig vorgebrachte Entschuldigung von Eigentümern, sie hätte einen Schaden nicht gewollt, regelmäßig nicht gelten. Gerade durch die große mediale Präsenz des Themas Trinkwasserhygiene und immer wiederkehrende Berichte z.B. über Legionelleninfektionen sollte die Gefahr auch jedem Betreiber hinlänglich bekannt sein.

Spätestens seit der Corona-Pandemie ist die vorübergehende Außer- und spätere Wiederinbetriebnahme von Trinkwasser-Installationen keine suspekte Vorstellung mehr und Betreiber sind gehalten, die entsprechenden Maßnahmen für den Fall einer möglichen Änderung der Betriebsweise präsent und abrufbar zu haben.

1 Anwendungsbereich

1 Anwendungsbereich

Diese VDI-Expertenempfehlung gilt in Ergänzung zur Richtlinie VDI 3810 Blatt 2/VDI 6023 Blatt 3 für alle Trinkwasser-Installationen. Sie richtet sich in Ergänzung zu DIN EN 806-5 an Betreiber und deren Erfüllungsgehilfen (z.B. Vertragsinstallationsunternehmen, FM-Dienstleister), insbesondere Unternehmer und sonstige Inhaber von Trinkwasser-Installationen nach Trinkwasserverordnung (TrinkwV), § 3 Nr. 2, Buchstaben c, d, e und f.

Sie beschreibt die notwendigen Maßnahmen zur planmäßigen Außer- und Wiederinbetriebnahme von Trinkwasser-Installationen zum Erhalt der Betriebssicherheit sowie zur Einhaltung der Rechtssicherheit der Eigentümer und Betreiber.

Sie gibt Anlagenbesitzern und Anlagenbetreibern Empfehlungen für

- Maßnahmen zur fachgerechten Außerbetriebnahme,
- empfohlene Instandhaltungsmaßnahmen während der Außerbetriebnahme oder der Wiederinbetriebnahme,
- Maßnahmen zur fachgerechten Wiederinbetriebnahme,
- die Beprobung zur Gewährleistung einer einwandfreien Trinkwasserqualität als Voraussetzung für die Wiederaufnahme des bestimmungsgemäßen Betriebs.

Als Ergänzung zur Richtlinie VDI 3810 Blatt 2/VDI 6023 Blatt 3 kann der Geltungsbereich der Expertenempfehlung kein anderer sein. Auch die Expertenempfehlung differenziert in ihren Maßnahmen nicht zwischen einer Hausinstallation, die aus einer öffentlichen Wasserversorgung betrieben wird, und einer Eigenwasserversorgungsanlage. Die zeitweilige Wasserversorgung auf Volksfesten, zur Ersatzversorgung usw. ist dagegen exemplarisch für Anlagen, die eben nur saisonal oder mit Unterbrechungen betrieben werden.

Die vorliegende Expertenempfehlung definiert die notwendigen Anforderungen bei einer Änderung der Betriebsweise, z.B. aufgrund von Rückbau oder Umnutzung, ebenso wie die Maßnahmen vor, während und nach einer zeitlich befristeten Außerbetriebnahme. Die dargestellten Maßnahmen sind abgestuft auf die voraussichtliche Dauer der Außerbetriebnahme.

2 Normative Verweise

2 Normative Verweise

Die folgenden zitierten Dokumente sind für die Anwendung dieser Expertenempfehlung erforderlich:

DIN EN 806-4:2010-06 Technische Regeln für Trinkwasser-Installationen; Teil 4: Installation; Deutsche Fassung EN 806-4:2010

DIN EN 806-5:2012-04 Technische Regeln für Trinkwasser-Installationen; Teil 5: Betrieb und Wartung; Deutsche Fassung EN 806-5:2012

DVGW W 557:2020-05 Reinigung und Desinfektion von Trinkwasser-Installationen

VDI 3810 Blatt 1:2012-05 Betreiben und Instandhalten von gebäudetechnischen Anlagen; Grundlagen

VDI 3810 Blatt 2/VDI 6023 Blatt 3:2020-05 – VDI 3810 Blatt 2: Betreiben und Instandhalten von Gebäuden und gebäudetechnischen Anlagen; Trinkwasser-Installationen/VDI 6023 Blatt 3: Hygiene in Trinkwasser-Installationen; Betrieb und Instandhaltung

VDI 6023 Blatt 1:2020-05 (Entwurf) Hygiene in Trinkwasser-Installationen; Anforderungen an Planung, Ausführung, Betrieb und Instandhaltung

Da hinsichtlich der als erforderlich angesehenen Maßnahmen teilweise auf Anforderungen in weiteren Regelwerken verwiesen wird, die damit zur Anwendung der Expertenempfehlung wichtig sind, wurde nochmals unter anderem auf die DIN 806 Teil 4 „Installation“ und das DVGW W Arbeitsblatt W 557 verwiesen. Hier ist selbstverständlich jeweils nicht der gesamte Inhalt der mitgeltenden Regelwerke für die Anwendung der Expertenempfehlung wichtig, sondern nur die jeweils bezogenen Anforderungen, insbesondere an Spülung und Desinfektion von Trinkwasser-Installationen.

Da im Rahmen der Expertenempfehlung auch Berichtigungen bzw. Anpassungen an den aktuellen Wissensstand erfolgen, ist auch die DIN EN 806 Teil 5 wieder hier parallel zur Anwendung zu beachten.

Die Hauptblätter der Richtlinienreihe, die VDI 3810 Blatt 1 (Entwurf Stand 02. Juni 2021), die gültige VDI 3810 Blatt 2/VDI 6023 Blatt 3 sowie der aktuelle Entwurf der VDI 6023 Blatt 1 (Stand 30. April 2021), definieren die grundlegenden Anforderungen, auf denen die Expertenempfehlung aufbaut.

3 Anwendungsbereich

3 Begriffe

Für die Anwendung dieser Expertenempfehlung gelten die Begriffe nach VDI 3810 Blatt 1, VDI 3810 Blatt 2/VDI 6023 Blatt 3, VDI 6023 Blatt 1 und die folgenden Begriffe:

Wasseraustausch

vollständiger Wechsel des in dem jeweiligen Leitungsabschnitt enthaltenen Wasservolumens durch Entnahme oder Ablaufenlassen [VDI 6023 Blatt 1 nach DIN 1988-200, B.3]

Spülen

gleichzeitige Wasserentnahme an hinreichend vielen Entnahmestellen zur Sicherstellung einer turbulenten Strömung in den zu spülenden Teilen der Trinkwasser-Installation

Anmerkung: Hierzu ist in der Regel die vollständige Öffnung mehrerer Entnahmestellen am selben Strang erforderlich.

Zusätzlich zu den bereits definierten und erläuterten Begriffen nach den Regelwerken, auf die zur Anwendung ohnehin bereits unter Punkt 2 Bezug genommen wurde, war es lediglich wichtig, die Begriffe „Wasseraustausch" und „Spülen" zu definieren und zu differenzieren, weil insbesondere der Begriff „Spülen" im normalen Sprachgebrauch sehr häufig sinnverfremdet genutzt wird (z. B. ist eine „Spülarmatur" lediglich eine Einrichtung zum automatischen Wasseraustausch, nicht jedoch für eine Spülung im Sinne des DVGW W 557 (A) oder der VDI-Richtlinien 3810 und 6023).

4 Änderung der Betriebsweise

4 Änderung der Betriebsweise

Kommt es zu einer Änderung z. B. der

- Anzahl der Entnahmestellen (z. B. Rückbau nicht genutzter Anschlüsse),
- Entnahmehäufigkeiten (z. B. Umnutzung, Gleichzeitigkeiten),
- Spitzenvolumenströme (z. B. Änderung der Entnahmearmaturen),

sind die entsprechenden Teile des Anlagenbuchs (z. B. Raumbuch, Instandhaltungsplan, Hygiene- und Spülpläne) anzupassen. Der bestimmungsgemäße Betrieb einer Trinkwasser-Installation wird im Raumbuch beschrieben und liegt der Planung zugrunde. Im bestimmungsgemäßen Betrieb einer Trinkwasser-Installation muss ein regelmäßiger Wasseraustausch durch Entnahme an allen Entnahmestellen erfolgen. Eine Nichtnutzung von mehr als 72 Stunden stellt eine Betriebsunterbrechung dar (siehe VDI 6023 Blatt 1).

Der Zeitraum einer Nichtnutzung muss verkürzt werden, wenn Teile der Trinkwasser-Installation einer besonderen Anforderung gemäß Raumbuch unterliegen.

Es gibt unterschiedliche Gründe und Ursachen, die dazu führen können, dass sich die Nutzung einer Trinkwasser-Installation im Laufe des Gebäudelebens verändert. Vorhandene Installationen sind dann oftmals überdimensioniert und werden nicht mehr so genutzt wie zur Planung und Dimensionierung der Anlage ursprünglich ausgelegt.

Entnahmestellen, die nicht regelmäßig genutzt werden, sollen nicht mit Stopfen verschlossen, sondern vollständig zurück gebaut werden, um Stagnation in ungenutzten Leitungsteilen zu vermeiden. Wenn nun, dieser Anforderung folgend, beispielsweise in einem Krankenhaus eine zunehmende Anzahl an Entnahmestellen entfernt wird, sind die zuführenden Verteilleitungen zurück bis zur Hausanschlussleitung ggf. überdimensioniert. Diese Überdimensionierung (in einem Extremfall wurde für einen Schulkomplex ein täglicher Wasserverbrauch von etwa 5 m^3/d dokumentiert bei einer Hausanschlussleitung DN 100) führt dann dazu, dass in den Leitungen trotz einer geringen Entnahme kein vollständiger Wasseraustausch stattfindet, da nur in der Leitungsmitte ein geringer Kernstrom fließt. Eine nennenswerte Strömung mit Turbulenz, die in der Lage wäre, über den gesamten Leitungsquerschnitt einen vollständigen

Wasseraustausch bis an die Rohrwandung zu gewährleisten und einen Biofilmaufwuchs zu minimieren, findet dann ggf. nicht statt.

Wenn an einer Leitung DN 100 nur noch fünf Entnahmestellen angebunden sind, weil sich der Bedarf in diesem Teil der Installation geändert hat, dann kann die verbleibende Verteilleitung nicht mehr durchströmt werden, weil es nicht mehr genug Entnahmestellen gibt, um eine ausreichende Strömung zu generieren. Es kann also im Sinne der Hygiene sinnvoller sein, Entnahmestellen, die nicht regelmäßig genutzt werden, eher in einen Spülplan aufzunehmen und einen Betrieb zu simulieren, als der Rückbau dieser Entnahmestellen (vgl. Pkt. 4.1 der Expertenempfehlung).

Ändern sich also die Betriebsbedingungen durch den Rückbau von Entnahmestellen, weil sich die Anzahl der Beschäftigten geändert hat oder weil das Gebäude heute nicht mehr den gleichen Nutzungszweck hat (z. B. Umbau von Hotel mit Bad in jedem Gästezimmer zu einem Bürogebäude ohne Anforderungen an individuelle sanitäre Einrichtung), sind nicht nur die entsprechenden Angaben im Raumbuch zu aktualisieren, sondern es ist auch durch bauliche, betriebstechnische oder organisatorische Maßnahmen weiterhin eine vollständige Durchströmung der zuführenden Verteilleitungen zu realisieren (siehe Pkt. 6.1.2 der VDI 3810 Blatt 2/VDI 6023 Blatt 3).

Bild 28: Auch bei „Spüleinrichtungen“ ist zu beachten, dass ein freier Ablauf über dem Entwässerungsgegenstand von mindestens 20 mm einzuhalten ist (Foto: Stefan Trützler)

4.1 Simulation des bestimmungsgemäßen Betriebs

4.1 Simulation des bestimmungsgemäßen Betriebs

Bei einer Simulation des bestimmungsgemäßen Betriebs ist der Wasseraustausch durch Entnahme an allen Entnahmestellen für Trinkwasser (warm und kalt; PWH bzw. PWC) zu gewährleisten. Dabei sind die in der Planung festgelegten Gleichzeitigkeiten einzuhalten, um eine hinreichende Strömungsgeschwindigkeit (2 m/s) in allen Leitungsteilen zu erreichen. Dies kann durch die gleichzeitige Spülung an mehreren Entnahmestellen jeweils für PWH und PWC erreicht werden.

Anmerkung: Spülen ist keine Wasserverschwendung, sondern die notwendige Simulation der bestimmungsgemäßen Nutzung.

Es empfiehlt sich, die Spülvorgänge innerhalb der Trinkwasser-Installation von dem Hausanschluss bis zur letzten Entnahmestelle von unten nach oben im Gebäude durchzuführen.

Eventuell vorhandene Verbrühschutz-Vorrichtungen sollten für die Dauer der Spülmaßnahmen deaktiviert werden, damit auch die Entnahmestelle für Trinkwasser (PWH) voll geöffnet und bis zur Temperaturkonstanz gespült werden kann. Entnahmestellen für PWC und PWH sollten getrennt voneinander gespült werden. Um eine Strömungsgeschwindigkeit von mindestens 2 m/s zu erreichen, bietet DVGW W 557 (A) unter Abschnitt 6.3.2.1 eine Hilfestellung.

Wichtiger Hinweis

Um durch Spülmaßnahmen einen vollständigen Wasseraustausch im zirkulierenden System für PWH und Zirkulation zu erreichen, muss die Zirkulationspumpe während des simulierten Betriebs auch bei abgeschalteter Trinkwassererwärmung weiter betrieben werden, damit auch innerhalb der Zirkulationsleitungen ein vollständiger Wasseraustausch stattfinden kann. Bleibt während des simulierten Betriebs die Trinkwassererwärmungsanlage in Betrieb, ist darauf zu achten, dass die Temperaturvorgaben nach DVGW W 551 (A) (60 °C am Ausgang, 55 °C am Wiedereintritt der Zirkulation) eingehalten werden und die Zirkulationspumpe ebenfalls ununterbrochen (24 h/7 d) betrieben wird. Temperaturreduzierungen zur Energieeinsparung sind auch während eines simulierten Betriebs nicht zulässig, um eine gesundheitlich bedenkliche Vermehrung von Mikroorganismen zu verhindern.

Wenn es um eine „ausreichende“ Spülung geht, bietet das DVGW W 557 (A) eine gute Hilfestellung in Form der Tabelle 1 unter Pkt. 6.3.2.1. Hier wird die jeweilige Mindestanzahl an Entnahmestellen aufgeführt, die für eine ausreichende Spülgeschwindigkeit von 2 m/s in Abhängigkeit des zu spülenden Leitungsabschnitts notwendig sind:

DVGW Arbeitsblatt W 557 Reinigung und Desinfektion

6.3.2.1 Spülen mit Wasser

Das Spülen mit Wasser ist das einfachste Verfahren. Für die Spülung ist filtriertes Trinkwasser (Filter nach DIN EN 13443-1 und DIN 19628) zu verwenden. Für die Mobilisierung von Verunreinigungen sind Fließgeschwindigkeiten von mindestens 2 m/s erforderlich (siehe DIN EN 806-4). Ist diese Fließgeschwindigkeit mit dem Versorgungsdruck nicht zu erreichen, ist eine Druckerhöhungspumpe einzubauen. Analog zur DIN EN 806-4 ist das Wasservolumen ca. 20mal auszutauschen.

In dem zu spülenden Abschnitt der Trinkwasser-Installation muss in der Leitung mit dem größten Durchmesser mindestens eine Fließgeschwindigkeit von 2 m/s erreicht werden. Dazu müssen so viele Entnahmestellen geöffnet werden, dass ein ausreichender Volumenstrom fließt, um die geforderte Strömungsgeschwindigkeit von 2 m/s in der Leitung mit dem größten Durchmesser zu erhalten. Diese Fließgeschwindigkeit kann bei ausreichendem Wasserdruck erreicht werden, wenn mindestens die in Tabelle 1 aufgeführte Anzahl von Entnahmestellen gleichzeitig geöffnet wird.

Tabelle 1 – Für eine Spülgeschwindigkeit von 2 m/s in der Leitung mit dem größten Durchmesser mindestens zu öffnende Entnahmestellen

Größte Nennweite im aktuellen Spülabschnitt DN in mm	25	32	40	50	65	80	100
Mindestanzahl der vollständig zu öffnenden Entnahmestellen (bezogen auf DN 10)	2	4	6	8	14	22	32

Bei einer Spülung werden im Gegensatz zum Wasseraustausch Strahlregler oder Duschköpfe, die die Fließgeschwindigkeit verringern können, an den Entnahmestellen entfernt.

Um in einer Verteilleitung DN 80 auf eine Spülgeschwindigkeit von 2 m/s zu kommen, müssten demnach in diesem Abschnitt mindestens 22 Entnahmestellen voll geöffnet werden.

Das Spülen einer Trinkwasser-Installation im Bedarfsfall ist demnach keine Wasserverschwendung, sondern lediglich die notwendige Simulation einer bestimmungsgemäßen Nutzung, um mögliche Stagnationsfolgen zu verhindern. Um einen Leitungsabschnitt jedoch auch fachgerecht spülen zu können, ist eine Mindestanzahl an Entnahmestellen in diesem Bereich notwendig.

Bei Spülmaßnahmen wird hier zudem sinnvollerweise empfohlen, alle Bauteile und Vorrichtungen, die einen Durchfluss behindern oder reduzieren könnten (z.B. Handbrausen, Strahlregler, Verbrühschutzeinrichtungen), zu entfernen bzw. zu öffnen. Spülmaßnahmen sind auch generell „sortenrein" durchzuführen, d.h. jeweils getrennt für Trinkwasser (kalt) oder (warm), um nicht durch einen Mischwasser-Volumenstrom die (Teil-)Strömung in beiden Leitungen zu reduzieren.

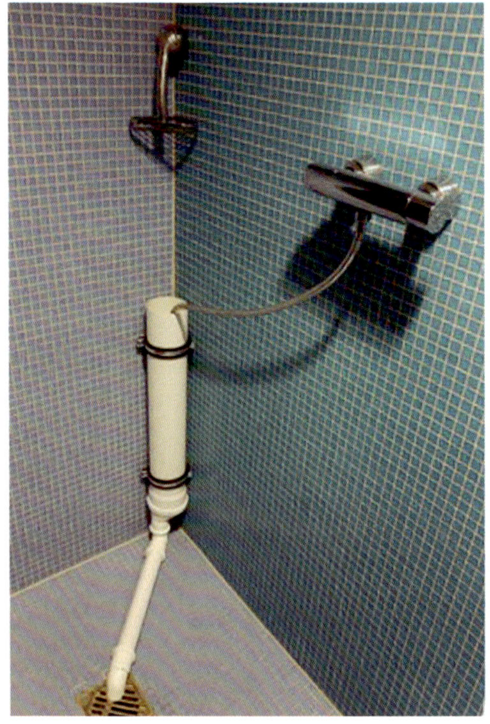

Bild 29: Um den Ablauf von Spülmaßnahmen zu vereinfachen, finden sich in Installationen nicht selten abenteuerliche Konstruktionen (Foto: Alexandra Bürschgens)

Insbesondere wenn keine oder nur eine geringe Wasserentnahme im Gebäude durch die gewöhnlichen Nutzer stattfindet, sollte bei Spülmaßnahmen die Zirkulationspumpe dauerhaft weiter betrieben werden. Selbst wenn die Trinkwassererwärmungsanlage an sich nach Pkt. 5.2 der Expertenempfehlung außer Betrieb genommen werden sollte, ist das Zirkulationssystem trotzdem weiter zu betreiben, um durch die Umwälzung des Leitungsvolumens bei Spülmaßnahmen ebenfalls einen vollständigen, kontinuierlichen Wasseraustausch gewährleisten zu können.

Wird die Trinkwassererwärmungsanlage während des simulierten Betriebs ebenfalls weiterhin betrieben, müssen aus hygienischen Gründen selbstverständlich auch die entsprechenden Betriebstemperaturen eingehalten werden, d.h., an keiner Stelle des zirkulierenden Systems darf die Betriebstemperatur 55 °C unterschreiten.

4.2 Einweisung des Nutzers in eine geänderte Betriebsweise

4.2 Einweisung des Nutzers in eine geänderte Betriebsweise

Der Betreiber der Trinkwasser-Installation hat die Nutzer (Mieter, Arbeitnehmer) in die geänderte Betriebsweise situationsgerecht einzuweisen. Die Einweisung umfasst Anweisungen und Erläuterungen, die eigens auf das jeweilige Umfeld der Nutzer (z.B. Wohneinheit, Arbeitsbereich) ausgerichtet sind.

Die Einweisung muss an die jeweiligen Gegebenheiten angepasst sein und erforderlichenfalls wiederholt werden (z.B. Hinweise mit Erläuterung zur regelmäßigen Nutzung jeder Entnahmestelle).

Der Nutzer muss dahingehend aufgeklärt werden, dass er den Betreiber bei für ihn erkennbaren Betriebsunterbrechungen rechtzeitig informiert, z.B. bei einem längeren Urlaub.

Die Anforderung, die Nutzer entsprechend auch in eine ggf. geänderte Betriebsweise einzuweisen und zu informieren, ist sprachlich an den entsprechenden § 12 ArbSchG angelehnt, gilt hier jedoch für sämtliche Nutzer jeder betroffenen Liegenschaft. Wird die Betriebsweise der Trinkwasser-Installation geändert durch z.B. teilweise Außerbetriebnahme von Bereichen der Trinkwasser-Installation oder die Außerbetriebnahme der Trinkwassererwärmungsanlage, dann ist der Nutzer entsprechend zu informieren und in eine eventuell geänderte Handhabung einzuweisen. Ist beispielsweise in einer Hochschule aufgrund der Corona-Pandemie und der Lockdown-Maßnahmen die Anzahl der Studierenden erheblich reduziert, sind die verbleibenden Nutzer (z.B. Hausmeister, Lehr- und Forschungspersonal) situationsbedingt darauf hinzuweisen, dass zumindest durch manuelle Spülmaßnahmen an sämtlichen Entnahmestellen in ihrem jeweiligen Verantwortungsbereich eine bestimmungsgemäße Nutzung simuliert werden muss.

Dieselben Vorgaben gelten selbstverständlich auch für Beschäftigte in Hotels und Ferienwohnanlagen, Schulen & Kindergärten, in Krankenhäusern oder Wohnanlagen. Insbesondere in Wohnanlagen sind die Beschäftigten im Bereich des Facility-Managements auf einen Leerstand und ggf. damit geänderte Anforderungen an die Betriebsweise hinzuweisen.

Der verantwortliche Betreiber hat die Beschäftigten und Nutzer über Sicherheit und Gesundheitsschutz ausreichend und angemessen zu unterweisen. Die Unterweisung umfasst Anweisungen und Erläuterungen, die eigens auf den Aufgaben- und Verantwortungsbereich der Nutzer ausgerichtet sind (hier regelmäßige Nutzung aller Trinkwasser-Entnahmestellen im jeweiligen Verantwortungsbereich, z. B. Waschbecken in Büros oder Klassenräumen). Diese Unterweisung muss auch bei Veränderungen im Aufgabenbereich oder bei Veränderungen der Gefährdung erfolgen, z. B. durch geänderte Betriebsbedingungen der Trinkwasser-Installation.

5 Außerbetriebnahme

5 Außerbetriebnahme

Trinkwasser-Installationen sind nach Verhaltensplänen außer Betrieb zu nehmen. Die geplante fachgerechte Außerbetriebnahme von Trinkwasser-Installationen oder Teilen davon in Gebäuden obliegt geschultem Fachpersonal. Es ist vor einer vollständigen Außerbetriebnahme zu prüfen, ob andere Maßnahmen (z.B. simulierter Betrieb, siehe Abschnitt 4.1) mit Blick auf Wirtschaftlichkeit oder andere Ziele des Betreibers sinnvoller erscheinen.

Wichtiger Hinweis

Für die Außerbetriebnahme sind die Vorgaben des Wasserversorgers zu beachten. Im Regelfall muss die Anschlussleitung weiterhin regelmäßig gespült werden (AVBWasserV, § 15 Absatz 1).

Wie bereits in der Einleitung dargestellt, ist der verantwortliche Betreiber gehalten, bereits im Vorfeld ein Konzept zu erstellen, wie mit einem möglichen und denkbaren Ereignis ggf. umgegangen werden muss (Verhaltens- oder Maßnahmenplan). Darin sollten sowohl die konkreten Handlungen an der Trinkwasser-Installation beschrieben sein (operative Maßnahmen – welche Absperreinrichtung muss geschlossen werden, wo befindet sich diese Absperreinrichtung, wer ist dort zugangsberechtigt usw.), ggf. die Verantwortlichkeiten (wer macht was wann?), aber auch die organisatorischen Maßnahmen. Hierzu gehört z.B. die Information, wer – außer den Nutzern – im Notfall wie zu kontaktieren ist, optimaler Weise mit Angabe von Namen der jeweiligen Ansprechpartner, Positionen/Aufgabengebiete, Telefonnummern und E-Mail-Adressen.

Bei Trinkwasser-Installationen, die öffentlich betrieben werden, ist beispielsweise bei einer Stilllegung innerhalb von 3 Tagen zwingend das Gesundheitsamt zu informieren. Eine Wiederinbetriebnahme ist dann dem Gesundheitsamt spätestens 4 Wochen im Voraus anzuzeigen (siehe § 13 TrinkwV)!

Der Prozess der Außerbetriebnahme einer Trinkwasser-Installation wird anspruchsvoller, je größer und komplexer die Installation aufgebaut ist. Die nachfolgenden Punkte zeigen beispielsweise die korrekte Vorgehensweise bei der Außerbetriebnahme von Trinkwassererwärmern und ggf. Zirkulationssystemen. Doch auch die Wiederinbetriebnahme erfordert in der Regel einen erheblichen Aufwand, sodass es in vielen Fällen, abhängig von der Dauer der nicht bestimmungsgemäßen Nutzung, effizienter, aber auch effektiver sein kann, die Installation gar nicht erst außer Betrieb zu nehmen, sondern eine bestimmungsgemäße Nutzung zu simulieren. Im individuellen Einzelfall sollte der verantwortliche Betreiber sorgfältig Aufwand, Risiken und Nutzen abwägen und ggf. einen simulierten Weiterbetrieb in Erwägung ziehen.

Ein Zeitraum, ab dem eine Außer- und Wiederinbetriebnahme sinnvoller gegenüber einem simulierten Weiterbetrieb wäre, lässt sich nicht faktisch bestimmen, da diese Abwägung sehr von Ausdehnung und Komplexität der Anlage abhängt und damit von den im Einzelfall zu ergreifenden Maßnahmen.

Es ist bei diesen Überlegungen grundsätzlich die Gesamtheit der Trinkwasser-Installation zu betrachten, wozu auch die Hausanschlussleitung gehört. Wird eine Trinkwasser-Installation außer Betrieb genommen, findet gewöhnlich auch in der Hausanschlussleitung des Wasserversorgers kein Wasseraustausch mehr statt, was zu entsprechenden Stagnationsproblemen im Verteilsystem des WVU führen könnte. Entsprechende Maßnahmen sollten im Vorfeld grundsätzlich mit dem WVU angestimmt werden, die hierzu gerne eigene Vorgaben erstellen. Die Nutzung der Hausanschlussleitung obliegt bekanntlich dem Anschlussnehmer und es ist durchaus denkbar, dass das WVU auch während einer Außerbetriebnahme den Wasseraustausch in der Hausanschlussleitung verlangt, um nachteilige Veränderungen der Einrichtungen des WVU oder anderer Anschlussnehmer zu vermeiden. Das würde dann bedeuten, dass unmittelbar nach der Wasserzähleinrichtung eine Spüleinrichtung geschaffen werden müsste (z. B. über einen automatisch rückspülbaren Filter), um trotz der vorübergehenden Stilllegung der Installation einen Wasseraustausch in der Hausanschlussleitung zu gewährleisten.

5.1 Schadensverhütung und -minderung

5.1 Schadensverhütung und -minderung

Auch während einer Betriebsunterbrechung von Trinkwasser-Installationen können Schäden an Rohrleitungssystemen auftreten. Vorsorgemaßnahmen sind empfehlenswert. Je nach Installations- und Gebäudeverhältnissen stehen hierfür insbesondere Möglichkeiten zum Frostschutz (siehe VDI 2069) und Schutz vor Überflutung (VDI 6004 Blatt 1) zur Verfügung.

Anmerkung: Weitere Hinweise zur Schadenverhütung und -minderung werden von Versicherern und Schadendienstleistern zur Verfügung gestellt.

Auch während oder aufgrund von Änderungen der Betriebsweise bzw. im Rahmen von Außer- und Wiederinbetriebnahme kann es an den unterschiedlichsten Stellen bzw. aufgrund verschiedenster Ereignisse zu Schadensfällen kommen. Um im Havariefall den Schaden so gering wie möglich zu halten, formuliert bereits die Richtlinie VDI 3810 Blatt 2/VDI 6023 Blatt 3 unter Pkt. 5.1.3 mögliche Maßnahmen, um vorhersehbare Schäden bzw. deren Folgen von vornherein zu mindern und abzuschwächen.

Die Schadensminderungspflicht bezeichnet im Schadenersatzrecht bekanntlich die Pflicht des Geschädigten, den Schaden abzuwenden oder so gering wie möglich zu halten.

Im konkreten Fall bedeutet das, z. B. während einer Außerbetriebnahme einer Trinkwasser-Installation entweder einen Frostschutz zu gewährleisten oder die erhöhten Anforderungen nach einer Entleerung der Leitungen auf sich zu nehmen. Das kann jedoch auch bedeuten, während einer Außerbetriebnahme Maßnahmen zu ergreifen, die eine unzulässige Aufwärmung und damit ggf. eine Verkeimung des Trinkwassers verhindern (z. B. das Abschalten parallel verlegter Heizungsleitungen oder der Verzicht auf eine Außerbetriebnahme zu Gunsten eines simulierten Weiterbetriebs).

Bei einer Entleerung der Leitungen kann es zu erheblichen Korrosionsschäden kommen, weswegen die Leitungen während einer Außerbetriebnahme nach Möglichkeit befüllt bleiben sollen (soweit Frostgefahr ausgeschlossen werden kann, vgl. Tabelle 2, Zeile 4 der VDI 3810 Blatt 2/VDI 6023 Blatt 3).

5.2 Vorübergehende Außerbetriebnahme von Trinkwassererwärmungsanlagen

5.2 Vorübergehende Außerbetriebnahme von Trinkwassererwärmungsanlagen

Dezentrale Trinkwassererwärmer mit geringem Speicherwasservolumen (Kleinspeicher) oder Trinkwassererwärmer im Durchflussprinzip (z. B. Durchlauferhitzer und Wohnungsstationen zur Einzel- oder Gruppenwasserversorgung) sollen abgeschaltet, gegen Wiedereinschaltung gesichert und mit kaltem Wasser (PWC) bis zur Temperaturkonstanz an den Entnahmestellen für PWH gespült werden.

Bei zentralen oder dezentralen Speicher-Trinkwassererwärmungsanlagen mit Zirkulationssystem (Leitungsvolumen PWH > 3 Liter) wird zur Außerbetriebnahme die Wärmezufuhr zu den Speichern abgeschaltet und gegen Wiedereinschalten gesichert.

Aus Trinkwassererwärmern und Leitungen für PWH und PWH-C soll nach der Abschaltung das noch warme Wasser vollständig ausgespült werden, bis an den Warmwasser-Entnahmestellen eine Temperatur entsprechend der Kaltwassertemperatur erreicht wird, um ein langsames Auskühlen des erwärmten Trinkwassers über einen längeren Zeitraum in einem für Legionellen idealen Temperaturbereich zu vermeiden. Dies ist durch Temperaturmessungen an repräsentativen Entnahmestellen zu bestätigen und im Betriebsbuch zu dokumentieren.

Wichtiger Hinweis

Um das Trinkwasser im zirkulierenden System vollständig auszutauschen, muss die Zirkulationspumpe weiter betrieben werden, damit auch innerhalb der Zirkulationsleitungen ein vollständiger Wasseraustausch stattfinden kann. Sind im System thermische Regulierventile vorhanden, muss gegebenenfalls manuell eingegriffen werden.

Werden im Rahmen einer zeitlich befristeten Außerbetriebnahme auch Trinkwassererwärmungsanlagen abgeschaltet, um beispielsweise Energie während der Nichtnutzung zu sparen, ist es wichtig, die Systeme schnell, komplett und aktiv abzukühlen.

Zentrale Trinkwassererwärmer und zirkulierende Leitungsanlagen PWH/PWH-C müssen nach DIN 1988 Teil 200 gedämmt sein, um im Normalbetrieb einen erhöhten Temperaturverlust auf dem Fließweg zu vermeiden bzw. zu minimieren. Im Fall einer Außerbetriebnahme erweist sich dieser gewöhnlich absolut sinnvolle Umstand als hinderlich, denn wenn ein solches System nur angeschaltet und sich selbst überlassen würde, behindert die Dämmung bestimmungsgemäß eine Auskühlung an die Umgebung. Da in einer abgeschalteten Anlage keine Wärmenergie nachgeliefert wird, wird das Warmwasser nur sehr langsam auskühlen und entsprechend lange bei idealen Bruttemperaturen für Mikroorganismen stagnieren. Die mögliche Folge einer solchen langsamen Abkühlung liegt auf der Hand: mikrobiologisches Wachstum.

Warme Apparate und Systeme müssen bei einer Abschaltung daher aktiv abgekühlt werden, indem man an den Entnahmestellen so lange Wasser entnimmt, bis eine konstante Kaltwassertemperatur erreicht ist, d. h., das warme Wasser wird durch Entnahme ausgespült und kaltes Wasser fließt nach, bis das gesamte warme Wasservolumen in Speichern und Leitungen vollständig gegen kaltes Wasser ausgetauscht ist. Auskühlphasen werden damit erheblich reduziert, sodass ein exponentielles mikrobiologisches Wachstum entsprechend vermieden werden kann.

Diese Vorgehensweise ist bei zentralen und dezentralen Trinkwassererwärmungs- und Leitungsanlagen identisch. Bei zentralen, zirkulierenden Systemen ist wieder zu beachten, dass die Zirkulationspumpe während dieser aktiven Abkühlung weiter betrieben werden muss, um auch das erwärmte Wasser innerhalb der Zirkulationsleitungen austauschen zu können.

Kühlt sich das Wasser vor einem thermischen Regulierventil ab, öffnet es bestimmungsgemäß, da die Dehnstoffkartusche im Ventil schrumpft, um den Durchfluss zu erhöhen. Wird ein System abgekühlt, ist davon auszugehen, dass alle thermischen Regulierventile voll öffnen, und so ein hydraulischer Abgleich in einem kalten System nicht mehr gegeben ist. Insbesondere beim Weiterbetrieb der Zirkulationspumpe im kalten System zu Spülzwecken (siehe Pkt. 4.1 der Expertenempfehlung) ist dieser Umstand zu beachten.

Es kann im Rahmen einer Abkühlung ggf. auch sinnvoll sein, die Ventile manuell vollständig zu öffnen, um das Ausspülen zu beschleunigen. Bei der Wiederinbetriebnahme sind die Ventile dann wieder korrekt einzustellen.

5.3 Absperren von Trinkwasser-Installation oder Teilen davon

5.3 Absperren von Trinkwasser-Installation oder Teilen davon

Werden Trinkwasser-Installationen oder Teile der Installation für eine Zeit von mehr als drei bis sieben Tagen nicht bestimmungsgemäß genutzt (z. B. Urlaub, Wohnungsleerstand), sind für den technisch und hygienisch einwandfreien Zustand vorbeugende und nachsorgende Maßnahmen zu organisieren. Empfohlene Maßnahmen sind Tabelle 2 der VDI 3810 Blatt 2/VDI 6023 Blatt 3 zu entnehmen.

Aus VDI 3810 Blatt 2/VDI 6023 Blatt 3:

„Soll eine Trinkwasser-Installation vollständig oder teilweise für **mehr als 72 Stunden** außer Betrieb genommen werden, ist die Installation am Hauswassereingang oder am Beginn des jeweiligen Leitungsabschnitts (Etagen- oder Wohnungsabsperrung) abzusperren, um z. B. ein Rückfließen aus der Anlage bei Druckschwankungen oder Wasserschäden durch defekte Schlauchleitungen zu verhindern. Insbesondere bei großen Liegenschaften oder Industriebetrieben mit Ringleitungsversorgung oder langen Stichleitungen seitens der Hauptzuleitungen kann es sinnvoll sein, diese Maßnahmen mit dem zuständigen Wasserversorger abzustimmen, um nachteilige Stagnationsbedingungen innerhalb der Wasserversorgungsanlage zu vermeiden.

Ist eine Stilllegung von**mehr als 6 Monaten** abzusehen, ist die Trinkwasser-Installation zur Außerbetriebnahme durch das WVU oder ein Installationsunternehmen abzutrennen.“

Es sollte ein Hinweisschild an der Absperreinrichtung angebracht werden z. B. mit der Aufschrift *„Trinkwasser-Installation außer Betrieb, Absperrung nicht betätigen. Bei Fragen wenden Sie sich bitte an (Ansprechpartner, Telefonnummer).“*

Das vielfach geforderte Absperren von Leitungen oder Leitungsteilen hat kaum hygienische, sondern eher technische Hintergründe, da geschlossene Absperreinrichtungen kein Hindernis für Mikroorganismen darstellen. Kommt es jedoch beispielsweise in einer Installation zu Druckschwankungen, könnte ansonsten stagnierendes Wasser aus ungenutzten Teilbereichen der Installation zurückgesaugt werden und das Wasser in den zuführenden Leitungen nachteilig verändern.

Das Absperren von Leitungen oder Leitungsteilen dient auch der Schadensminderung, z. B. im Havariefall. Viele ungenutzte Installationen stehen nicht mehr kontinuierlich unter einer Überwachung, weil schlicht keine Nutzer mehr da sind, die täglich die Trinkwasser-Installation „im Auge haben". Sollte es nun während der Dauer einer Nichtnutzung zu einem Schadensereignis kommen, weil beispielsweise ein Schlauch platzt oder sich eine Leitungsverbindung löst, würde das Wasser an dieser Stelle unbemerkt über einen langen Zeitraum austreten und zu erheblichen Schäden am Gebäude führen. Durch das Absperren solcher Leitungsabschnitte kann ein solcher möglicher Schaden ggf. erheblich abgemindert werden, da kein Wasser mehr nachfließen kann.

Um unbeabsichtigte Schäden zu verhindern, sowohl technische Schäden an der Trinkwasser-Installation als auch Gesundheitsschäden der Nutzer, die unwissentlich nachteilig verändertes Wasser trinken oder gebrauchen, sind abgesperrte Leitungen an der Absperreinrichtung entsprechend deutlich und verständlich zu kennzeichnen. Es hat sich als sinnvoll erwiesen, entsprechende Hinweisschilder an den Absperrungen anzubringen, und ggf. die Absperrungen gegen Betätigung zu sichern, damit ein unbeabsichtigtes oder unbefugtes Öffnen verhindert werden kann.

Bei einer vorhersehbaren Betriebsunterbrechung von mehr als 6 Monaten wird es als absolut verhältnismäßig angesehen, die Leitung ggf. nicht nur abzusperren, sondern gänzlich und möglichst stagnationsfrei vom zuführenden System abzutrennen.

Wie bereits unter Pkt. 5 erläutert, sind die Maßnahmen zur vollständigen Außerbetriebnahme ggf. mit dem Wasserversorgungsunternehmen abzustimmen.

5.3.1 Anforderungen an angeschlossene Apparate

5.3.1 Anforderungen an angeschlossene Apparate

Bei in Trinkwasser-Installationen eingebundenen Wasserbehandlungsanlagen, z. B. automatische Spüleinrichtungen und -Armaturen, Umkehrosmose- und Filtrationsanlagen, Enthärtungsanlagen, leitungsgebundenen Trinkwasserspendern und Getränkeautomaten sind die jeweiligen Herstellervorgaben zu Außerbetriebnahmen zu berücksichtigen, da bei einer vollständigen Stilllegung der Trinkwasser-Installation auch kein Wasser für die gegebenenfalls automatischen Spül-, Regenerations- und Desinfektionszyklen zur Verfügung steht.

Sind in einer Trinkwasser-Installation Bauteile, Apparate oder Geräte installiert, die im Normalbetrieb selbsttätig Wasser nutzen (z. B. zur Regeneration) oder aus den Leitungen entnehmen sollen (automatisch selbstauslösende Entnahmearmaturen und sog. „Spüleinrichtungen“), steht dieses Wasser während einer Außerbetriebnahme selbstverständlich nicht mehr zur Verfügung. Bei länger andauernden Betriebsunterbrechungen kann das ggf. dazu führen, dass beispielsweise Harzbetten in Ionentauschern verkeimen, da keine regelmäßige Spülung und Desinfektion mehr gewährleistet ist.

Bauteile, die automatisiert Wasser entnehmen, wie automatisch rückspülbare Filter oder Spüleinrichtungen, sollten daher ebenfalls deaktiviert werden, um ein ungewolltes Entleeren der Installation oder Schäden an Bauteilen zu verhindern, wenn beispielsweise Pumpen trocken laufen.

Die meisten Hersteller von Getränkeautomaten und Wasserspendern verweisen in ihren Bedienungsanleitungen darauf (diese finden sich üblicherweise im Betriebsbuch der Installation oder am Gerät selbst), dass Filter und Wasserbehandlungseinheiten nach längeren Stillstandszeiten vollständig zu ersetzen sind. Im Fall einer Betriebsunterbrechung sind daher grundsätzlich die entsprechenden Herstellerangaben der jeweiligen Geräte oder Apparate zu beachten.

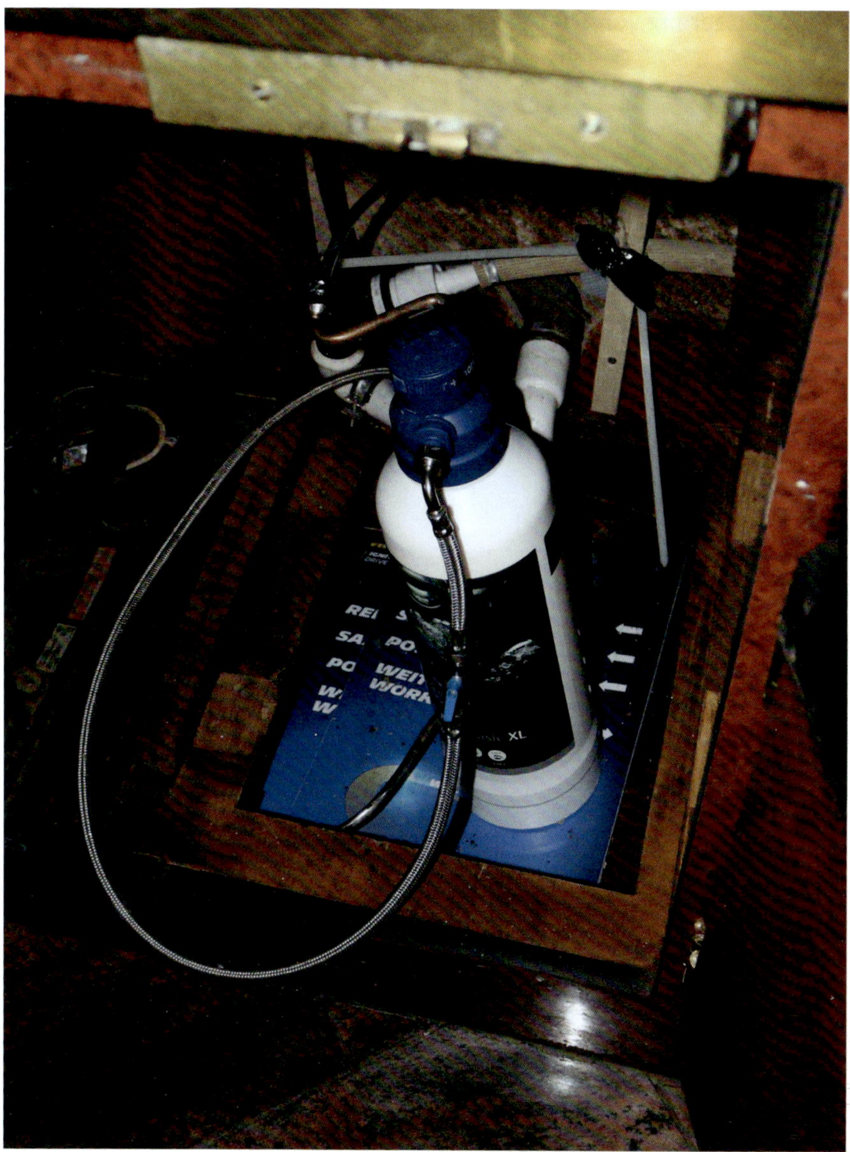

Bild 30: Wasserbehandlungskartuschen in Getränkeautomaten oder Wasserspendern sollten entweder vermieden werden oder sind nach längerer Betriebsunterbrechung vollständig auszutauschen

5.3.2 Entleerung von Trinkwasserleitungen

5.3.2 Entleerung von Trinkwasserleitungen

Soweit Schäden durch Frosteinwirkung ausgeschlossen werden können, sollte von einer Entleerung der Leitungen abgesehen werden.

Bei einer Entleerung von Trinkwasser-Installationen verbleibt örtlich Restwasser in den Leitungen unter Bildung von 3-Phasen-Grenzen (Rohr- und Armaturenwerkstoff/Wasser/Luft). Dieser Effekt kann dann einen starken Korrosionsangriff im Bereich der Wasserlinie auslösen. Auch Systeme, die als vollständig entleert angesehen werden, können noch Restwasser in Ringspalten von Pressfitting-Systemen sowie kleinere Wassermengen in horizontalen Leitungsabschnitten und auf waagerecht angeordneten Oberflächen aufweisen.

Eine vollständige Entleerung einer befüllten Trinkwasser-Installation ist aus korrosionschemischen und mikrobiologischen Gründen zu vermeiden.

Die DIN EN 806 Teil 5 besagt, dass Leitungen, die länger als 7 Tage nicht genutzt werden, ggf. zu entleeren sind. Diese Aussage ist nachweislich falsch, doch bekanntlich ist eben nicht alles, was in einer Norm steht, automatisch „allgemein anerkannt".

Die Entscheidung über die Entleerung einer Trinkwasser-Installation folgt den Überlegungen der Verhältnismäßigkeit: Besteht die Besorgnis, dass es zu Schäden an der Installation aufgrund von Frost kommen könnte, sind zunächst Maßnahmen zum Frostschutz zu treffen. Erst wenn diese Möglichkeiten objektiv und mit verhältnismäßigen Mitteln nicht bestehen, kann eine Entleerung der Leitungen mit entsprechenden Korrosionsrisiken und weitergehenden Folgemaßnahmen bei der Wiederinbetriebnahme (z. B. Wasser/Luft-Spülung und mikrobiologische Beprobung) in Betracht gezogen werden.

Die DIN EN 12502 Teil 1 trifft normativ die Aussage, dass Systeme manchmal entleert werden, wobei örtlich Restwasser in den Leitungen unter Bildung von 3-Phasen-Grenzen (Metall/Wasser/Luft) verbleibt. Dieser Effekt kann einen starken Korrosionsangriff im Bereich der Wasserlinie auslösen. Auch Systeme, die als vollständig entleert angesehen werden, können noch Restwasser in Ringspalten von Pressfitting-Systemen sowie kleinere Wasserpfützen in horizontalen Leitungsabschnitten und auf waagerecht angeordneten Oberflächen aufweisen.

Eine Befüllung und anschließend vollständige Entleerung einer befüllten Trinkwasser-Installation wird daher in Fachkreisen als unmöglich angesehen und ist aus korrosionschemischen sowie aus mikrobiologischen Gründen unbedingt zu vermeiden.

Stagnationsbedingte Veränderungen in Geruch, Geschmack oder Farbe des Wassers sind in der Regel nicht gesundheitsschädlich. Gesundheitsgefahren können jedoch auftreten, wenn das stagnierende Wasser durch Korrosion oder Migration mit Bestandteilen der umgebenden Werkstoffe so stark verunreinigt wird, dass Vergiftungen möglich sind (zum Beispiel Schwermetallaufnahme aus metallenen Rohrleitungen oder Form- und Verbindungsstücken).

Die Stagnationsbedingungen des Restwassers in teilbefüllten Leitungen ermöglichen zudem die Vermehrung pathogener Mikroorganismen sowie eine verstärkte Biofilmbildung (zum Beispiel *Pseudomonas aeruginosa*). Der dann fehlende Wasseraustausch, eine Temperaturangleichung an die Umgebungstemperatur, eine große sauerstoffberührte Oberfläche bei Teilentleerung und ein hohes Nährstoffangebot durch z.B. Verunreinigungen im Füllwasser oder durch im Lauf der Errichtung eingetragenen Staub und Schmutz unterstützen ebenfalls die Bildung von Biofilm und die Vermehrung von pathogenen Mikroorganismen in den neu installierten Leitungen.

6 Wiederinbetriebnahme der Trinkwasser-Installation

6 Wiederinbetriebnahme der Trinkwasser-Installation

Alle vorgenommenen Arbeitsschritte und Maßnahmen sind zu dokumentieren und gegebenenfalls mit den Analysebefunden chemischer oder mikrobiologischer Kontrolluntersuchungen im Betriebsbuch abzulegen.

Wie grundsätzlich alle Maßnahmen und Handlungen, die an einer Trinkwasser-Installation vorgenommen werden, sind auch Maßnahmen zur Außer- und Wiederinbetriebnahme vollständig im Betriebsbuch der Anlage zu dokumentieren. Dazu gehört nicht nur die Dokumentation der operativen Maßnahmen, sondern auch die Befunde von Kontrolluntersuchungen zur Bestätigung einwandfreier Trinkwasserqualität, bevor das Wasser wieder Nutzern zur Verfügung gestellt wird.

6.1 Maßnahmen im Rahmen der Wiederinbetriebnahme

6.1 Maßnahmen im Rahmen der Wiederinbetriebnahme

Art und Umfang aller erforderlichen Instandhaltungsmaßnahmen sind unter Berücksichtigung der Gefährdungsmöglichkeiten und der Angaben der Hersteller der Anlagen, Armaturen oder Apparate individuell im Instandhaltungsplan nach VDI 3810 Blatt 2/VDI 6023 Blatt 3, Abschnitt 7 festzulegen.

Vor und nach der Wiederinbetriebnahme können wesentliche Maßnahmen der Instandhaltung in Form von Inspektion, Wartung, Instandsetzung oder Verbesserung durchgeführt werden. Die Instandhaltungsmaßnahmen sind nach DIN EN 806-5, VDI 3810 Blatt 2/VDI 6023 Blatt 3 und den jeweiligen Herstellerangaben auszuführen. Die Durchführung ist im Betriebsbuch zu dokumentieren.

Mögliche Maßnahmen vor der Wiederinbetriebnahme

Vor der Wiederinbetriebnahme empfiehlt es sich, alle instandhaltungsrelevanten Bauteile der Trinkwasser-Installation zu inspizieren und gegebenenfalls instand zu setzen (z. B. Druckminderer, Absperreinrichtungen, Druck- und Temperaturanzeigen).

Eine Reinigung von Trinkwasserspeichern vor der Wiederinbetriebnahme ist nach DIN EN 806-5 vorzunehmen.

Verschleißteile wie Strahlregler, Handbrausen und Brauseschläuche sollten nach längerer Nichtnutzung ausgetauscht werden.

Es wird empfohlen, vor der Wiederinbetriebnahme zu prüfen, ob die notwendigen Bauteile (Probenahmeventile, Regulierventile für die Einrichtung eines hydraulischen Abgleichs der Zirkulation usw.) in erforderlichem Maße und an der korrekten Position vorhanden sind. Fehlende oder ungeeignete Bauteile sollten vor der Wiederinbetriebnahme nachgerüstet oder ausgetauscht werden.

Wichtiger Hinweis

Es ist unabdingbar, dass Trinkwasser-Installationen von den hierfür Verantwortlichen gem. § 17 Abs. 1 TrinkwV in technisch und hygienisch einwandfreiem Zustand gehalten werden.

Je nach Handhabung während der Betriebsunterbrechung gibt es zur Wiederaufnahme des Betriebes verschiedene Vorgehensweisen. Im Vorfeld könnte der verantwortliche Betreiber aus der Not eine Tugend machen, indem er vor der Öffnung die ohnehin regelmäßig anfallenden Instandhaltungs- oder Wartungsarbeiten in der Trinkwasser-Installation durchführen lässt. Ist die Installation ohnehin bereits außer Betrieb genommen, bietet es sich an, vor bzw. im Rahmen der Wiederinbetriebnahme für einen ordnungsgemäßen Zustand der Installation zu sorgen. Maßnahmen der Inspektion und Instandsetzung können zu diesem Zeitpunkt ohne eine Störung der Nutzer durchgeführt werden und auch vielleicht längst fällige Verbesserungen und Ertüchtigungen der Anlagen bieten sich bei dieser Gelegenheit an, z. B. das Entfernen von Totleitungen, die Reinigung eines Trinkwasserspeichers, die Nachrüstung geeigneter Regulierventile für den hydraulischen Abgleich des zirkulierenden Systems oder geeigneter Sicherungseinrichtungen nach DIN EN 1717 i. V. m. DIN 1988 Teil 100.

Vorhandene Bauteile sollten zeitnah vor der Wiederinbetriebnahme gewartet oder ggf. instandgesetzt werden und Verschleißteile mit begrenzter Nutzungsdauer, wie Strahlregler an Entnahmearmaturen, Handbrausen und Brauseschläuche an Küchen-, Dusch- und Wannenarmaturen, sollten ggf. ersetzt werden.

Bild 31: Verschleißteile wie Handbrausen, Brauseschläuche und Strahlregler sollten nach längeren Betriebsunterbrechungen kontrolliert und ggf. ersetzt werden

6.2 Maßnahmen zur Wiederinbetriebnahme

6.2 Maßnahmen zur Wiederinbetriebnahme

Zur Wiederinbetriebnahme sind die Betriebseinstellungen wieder vorzunehmen, wie bei der Planung zugrunde gelegt.

Bei einer Wiederinbetriebnahme der Trinkwasser-Installation nach **maximal 7 Tagen** Betriebsunterbrechung genügt es, das Wasser mindestens fünf Minuten an jeder Entnahmestelle fließen zu lassen. Wichtig ist hierbei, mehrere Entnahmestellen gleichzeitig zu öffnen, um für eine ausreichende Durchströmung der Verteilleitungen zu sorgen (siehe Abschnitt 4.1). Die Spülung wird getrennt sowohl in der Kalt- als auch in der Warmwasserleitung durchgeführt.

Zur Wiederinbetriebnahme nach **maximal 4 Wochen** ist nach DVGW W 557 (A) ein vollständiger Wasseraustausch an allen Entnahmestellen durch Spülung mit Trinkwasser durchzuführen.

Bei einer Spülung werden im Gegensatz zum Wasseraustausch Strahlregler oder Duschköpfe an den Entnahmestellen, die die Fließgeschwindigkeit verringern können, entfernt.

Bei einer Außerbetriebnahme von **länger als 4 Wochen bis zu 6 Monaten,** sollte zusätzlich zur Spülung nach DVGW W 557 (A) sowohl in den Kalt- als auch in den Warmwasserleitungen eine mikrobiologische Kontrolluntersuchung durchgeführt werden, um nachteilige Veränderungen der Trinkwasserqualität aufgrund der andauernden Stagnation ermitteln zu können. Es empfiehlt sich hier ein repräsentativer Umfang der Beprobung nach Tabelle 1.

Tabelle 1. Empfohlener Untersuchungsumfang für mikrobiologische Kontrolluntersuchungen zur Wiederinbetriebnahme

Kriterium	Anforderung
Koloniezahl bei 22 °C und bei 36 °C	100 KBE/1 ml
Escherichia coli und coliforme Bakterien	0 KBE/100 ml
Pseudomonas aeruginosa	nicht nachweisbar in 100 ml
Legionella spec. [a]	100 KBE/100 ml

[a] Untersuchung im PWH, sofern Einrichtung zur Vernebelung vorhanden ist.

Entspricht die Temperatur im PWC nicht den oben genannten Anforderungen, sind Untersuchungen auf *Legionella spec.* auch im PWC durchzuführen.

Zur Wiederinbetriebnahme nach mehr als 6 Monaten ist wie bei einer Neuinstallation gemäß DIN EN 806-4 vorzugehen:

- fachgerechter Wiederanschluss der Installation
- Spülung nach DVGW W 557 (A)
- mikrobiologische Kontrolluntersuchungen nach Tabelle 1 an repräsentativen Entnahmestellen

Wichtiger Hinweis

Eine präventive Desinfektion ist zu vermeiden, eventuelle Maßnahmen richten sich grundsätzlich nach dem Ergebnis der Trinkwasseruntersuchung.

Bei einer Wiederinbetriebnahme der Trinkwasser-Installation nach maximal 7 Tagen Betriebsunterbrechung genügt es meistens, das Wasser mindestens fünf Minuten an allen Entnahmestellen fließen zu lassen. Wichtig ist hierbei, mehrere Entnahmestellen gleichzeitig zu öffnen, um für eine genügend starke Durchströmung der Verteilleitungen zu sorgen. Die Spülung wird getrennt sowohl in der Kalt- als auch in der Warmwasserleitung durchgeführt.

Zur Wiederinbetriebnahme nach maximal 4 Wochen ist ein vollständiger Wasseraustausch an allen Entnahmestellen durch Spülung mit Wasser nach DVGW-Arbeitsblatt 557 durchzuführen. In dem zu spülenden Abschnitt der Trinkwasser-Installation muss in der Leitung mit dem größten Durchmesser mindestens eine Fließgeschwindigkeit von 2 m/s erreicht werden. Dazu müssen so viele Entnahmestellen geöffnet werden, dass ein ausreichender Volumenstrom fließt, um die geforderte Strömungsgeschwindigkeit von 2 m/s in der Leitung mit dem größten Durchmesser zu erhalten. Diese Fließgeschwindigkeit kann bei ausreichendem Wasserdruck erreicht werden, wenn mindestens die in der Tabelle 1 des DVGW W 557 (A) aufgeführte Anzahl von Entnahmestellen gleichzeitig geöffnet wird. Bei einer Spülung werden im Gegensatz zum Wasseraustausch Strahlregler oder Duschköpfe, die die Fließgeschwindigkeit verringern können, an den Entnahmestellen entfernt.

Sollte die Unterbrechung deutlich länger als 4 Wochen bis zu 6 Monaten dauern, sollte zusätzlich zur Spülung nach DVGW W 557 (A) sowohl in den Kalt- als auch in den Warmwasserleitungen eine mikrobiologische Kontrolluntersuchung (allgemeine Keimzahl, *E. coli* und coliforme Bakterien, *Pseudomonas* und auch Legionellen, vgl. Tab. 1 der Expertenempfehlung) durchgeführt werden, um nachteilige Veränderungen der Trinkwasserqualität aufgrund der andauernden Stagnation ermitteln zu können. Es empfiehlt sich hier ein repräsentativer Umfang der Beprobung analog einer systemischen Untersuchung nach TrinkwV.

Ist eine Stilllegung von mehr als 6 Monaten abzusehen, ist zur Außerbetriebnahme wie bereits erläutert die Anschlussleitung nicht nur abzusperren, sondern durch das WVU oder ein Installationsunternehmen abzutrennen. Zur Wiederinbetriebnahme ist dann wie bei einer Neuinstallation gemäß DIN EN 806 Teil 4 vorzugehen, d. h., die Anlage ist fachgerecht wieder anzuschließen, nach DVGW W 557 (A) zu spülen und es sollen die mikrobiologischen Kontrolluntersuchungen nach Tabelle 1 durchgeführt werden, bevor das Trinkwasser wieder zur Nutzung freigegeben wird.

Eine präventive Desinfektion ist hier nicht angebracht, eventuelle Maßnahmen richten sich ausschließlich nach dem Ergebnis der Trinkwasseruntersuchung. Nach DIN EN 806 Teil 4 Pkt. 6.3 dürfen Trinkwasser-Installationen nach dem Spülen nur desinfiziert werden, wenn eine verantwortliche Person (z. B. Sachverständiger) oder Behörde dies festlegt.

6.2.1 Trinkwassererwärmer mit zirkulierendem System

6.2.1 Trinkwassererwärmer mit zirkulierendem System

Zur Wiederinbetriebnahme einer Trinkwasser-Installation ist die Wärmezufuhr wiederherzustellen bzw. die Trinkwassererwärmung einzuschalten. Damit die Wassertemperatur während der Aufheizphase möglichst schnell die erforderliche Temperatur von 60 °C erreicht, empfiehlt es sich, zunächst Speicher-Trinkwassererwärmungsanlagen gegebenenfalls vor dem Wiedereinschalten des Zirkulationssystems vollständig zu erhitzen. Insbesondere bei Speicher-Trinkwassererwärmern mit einem Inhalt > 400 Liter muss durch entsprechende Maßnahmen (z. B. Umwälzung, bei Mehrfachspeichern gleichmäßige Beaufschlagung der einzelnen Speicher) sichergestellt werden, dass das Trinkwasser an allen Stellen gleichmäßig erwärmt wird.

Nach dem vollständigen Aufheizen der Speicher (auf 60 °C) ist das Zirkulationssystem wieder in Betrieb zu nehmen. Ist die Maximaltemperatur (≥ 55 °C) am Wiedereintritt der Zirkulation in den Trinkwassererwärmer erreicht, muss im Anschluss ein vollständiger Wasseraustausch in sämtlichen Einzelanschluss- und Verteilleitungen mit einem Wasserinhalt < 3 Liter, die nicht in die Zirkulation eingebunden sind, durch Entnahme bis zur Temperaturkonstanz vorgenommen werden.

Zur Dokumentation der fachgerechten Wiederinbetriebnahme der Trinkwassererwärmung und des zirkulierenden Systems sind Temperaturmessungen an den endständigen Entnahmestellen durchzuführen und im Betriebsbuch zu dokumentieren (siehe Anhang B).

Die Wiederinbetriebnahme einer zentralen Trinkwassererwärmungsanlage mit zirkulierendem System PWH / PWH-C erfolgt üblicherweise in drei Schritten:

1. Wiederinbetriebnahme und Aufheizung des (Speicher-)Trinkwassererwärmers bis zum Erreichen der eingestellten Soll-Temperatur ≥ 60 °C. Hierbei sollte die Zirkulationspumpe kurzzeitig abgeschaltet werden, um das Aufheizen von Speichern ggf. zu beschleunigen.

   Insbesondere bei Speicher-Trinkwassererwärmern mit einem Inhalt > 400 Liter muss durch entsprechende Maßnahmen (z. B. Umwälzung, bei Mehrfachspeichern gleichmäßige Beaufschlagung der einzelnen Speicher) sichergestellt werden, dass das Trinkwasser an allen Stellen gleichmäßig erwärmt und der gesamte Speicherinhalt vollständig durcherhitzt wird.

2. Einschalten und Wiederinbetriebnahme der Zirkulationspumpe, bis die systembedingte, maximale Soll-Temperatur ≥ 55 °C am Wiedereintritt der Zirkulation in die Trinkwassererwärmung erreicht ist. In dieser Phase sollten Entnahmen möglichst vermieden werden, um ein Aufheizen des zirkulierenden Leitungssystems zu beschleunigen.
3. Spülung sämtlicher Entnahmestellen von unten nach oben und vom Trinkwassererwärmer ausgehend bis zum Erreichen der systembedingten Maximaltemperatur an den Entnahmestellen.

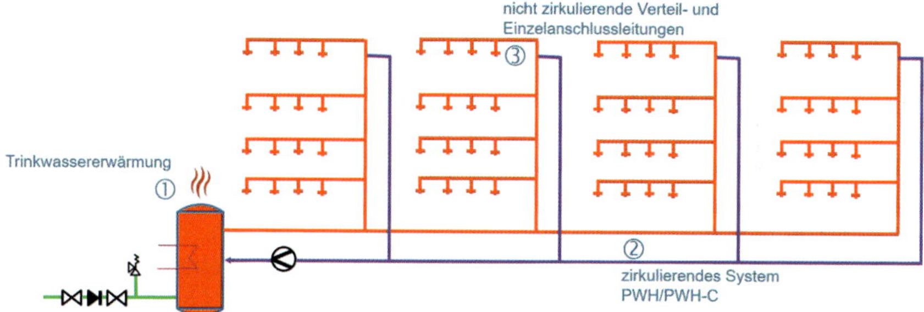

Bild 32: Der Aufheizprozess zur Wiederinbetriebnahme einer Trinkwassererwärmungsanlage gliedert sich in drei Abschnitte: (1) (Speicher-)Trinkwassererwärmung, (2) zirkulierendes Leitungssystem, (3) nicht zirkulierende Verteil- und Einzelanschlussleitungen < 3 Liter

Im Rahmen des Aufheizprozesses kann auch geprüft werden, ob vorhandene Regulierventile ordnungsgemäß funktionieren und die Anzeigen von Thermometern korrekt sind und ob die Wärmeüberträger der Trinkwassererwärmung eine ordnungsgemäße Funktion gewährleisten (Prüfung auf Verschlammung oder Durchflussreduzierung durch Ablagerungen).

Um zu dokumentieren, dass der Aufheizprozess ordnungsgemäß durchgeführt wurde, sind Temperaturmessungen am Austritt aus der Trinkwassererwärmung, am Wiedereintritt der Zirkulation sowie an den Entnahmestellen durchzuführen und zu dokumentieren. Insbesondere zur Kontrolle der Temperaturen an der Trinkwassererwärmungsanlage eignen sich Messgeräte mit kontinuierlicher Datenaufzeichnung (Datenlogger).

6.2.2 Dezentrale Trinkwassererwärmer

6.2.2 Dezentrale Trinkwassererwärmer

Dezentrale Trinkwassererwärmer als Speicher- oder Durchfluss-Trinkwassererwärmer ohne zirkulierendes System zur Einzel- oder Gruppenversorgung (z. B. Durchlauferhitzer und Wohnungsstationen) werden eingeschaltet und nach Möglichkeit auf eine Solltemperatur 60 °C eingestellt. Anschließend werden alle Entnahmestellen PWH bis zur Temperaturkonstanz gespült. Nach der Spülmaßnahme werden die Einstellungen für den bestimmungsgemäßen Betrieb wiederhergestellt.

Dezentrale Trinkwassererwärmer werden zur Inbetriebnahme wieder eingeschaltet und auf die maximal erreichbare Temperatur eingestellt. Mit Erreichen der Temperatur bzw. mit der Einschaltung muss auch in der zuführenden Kaltwasser-Einzelanschlussleitung bis zur Trinkwassererwärmung ein entsprechender Wasseraustausch generiert werden. Die durch die dezentrale Trinkwassererwärmung versorgten Entnahmestellen sollten daher so lange bei maximaler Temperatur gespült werden, bis das Leitungs- und ggf. Speichervolumen sicher ausgetauscht und die Maximaltemperatur an den Entnahmestellen erreicht ist.

Bild 33: „Bitte Licht einschalten" – auch dezentrale Durchlauferhitzer und Kleinspeicher müssen nach einer Betriebsunterbrechung ordnungsgemäß wieder in Betrieb genommen werden

6.2.3 Weiterführende Maßnahmen nach der Wiederinbetriebnahme

6.2.3 Weiterführende Maßnahmen nach der Wiederinbetriebnahme

Nach Stillstand und daran anschließender Spülung bzw. Nutzung können durch sich verändernde Strömungsverhältnisse in den Leitungen Ablagerungen, Inkrustierungen und auch Biofilm gelöst und weitertransportiert werden. Diese können dann z. B. Feinsiebe, Eckventile, Rückflussverhinderer oder Verbrühschutz-Vorrichtungen an Entnahmearmaturen belegen oder blockieren. Dies kann zu Fehlfunktionen und verstärkter Keimbelastung führen. Es empfiehlt sich daher, nach erfolgten Spülmaßnahmen, Feinsiebe zu inspizieren und nötigenfalls zu reinigen oder auszutauschen sowie eine Funktionsprüfung von Eckventilen, Rückflussverhinderern in Armaturen und Verbrühschutz-Thermostaten durchzuführen.

Nach erfolgter Spülmaßnahme sollte der Filter am Hauswassereingang rückgespült oder der Filtereinsatz getauscht werden. An gegebenenfalls vorhandenen Enthärtungsanlagen sollte eine manuelle Regeneration durchgeführt werden.

Ebenfalls sollten Filter und Wasserbehandlungseinheiten z. B. in leitungsgebundenen Kaffeemaschinen oder Trinkwasserspendern überprüft werden. Häufig müssen diese in regelmäßigen Abständen und nach längeren Stillstandszeiten gewechselt werden. Hierzu sind die Vorgaben der Hersteller zu beachten.

Bei großen und weitläufigen Trinkwasser-Installationen mit vielen Steigesträngen sollten die Temperaturen an jeder der rückführenden Zirkulationsleitungen kontrolliert werden. Hierbei kann geprüft werden, ob alle Zirkulations-Regulierventile und -Pumpen korrekt arbeiten und dadurch den erforderlichen hydraulischen Abgleich gewährleisten.

Sollten im Rahmen der Wiederinbetriebnahme die vorgegebenen Temperaturen (PWC, PWH und PWH-C) nicht erreicht werden oder andere Parameter auf technische oder betriebstechnische Mängel in der Trinkwasser-Installation hinweisen, so sind umgehend die Ursachen dafür festzustellen und zu beheben.

Werden nach längeren Stillstandszeiten Spülmaßnahmen in Trinkwasser-Installationen durchgeführt, z. B. zur Wiederinbetriebnahme, kann es passieren, dass sich abgelagerte Sedimente, Partikel oder Ablagerungen von Rohrleitungsoberflächen und Biofilm aufgrund der plötzlichen Strömung ablösen. Diese Ablagerungen und Verunreinigungen können sich auf ihrem Weg durch das Leitungssystem dann in den oft sehr geringen Ringspalten von Regulierventilen, an Spindeln von Absperreinrichtungen, in engen Durchgängen von Eckregulier- oder Magnetventilen und insbesondere in Partikelfiltern in Armaturen und empfindlichen Bauteilen festsetzen und anlagern. Diese Partikelanlagerung behindert dann den Durchfluss, sodass es zu einem verringerten Volumenstrom im Rahmen der Spülmaßnahmen kommen kann und auch zu Defekten und Funktionsstören an Bauteilen und Armaturen.

Am häufigsten ist hier der Filter am Hauswassereingang betroffen, da die gesamte Wassermenge, die in der Liegenschaft ausgespült wird, an dieser zentralen Stelle in die Installation eintritt. Filterelemente sind entsprechend nach der Spülmaßnahme rückzuspülen oder auszutauschen (je nach Bauart). Ebenfalls sollten Filter und Wasserbehandlungseinheiten z. B. in leitungsgebundenen Kaffeemaschinen oder Trinkwasserspendern überprüft werden. Häufig müssen diese in regelmäßigen Abständen und nach längeren Stillstandszeiten gewechselt werden. Hierzu sind, wie bereits erläutert, die Vorgaben der Hersteller zu beachten.

An Ionentauschern sollte nach Betriebsunterbrechungen mindestens eine einmalige manuelle Regeneration ausgelöst werden, doch auch eine mehrfache manuelle Regeneration ist keineswegs schädlich, um eine mögliche Verkeimung des Harzbetts zu beseitigen oder zumindest zu minimieren. Grundsätzlich sind vor und nach Wasserbehandlungsanlagen geeignete Probenahmestellen einzurichten, um durch Probenahme und Analytik des Wassers eine einwandfreie Funktion der Anlage oder nachteilige Veränderungen des Trinkwassers feststellen zu können.

Auch Sicherungseinrichtungen zum Schutz des Trinkwassers, wie z. B. Rückflussverhinderer oder Systemtrenner, sind nach längeren Betriebsunterbrechungen auf ordnungsgemäße Funktion zu überprüfen.

Unter Pkt. 6.2.1 wurde bereits beschrieben, dass im Rahmen der Wiederinbetriebnahme u. a. die Temperaturen des Wassers an endständigen Entnahmestellen zu kontrollieren sind. Sollten die vorgegebenen Soll-Temperaturen ($< 25\,°C$ PWC, $\geq 55\,°C$ PWH spätestens nach Ablauf von 3 Litern) nicht zu erreichen sein, müssen die technischen Ursachen für diese Mängel ermittelt und behoben werden, bevor die Anlage wieder in Betrieb gehen kann. Oftmals fallen erst zu diesem Zeitpunkt unzureichende Wärmeübergänge an Wärmetauschern, falsch eingestellte bzw. defekte Regulierventile oder unzureichende Betriebspunkte von Zirkulationspumpen auf.

7 Dokumentation

7 Dokumentation

Für die Außerbetriebnahme bzw. die Änderung der Betriebsweise steht in Anhang A ein Protokoll zur Verfügung. Für die Wiederinbetriebnahme steht in Anhang B ein Protokoll zur Verfügung. Diese Protokolle sind jeweils ausgefüllt im Betriebsbuch abzulegen.

Folgende Temperaturen sind bei Außerbetriebnahme nach der Spülung an einigen repräsentativen Stellen zu dokumentieren:

- PWC an der Übergabestelle
- PWC am Austritt des Trinkwassererwärmers in der PWH-Leitung
- PWC am Wiedereintritt der PWH-C-Leitung in den Trinkwassererwärmer
- Kaltwassertemperatur an einigen repräsentativen PWC- und PWH-Entnahmestellen.

Folgende Temperaturen sind bei Wiederinbetriebnahme nach der Spülung an einigen repräsentativen Stellen zu dokumentieren:

- PWC an der Übergabestelle
- PWH am Austritt des Trinkwassererwärmers in der PWH-Leitung
- PWH-C am Wiedereintritt der PWH-C-Leitung in den Trinkwassererwärmer
- PWC und PWH an einigen repräsentativen Entnahmestellen.

Die nach Tabelle 1 analysierten mikrobiologischen Befunde sind nach den rechtlichen und normativen Anforderungen gemäß TrinkwV zu bewerten. Bei einer Überschreitung mikrobiologischer Parameter als Grenzwert oder bei Überschreitung des technischen Maßnahmenwerts, sind gemäß § 16 TrinkwV unverzüglich Maßnahmen zur hygienisch/technischen Untersuchung im Sinne einer Gefährdungsanalyse nach VDI/BTGA/ZVSHK 6023-2 durchzuführen.

Eine sachgerechte Außerbetriebnahme der Trinkwasser-Installation, insbesondere ggf. der Trinkwassererwärmungsanlage, ist durch Messungen der endständigen Temperaturen zu belegen und zu dokumentieren. Aber auch die entsprechende Wiederinbetriebnahme ist gleichfalls zu dokumentieren.

Hierzu sollten in den Formblättern der nachfolgenden Anhänge A und B jeweils die entsprechenden Temperaturen gemäß Pkt. 7 der Expertenempfehlung eingetragen werden, ebenso wie die ergriffenen Maßnahmen anlässlich der unterschiedlichen Änderungen in der Betriebsweise.

Die Analysebefunde der mikrobiologischen und ggf. chemischen Untersuchungen des Trinkwassers sollen dann mit den vollständig ausgefüllten Protokollen im Betriebsbuch der Installation abgelegt werden, um im Schadensfall die Ereignisse im Lebenszyklus der Trinkwasser-Installation auch rückblickend bewerten zu können.

Werden im Rahmen der Trinkwasseranalysen Grenz- oder Maßnahmenwertüberschreitungen festgestellt, sind die entsprechenden Maßnahmen nach § 16 Abs. 3 und Abs. 7 zu treffen, d. h. Ermittlung der Ursachen im Rahmen einer Gefährdungsanalyse nach UBA-Empfehlung bzw. VDI/BTGA/ZVSHK 6023 Blatt 2.

Anhang A Musterprotokoll für die Änderung der Betriebsweise oder Außerbetriebnahme von Trinkwasser-Installationen

Anhang A Musterprotokoll für die Änderung der Betriebsweise oder Außerbetriebnahme von Trinkwasser-Installationen

Datum: ____________________

Objektname: ____

Straße, PLZ, Ort: ____

Betreiber der Trinkwasser-Installation: ____________________________________

Vertragsinstallationsunternehmen: ______________________________________

Grund hierfür: ____

Voraussichtliche Dauer hierfür: ____

Wasserzählernummer: ______________________

Wasserzählerstand: ______________________

Ort des Wasserzählers: ____

	Ja	Nein
Wird ein Teil der Trinkwasser-Installation Außerbetrieb genommen?	❑	❑
Wird die gesamte Trinkwasser-Installation Außerbetrieb genommen?	❑	❑
Wird der bestimmungsgemäße Betrieb durch die Entnahme von Wasser simuliert?	❑	❑
Es erfolgt weiterhin eine Trinkwassererwärmung:	❑	❑
falls nein: die Trinkwassererwärmung wird gemäß dieser Empfehlung außer Betrieb genommen:	❑	❑
Die Zirkulationspumpe läuft im Dauerbetrieb weiter:	❑	❑
War die Trinkwasser-Installation vor der Außerbetriebnahme/Änderung der Betriebsweise chemisch oder mikrobiologisch auffällig?	❑	❑
Wurden Teilbereiche (bei Frostgefahr) der Trinkwasser-Installation entleert?	❑	❑

Folgende Absperreinrichtungen (exakte Ortsangabe) wurden verschlossen:

____

____

____

PWC an der Übergabestelle: _____________

PWC am Austritt des Trinkwassererwärmers in der PWH-Leitung: ______________

PWC am Wiedereintritt der PWH-C-Leitung in den Trinkwassererwärmer: _______________

Kaltwassertemperatur an einigen repräsentativen PWC- und PWH-Entnahmestellen:

Entnahmestelle/Temperatur: _________________________

Entnahmestelle/Temperatur: _________________________

Entnahmestelle/Temperatur: _________________________

____________ ______________________ ______________________

(Ort, Datum) (Unterschrift Auftraggeber) (Unterschrift Auftragnehmer)

Anhang B Musterprotokoll für die Wiederinbetriebnahme von Trinkwasser-Installationen

Anhang B Musterprotokoll für die Wiederinbetriebnahme von Trinkwasser-Installationen

Objektname: ____

Straße, PLZ, Ort: ____

Betreiber der Trinkwasser-Installation: ___________________________

____

Vertragsinstallationsunternehmen: ____________________________

Datum der Außerbetriebnahme: _______________________________

Datum der Wiederinbetriebnahme: _____________________________

	Ja	Nein
Wurden Teilbereiche der Trinkwasser-Installation außer Betrieb genommen?	❑	❑
Wird der bestimmungsgemäße Betrieb durch die Entnahme von Wasser simuliert?	❑	❑
Es erfolgt eine Trinkwassererwärmung über den gesamten Zeitraum?	❑	❑
War die Trinkwasser-Installation vor der Außerbetriebnahme/Änderung der Betriebsweise chemisch oder mikrobiologisch auffällig?	❑	❑
Waren Teilbereiche der Trinkwasser-Installation entleert (Frostschutz)?	❑	❑

Wasserzählernummer: ____________________

Ort des Wasserzählers: ______________________________________

Wasserzählerstand zur Außerbetriebnahme: ________________________

Wasserzählerstand zur Wiederinbetriebnahme: ______________________

Wasserzählerstand nach der Wiederinbetriebnahme (Spülwasservolumen): ____________________

	Ja	Nein
Wurde das verwendete Trinkwasser filtriert?	❑	❑
Behandelter Abschnitt der Trinkwasser-Installation: ______________________________		
alle Leitungsarmaturen sind voll geöffnet:	❑	❑
Größte Nennweite der Verteilung DN in Spülabschnitt: DN = __________		
Anzahl der gleichzeitig geöffneten Entnahmestellen im Spülabschnitt: Stück = ________		
Anliegender Druck kurz hinter der Wasserzähleranlage: P = __________		
Empfindliche Armaturen und Apparate wurden ausgebaut und durch Passstücke oder flexible Leitungen überbrückt:	❑	❑
Empfindliche Komponenten wie Siebe, Rückflussverhinderer oder sonstige Vorrichtungen wurden ausgebaut:	❑	❑
Empfindliche Komponenten wie Siebe, Rückflussverhinderer oder sonstige Vorrichtungen wurden erneuert:	❑	❑
Komponenten wie Strahlregler, Handbrausen und Brauseschläuche wurden ausgetauscht:	❑	❑
Es erfolgten Instandhaltungsmaßnahmen vor der Wiederinbetriebnahme:	❑	❑
Erfolgt eine Untersuchung des Trinkwassers gemäß Tabelle 1 an den repräsentativen Entnahmestellen?	❑	❑

Folgende Bauteile der Trinkwasser-Installation wurden instandgesetzt:

Trinkwasserfilter	❑	❑
Trinkwassererwärmer	❑	❑
Sicherungseinrichtungen (DIN EN 1717)	❑	❑
Anlagen / Bauteile zur Wasserbehandlung	❑	❑

Weitere instandgesetzte Bauteile: ___________________________________

____

____

Noch nicht überprüfte Bauteile: ____________________________________

____

____

__________ ____________________ ____________________

(Ort, Datum) (Unterschrift Auftraggeber) (Unterschrift Auftragnehmer)

Nachsatz

Fachleute – sowohl Techniker als auch Juristen – sind sich einig: Die Umsetzung der trinkwasserrechtlichen Normen und technischen Regeln bleibt ein höchst sensibler Bereich in der Installationstechnik. Die Praxis gleicht jedoch vielerorts dem oft besungenen „Tanz auf den Vulkan“. Die Pflichtenbereiche in Planung, Ausschreibung, Ausführung und Betreiben gehen von § 1 der TrinkwV aus, wonach die menschliche Gesundheit vor den nachteiligen Einflüssen, die sich aus der Verunreinigung von Wasser ergeben, geschützt werden müsse.

Für Planer und Installationsunternehmen bedeutet das für die praktische Arbeit, dass sie in jedem Fall eine Hausinstallation schulden, die das Wasser nicht derartig nachteilig verändert, dass es nicht mehr den Anforderungen der Trinkwasserverordnung entspricht. Diesbezüglich sollten Installateure nicht davor zurückscheuen, entsprechende Hinweise an den Betreiber zu geben.

Aber auch der Betreiber und der Nutzer einer Trinkwasser-Installation haben nachhaltige Pflichten zu erfüllen. Einer der wesentlichen Punkte, wenn es um den Erhalt der Trinkwasserqualität und -hygiene geht, ist – neben Temperaturen, Materialien und Stagnation – immer der bestimmungsgemäße Betrieb der Trinkwasser-Installation durch den Unternehmer und sonstigen Inhaber bzw. teilweise durch den Nutzer der Anlage.

Dass unter Umständen das „nötige Kleingeld“ (und leider viel zu oft auch die Akzeptanz für die Verhältnismäßigkeit und Notwendigkeit von Maßnahmen) fehlt, um die oft sehr komplexen Vorgaben für eine hygienische Trinkwasserversorgung einzuhalten, interessiert im Schadensfall niemanden. Juristen kennen darauf nur eine Antwort: „Dafür haben Sie Geld zu haben“.

Gerade im Hinblick auf den Schutz der Gesundheit und insbesondere hinsichtlich der vielfältigen Belange der Trinkwasserhygiene gelten noch immer die Worte des französischen Schauspielers Molière, der bereits im 17. Jahrhundert wusste: *„Wir sind nicht nur verantwortlich für das, was wir tun, sondern auch für das, was wir nicht tun.* “

Anm.: Molière (Jean-Baptiste Poquelin) war ein franz. Schauspieler, Dramatiker und Theaterkritiker. * 1622, † 1673

Literaturverzeichnis

GG – Grundgesetz für die Bundesrepublik Deutschland in der im Bundesgesetzblatt Teil III, Gliederungsnummer 100-1, veröffentlichten bereinigten Fassung, das zuletzt durch Art. 1 u. 2 Satz 2 des Gesetzes vom 29. September 2020 (BGBl. I S. 2048) geändert worden ist

BGB – Bürgerliches Gesetzbuch in der Fassung der Bekanntmachung vom 2. Januar 2002 (BGBl. I S. 42, 2909; 2003 I S. 738), das zuletzt durch Art. 1 des Gesetzes vom 12. Mai 2021 (BGBl. I S. 1082) geändert worden ist

ArbSchG – Arbeitsschutzgesetz vom 7. August 1996 (BGBl. I S. 1246), das zuletzt durch Art. 1 des Gesetzes vom 22. Dezember 2020 (BGBl. I S. 3334) geändert worden ist

ArbStättV – Arbeitsstättenverordnung vom 12. August 2004 (BGBl. I S. 2179), die zuletzt durch Art. 4 des Gesetzes vom 22. Dezember 2020 (BGBl. I S. 3334) geändert worden ist

ASR V3 – Technische Regeln für Arbeitsstätten – Gefährdungsbeurteilung, Juli 2017

BetrSichV – „Betriebssicherheitsverordnung" vom 3. Februar 2015 (BGBl. I S. 49), die zuletzt durch Art. 1 der Verordnung vom 30. April 2019 (BGBl. I S. 554) geändert worden ist

IfSG – Infektionsschutzgesetz vom 20. Juli 2000 (BGBl. I S. 1045), das zuletzt durch Art. 1 des Gesetzes vom 28. Mai 2021 (BGBl. I S. 1174) geändert worden ist

MedHygVO – Verordnung zur Hygiene und Infektionsprävention in medizinischen Einrichtungen (bundeslandspezifisch)

KRINKO – Robert Koch-Institut, Richtlinie für Krankenhaushygiene und Infektionsprävention, lose Blatt Sammlung, Stand 2019

KRINKO – Robert Koch-Institut, Richtlinie für Krankenhaushygiene und Infektionsprävention, Alte Anlagen der Richtlinie für Krankenhaushygiene und Infektionsprävention (bis 2003)

ARGEBAU – Bauministerkonferenz, Planungshilfe Intensivtherapie 09/2018

DGKH – Empfehlung der Deutschen Gesellschaft für Krankenhaushygiene „Gesundheitliche Bedeutung, Prävention und Kontrolle Wasser-assoziierter Pseudomonas aeruginosa-Infektionen", Martin Exner et al., Hyg Med 2016; 41 – Suppl. 2 DGKH

DGKH – Empfehlung der Deutsche Gesellschaft für Krankenhaushygiene „Hygieneanforderungen an Mitarbeiter der Haustechnik und externe Handwerker in hygienerelevanten Bereichen von Krankenhäusern, Pflegeeinrichtungen und Reha-Einrichtungen/-Kliniken", Hyg Med 2015; 40–3

AVBWasserV – Verordnung über Allgemeine Bedingungen für die Versorgung mit Wasser vom 20. Juni 1980 (BGBl. I S. 750, 1067), die zuletzt durch Art. 8 der Verordnung vom 11. Dezember 2014 (BGBl. I S. 2010) geändert worden ist

TrinkwV – Trinkwasserverordnung in der Fassung der Bekanntmachung vom 10. März 2016 (BGBl. I S. 459), die zuletzt durch Art. 99 der Verordnung vom 19. Juni 2020 (BGBl. I S. 1328) geändert worden ist

Umweltbundesamt Bewertungsgrundlage für metallene Werkstoffe im Kontakt mit Trinkwasser (Metall-Bewertungsgrundlage) i.d.F.v. 15. März 2017

Empfehlung des Umweltbundesamtes nach Anhörung der Trinkwasserkommission für die Durchführung einer Gefährdungsanalyse gemäß Trinkwasserverordnung, Maßnahmen bei Überschreitung des technischen Maßnahmenwertes für Legionellen vom 14. Dezember 2012

Empfehlung des Umweltbundesamtes nach Anhörung der Trinkwasserkommission des Bundesministeriums für Gesundheit – Periodische Untersuchung auf Legionellen in zentralen Erwärmungsanlagen der Hausinstallation nach § 3 Nr. 2 Buchstabe c TrinkwV 2001, aus denen Wasser für die Öffentlichkeit bereitgestellt wird; Bundesgesundheitsbl. – Gesundheitsforsch – Gesundheitsschutz 2005 · 49:697–700 DOI 10.1007/s00103-006-1295-7

Empfehlung des Umweltbundesamtes nach Anhörung der Trinkwasserkommission zu systemischen Untersuchungen von Trinkwasser-Installationen auf Legionellen nach Trinkwasserverordnung – Probenahme, Untersuchungsgang und Angabe des Ergebnisses vom 18. Dezember 2018

Empfehlung des Umweltbundesamtes nach Anhörung der Trinkwasserkommission zu erforderlichen Untersuchungen auf Pseudomonas aeruginosa, zur Risikoeinschätzung und zu Maßnahmen beim Nachweis im Trinkwasser, Stand: 13. Juni 2017

Empfehlung des Umweltbundesamtes nach Anhörung der Trinkwasserkommission zur Beurteilung der Trinkwasserqualität hinsichtlich der Parameter Blei, Kupfer und Nickel („Probenahmeempfehlung"), Stand: 18. Dezember 2018, Rev01 vom 26. März 2019

Umweltbundesamt Mitteilung nach Anhörung der Trinkwasserkommission zu Vorkommen von Legionellen in dezentralen Trinkwassererwärmern, Stand: 18. Dezember 2018

Umweltbundesamt Bekanntmachung der Liste der Aufbereitungsstoffe und Desinfektionsverfahren gemäß § 11 der Trinkwasserverordnung – 22. Änderung – (Stand: Dezember 2020)

VDI/DVGW 6023:2013-04 Hygiene in Trinkwasser-Installationen – Anforderungen an Planung, Ausführung, Betrieb und Instandhaltung

VDI 6023:2020-05 Hygiene in Trinkwasser-Installationen – Blatt 1 Anforderungen an Planung, Ausführung, Betrieb und Instandhaltung, 2. Entwurf

VDI/BTGA/ZVSHK 6023 Blatt 2:2018-01 – Hygiene in Trinkwasser-Installationen – Gefährdungsanalyse

VDI 3810 – Betreiben und Instandhalten von gebäudetechnischen Anlagen – Blatt 2: Sanitärtechnische Anlagen/VDI 6023 – Hygiene in Trinkwasser-Installationen – Blatt 3:2020-05 – Betrieb und Instandhaltung

VDI 3810:2021-06 Betreiben und Instandhalten von Gebäuden und gebäudetechnischen Anlagen – Blatt 1 Grundlagen, Entwurf

DIN EN 806-1:2001-12 – Technische Regeln für Trinkwasser-Installationen, Teil 1: Allgemeines; Deutsche Fassung EN 8061:2000 + A1:2001

DIN EN 806-2:2005-06 – Technische Regeln für Trinkwasser-Installationen, Teil 2: Planung; Deutsche Fassung EN 8062:2005

DIN EN 806-3:2006-07 – Technische Regeln für Trinkwasser-Installationen, Teil 3: Berechnung der Rohrinnendurchmesser – Vereinfachtes Verfahren; Deutsche Fassung EN 806-3:2006

DIN EN 806-4:2010-06 – Technische Regeln für Trinkwasser-Installationen, Teil 4: Installation; Deutsche Fassung EN 806-4 Installation 06_10

DIN EN 806-5:2012-04 – Technische Regeln für Trinkwasser-Installationen, Teil 5: Betrieb und Wartung; Deutsche Fassung EN 806-5:2012

DIN EN 1717:2011-08 – Schutz des Trinkwassers vor Verunreinigungen in Trinkwasser-Installationen und allgemeine Anforderungen an Sicherungseinrichtungen zur Verhütung von Trinkwasserverunreinigungen durch Rückfließen; Deutsche Fassung EN 1717:2000; Technische Regel des DVGW

CEN/TR 16355:2012-06 – Empfehlungen zur Verhinderung des Legionellenwachstums in Trinkwasser-Installationen

DIN 1988-100:2011-08 – Technische Regeln für Trinkwasser-Installationen – Teil 100: Schutz des Trinkwassers, Erhaltung der Trinkwassergüte; Technische Regel des DVGW

DIN 1988-200:2012-05 – Technische Regeln für Trinkwasser-Installationen – Teil 200: Installation Typ A (geschlossenes System) – Planung, Bauteile, Apparate, Werkstoffe; Technische Regel des DVGW

DIN 1988-300:2012-05 – Technische Regeln für Trinkwasser-Installationen – Teil 300: Ermittlung der Rohrdurchmesser; Technische Regel des DVGW

DIN 1988-500:2021-02 – Technische Regeln für Trinkwasser-Installationen – Teil 500: Druckerhöhungsanlagen mit drehzahlgeregelten Pumpen; Technische Regel des DVGW

DIN 1988:2010-12 – Technische Regeln für Trinkwasser-Installationen – Teil 600: Trinkwasser-Installationen in Verbindung mit Feuerlösch- und Brandschutzanlagen; Technische Regel des DVGW

DIN 18012:2018-04 – Anschlusseinrichtungen für Gebäude – Allgemeine Planungsgrundlagen

DIN 19636-100:2008-02 – Enthärtungsanlagen (Kationentauscher) in der Trinkwasser-Installation – Teil 100 Anforderungen zur Anwendung von Enthärtungsanlagen nach DIN EN 14743

DIN 2403:2018-10 – Kennzeichnung von Rohrleitungen nach dem Durchflussstoff

DIN 50930-6:2013-10 – Korrosion der Metalle – Korrosion metallener Werkstoffe im Innern von Rohrleitungen, Behältern und Apparaten bei Korrosionsbelastung durch Wässer – Teil 6: Bewertungsverfahren und Anforderungen hinsichtlich der hygienischen Eignung in Kontakt mit Trinkwasser

DVGW W 551 (A) – Trinkwassererwärmungs- und Trinkwasserleitungsanlagen; Technische Maßnahmen zur Verminderung des Legionellenwachstums; Planung, Errichtung, Betrieb und Sanierung von Trinkwasser-Installationen, April 2004

DVGW W 553 (A) – Bemessung von Zirkulationssystemen in zentralen Trinkwassererwärmungsanlagen, Dezember 1998

DVGW W 556 (A) – Hygienisch-mikrobielle Auffälligkeiten in Trinkwasser-Installationen – Methodik und Maßnahmen zu deren Behebung, Dezember 2015

DVGW W 557 (A) – Reinigung und Desinfektion von Trinkwasser-Installationen, Mai 2020

DVGW W 558 (A) – Instandsetzung von Trinkwasser-Installationen (Technische und korrosionsspezifische Maßnahmen); Juni 2018

DVGW Fachinformation Wasser Nr. 74: Hinweise zur Durchführung von Probenahmen aus der Trinkwasser-Installation für die Untersuchung auf Legionellen, 01/2012

DVGW Fachinformation Wasser Nr. 90: Informationen und Erläuterungen zu Anforderungen des DVGW-Arbeitsblattes W 551, 03/2017

DIN EN 12502:2005-03 – Korrosionsschutz metallischer Werkstoffe, Teile 1–5

DIN EN 13443-1:2007-12 – Mechanisch wirkende Filter – Maschenweite 80–150 µm

DIN EN 14743 – Anlagen zur Behandlung von Trinkwasser innerhalb von Gebäuden – Enthärter – Anforderungen an Ausführung, Sicherheit und Prüfung; Deutsche Fassung EN 14743:2005+A1:2007; September 2007

DIN EN ISO/IEC 17025:2018-03 – Allgemeine Anforderungen an die Kompetenz von Prüf- und Kalibrierlaboratorien (ISO/IEC 17025:2005)

DIN EN ISO/IEC 19458:2012-06 – Wasserbeschaffenheit – Probenahme für mikrobiologische Untersuchungen

Literaturquellen

Rechtsanwalt Hartmut Hardt: „Rechtssicherheit für Betreiber von Trinkwasseranlagen“, Beuth Verlag 2018

Rechtsanwalt Hartmut Hardt: Kurzgutachten „Die Pflicht des Arbeitgebers zur Gewährung der Trinkwasserhygiene als Anforderung gemäß der Arbeitsstättenverordnung“, Mai 2018

Arnd Bürschgens: „Legionellen in Trinkwasser-Installationen“, Beuth Verlag 2018

Rechtsanwältin Dr. Sandra Sutti: „(Kein) Bestandsschutz für Altanlagen – Die Novelle der Trinkwasserverordnung lässt Betreibern nur wenig Spielraum“, IKZ 06/2013, Strobel-Verlag

Dr. Peter Arens: „Außen trocknen und reinigen, innen spülen“, SBZ Monteur Heft 07/2013, Gentner Verlag

Rechtsanwältin Felicitas Flossdorf: „Aus der betrieblichen Beratungspraxis – Teil 2: Aufklärungs-, Prüfungs-, Beratungspflichten des Installateurs“, Reportage IKZH 2016-23+24, IKZ.DE BEITRÄGE (nur online), 05. 01. 2017